高职高专教育"十三五"规划建设教材

发酵食品生产技术

徐　凌　主编

中国农业大学出版社
·北京·

内 容 简 介

本教材按照高等职业教育"十三五"规划教材整体要求编写,充分考虑学生的可持续发展能力,注重工学结合,理实一体。本书主要内容包括2个模块,其中模块一酒类生产,包括啤酒、葡萄酒、白酒、酒精及黄酒的生产;模块二调味品生产,包括醋类、酱类及豆腐乳的生产。适合高职高专食品类专业的必修课使用,亦可作为从事相关行业的岗前、就业、转岗的培训教材。

图书在版编目(CIP)数据

发酵食品生产技术 / 徐凌主编. —北京:中国农业大学出版社,2016.6(2019.6重印)
ISBN 978-7-5655-1601-6

Ⅰ.①发… Ⅱ.①徐… Ⅲ.①发酵食品-食品加工-教材 Ⅳ.①TS26

中国版本图书馆 CIP 数据核字(2016)第 125912 号

书　　名	发酵食品生产技术		
作　　者	徐　凌　主编		
策划编辑	张　玉	责任编辑	韩元凤
封面设计	郑　川	责任校对	王晓凤
出版发行	中国农业大学出版社		
社　　址	北京市海淀区圆明园西路 2 号	邮政编码	100193
电　　话	发行部 010-62818525,8625	读者服务部	010-62732336
	编辑部 010-62732617,2618	出 版 部	010-62733440
网　　址	http://www.cau.edu.cn/caup		
经　　销	新华书店	E-mail	cbsszs @ cau.edu.cn
印　　刷	北京时代华都印刷有限公司		
版　　次	2016 年 9 月第 1 版　　2019 年 6 月第 2 次印刷		
规　　格	787×1 092　　16 开本　　13.75 印张　　348 千字		
定　　价	36.00 元		

图书如有质量问题本社发行部负责调换

编写人员

主　编　徐　凌（辽宁农业职业技术学院）

副主编　张海涛（辽宁农业职业技术学院）
　　　　张艳芳（内蒙古农业大学职业技术学院）
　　　　李成刚（贵阳市质量技术监督局）

参　编　王　冰（黑龙江农垦职业学院）
　　　　衣海龙（黑龙江农垦科技职业学院）
　　　　孙柳寒（黑龙江农垦科技职业学院）
　　　　吕耀龙（内蒙古农业大学职业技术学院）
　　　　徐东升（辽宁望儿山酒业有限公司）
　　　　林庆谦（沈阳青花食品有限公司）

前　言

　　本教材的编写是按照高等职业教育"十三五"规划教材整体要求,深入发酵食品加工行业企业充分调研,紧密结合企业,以岗位需求为导向,以职业能力培养为中心,以产品为主线,以生产项目(典型的工作任务)为载体,以真实的工作环境为依托,以实际工作任务构建教材内容,充分考虑学生的可持续发展能力,开发工学结合,理实一体的《发酵食品生产技术》教材,适合食品类高职高专的必修课,亦可作为从事相关行业的岗前、就业、转岗的培训教材。

　　本教材在内容安排上,严格按照国家标准或行业标准进行编写,突出实用性和准确性,包括酿酒和酿造调味品两部分。徐东升(辽宁望儿山酒业有限公司,高级酿酒师,董事长)参与酒类部分编写大纲的制定,林庆谦(沈阳青花食品有限公司,总工程师)参与调味品部分编写大纲的制定。共设计了 8 个学习项目 23 个学习任务。

　　本教材由徐凌(辽宁农业职业技术学院)担任主编并统稿,负责项目三的编写;张海涛(辽宁农业职业技术学院)负责项目二中任务三、项目七的编写;张艳芳(内蒙古农业大学职业技术学院)和吕耀龙(内蒙古农业大学职业技术学院)负责项目二中概述、任务一、任务二的编写;李成刚(贵阳市质量技术监督局)负责项目一中任务一、任务二的编写;王冰(黑龙江农垦职业学院)负责项目四、项目八的编写;衣海龙(黑龙江农垦科技职业学院)负责项目五的编写;孙柳寒(黑龙江农垦科技职业学院)负责项目一中概述、任务三及项目六的编写。

　　由于编者水平有限,编写时间短促,错误疏漏之处在所难免,希望使用本教材的师生和读者批评指正。

编　者

2016 年 6 月

前　言

目 录

学习模块一　酒类生产

学习模块二　调味品生产

学习模块一　酒类生产

项目一 啤酒的生产

知识目标

1. 知道啤酒的定义及分类。
2. 能陈述啤酒发酵过程中的物质转化及啤酒后处理的方法。
3. 能陈述啤酒的酿造工艺及操作要点。

技能目标

1. 能够完成啤酒酿造的各个操作环节并进行工艺控制。
2. 能够进行啤酒质量的检验与鉴定。
3. 会运用理论知识解决啤酒酿造过程中出现的质量问题。

项目导入

啤酒是人类最古老的酒精饮料,是水和茶之后世界上消耗量排名第三的饮料。啤酒于20世纪初传入中国,属外来酒种。啤酒是根据英语 beer 译成中文"啤",称其为"啤酒",沿用至今。啤酒是以大麦芽、酒花、水为主要原料,经酵母发酵作用酿制而成的饱含二氧化碳的低酒精度酒。

【概述】

一、酒和酒度

凡含有酒精(乙醇)的饮料和饮品,均称为"酒"。酒的化学成分是乙醇,一般含有微量的杂醇和酯类物质。

酒度有 3 种表示法。

(1)体积分数 即每 100 mL 酒中含纯酒精的毫升数。白酒、黄酒、葡萄酒均以此法表示。

(2)质量分数 即 100 g 酒中含有纯酒精的克数。啤酒以此法表示。

(3)标准酒度 体积分数 50% 为标准酒度 100 度。即体积分数乘以 200 即是标准酒度的度数。

啤酒的度数则不表示乙醇的含量,而是表示啤酒生产原料,也就是麦芽汁的浓度,以 12 度的啤酒为例,是麦芽汁发酵前浸出物的浓度为12%(重量比)。麦芽汁中的浸出物是多种成分的混合物,以麦芽糖为主。啤酒的酒精是由麦芽糖转化而来的,由此可知,酒精度低于12度。如常见的浅色啤酒,酒精含量为 3.3%~3.8%;浓色啤酒酒精含量为 4%~5%。

二、啤酒的概念和类型

啤酒是以发芽的大麦或小麦为主要原料,以大米或其他谷物为辅助原料,经麦芽汁的制备、加酒花煮沸,并经酵母发酵酿制而成的,含有二氧化碳的低酒精度(2.5%~7.5%)的酒饮料。

啤酒的品种很多,一般可根据原辅料、生产方式、产品浓度、啤酒的色泽、啤酒的包装容器、啤酒发酵所用的酵母菌种类等途径来区分。

(一)根据原麦芽汁浓度分类

(1)低浓度啤酒 原麦汁浓度在 2.5%~9.0%之间、酒精含量在 0.8%~2.5%之间的属低浓度啤酒。儿童啤酒、无醇啤酒均属此类型。

(2)中浓度啤酒 原麦汁浓度在11%~14%之间、酒精含量在 3.2%~4.2% 之间的属中浓度啤酒。这类啤酒产量最大,最受消费者欢迎,淡色啤酒多属此类型。

(3)高浓度啤酒 原麦汁浓度在 14%~20%之间、酒精含量在 4.2%~5.5%、少数酒精含量高达 7.5%,这种啤酒均属高浓度啤酒。黑色啤酒即属此类型。这种啤酒生产周期长,含固形物较多,稳定性强,适宜贮存或远销。

(二)根据啤酒色泽分类

(1)淡色啤酒 色度在 5~14 EBC 之间。淡色啤酒为啤酒产量最大的一种。淡色啤酒又分为浅黄色啤酒、金黄色啤酒。浅黄色啤酒口味淡爽,酒花香味突出;金黄色啤酒口味清爽而醇和,酒花香味也突出。

(2)浓色啤酒 色泽呈红棕色或红褐色,色度在 14~40 EBC 之间。浓色啤酒麦芽香味突出、口味醇厚、酒花苦味较轻。

(3)黑色啤酒 色泽呈深红褐色乃至黑褐色,色度大于 40 EBC,产量较低。黑色啤酒麦芽香味突出、口味浓醇、泡沫细腻,苦味根据产品类型而有较大差异。

(三)根据生产方式分类

(1)纯生啤酒 采用特殊的酿造工艺,严格控制微生物指标,使用包括 0.45 μm 微孔过滤的三级过滤,不进行热杀菌,让啤酒保持较高的生物、非生物、风味稳定性。这种啤酒非常新鲜可口,保质期达半年以上。

(2)鲜啤酒 包装后,不经巴氏灭菌的啤酒。这种啤酒味道鲜美,但容易变质,保质期 7 d 左右。这类啤酒一般就地销售,保存时间不宜太长,在低温下一般为 1 周。

(3)熟啤酒 经过巴氏灭菌的啤酒。可以存放较长时间,可用于外地销售,优级熟啤酒保质期可达到 120 d。

(四)根据啤酒生产使用的原料分类

(1)全麦芽啤酒　全部以麦芽为原料(或部分用大麦代替),采用浸出或煮出法糖化酿制的啤酒。

(2)小麦啤酒　以小麦芽为主要原料(占总原料 40％以上),采用上面发酵法或下面发酵法酿制的啤酒。

(3)加辅料啤酒　原料中除麦芽外,还加入其他谷物作为辅助原料酿制的啤酒。这种啤酒成本较低,口味清爽,酒花香味突出。

(五)根据啤酒的包装容器分类

(1)瓶装啤酒　国内主要有 330 mL、350 mL、500 mL 和 640 mL 等几种规格。
(2)罐装啤酒　国内多为 355 mL 和 500 mL 两种规格。
(3)桶装啤酒　国内主要有桶装鲜啤和桶装扎啤两种。

(六)根据所用酵母的品种分类

(1)上面发酵啤酒　使用该酵母发酵的啤酒在发酵过程中,液体表面大量聚集泡沫发酵。这种方式发酵的啤酒适合温度高的环境 16～24℃,在装瓶后啤酒会在瓶内继续发酵。这类啤酒偏甜,酒精含量高,其代表就是各种不同的爱尔啤酒(Ale)。

(2)下面发酵啤酒　该啤酒酵母在底部发酵,发酵温度要求较低,酒精含量较低,味道偏酸。这类啤酒的代表就是国内常喝的窖藏啤酒(Larger)。

除以上啤酒以外,还有很多其他种类的和新的啤酒品种,如干啤酒、无酒精(或低酒精度)啤酒、浑浊啤酒、酸啤酒、果味啤酒等。

三、世界啤酒工业的发展

啤酒工业的发展与人类的文化和生活有着密切关系,尤其与谷物的起源密切相关。具有悠久的历史。大约起源于古代的巴比伦和亚述地带、幼发拉底河、底格里斯河流域、尼罗河下游和九曲黄河之滨。以后传入欧美及东亚等地。最原始的啤酒可能出自居住于两河流域的苏美尔人之手,在法国巴黎罗浮沸尔宫博物馆保存的"蓝色纪念牌"上,记载着古代居民苏美尔人在梅斯波塔茵用啤酒祭祈女神的故事,距今至少已有 9 000 多年的历史。当初就是用大麦或小麦为原料,以肉桂为香料,利用原始的自然发酵酿制而成。当然与现在的啤酒有很大差别,随着科学技术和生产实践的进步,啤酒的酿造技术日趋完善,尤其是公元 9 世纪日耳曼人以酒花代替香料用于啤酒酿造,使啤酒质量向前跨越了一大步。

古代的啤酒生产纯属家庭作坊式,它是微生物工业起源之一。著名的科学家路易·巴斯德(Louis Pasteur)和汉逊(Hansen)都长期从事过啤酒生产的实践工作,对啤酒工业做出了极大贡献。尤其是路易·巴斯德发明了灭菌技术,为啤酒生产技术工业化奠定了基础。1878 年汉逊及耶尔逊确立了酵母的纯粹培养和分离技术后,对控制啤酒生产的质量和保证工业化生产做出了极大贡献,使啤酒酿造科学得到飞跃的进步,由神秘化、经验主义走向科学化。18 世纪后期,因欧洲资产阶级的兴起和收产业革命的影响,科学技术得到了迅速发展,蒸汽机的应用和 1874 年林德冷冻机的发明,使啤酒的工业化大生产成为现实。啤酒工业从手工业生产方式跨进了大规模机械化生产的轨道。

目前全世界啤酒年产量已居各种酒类之首,而且涌现出很多知名的品牌,如美国的百威啤酒、比利时的时代啤酒、荷兰的喜力啤酒、丹麦的嘉士伯啤酒、德国的贝克啤酒、日本的朝日啤酒和麒麟啤酒、新加坡的虎牌啤酒、墨西哥的科罗娜啤酒、中国的青岛啤酒和哈尔滨啤酒等。啤酒产量也逐年攀升,截止到 2011 年,世界啤酒总产量已经达到 19 271 万千升,与 2010 年相比增加了 3.7%,且已连续 27 年更新最高纪录。其中,中国的啤酒产量为 4 898 万千升,同比增加了 10.7%,且已连续 10 年居于世界首位。

四、中国啤酒工业的发展

在公元 4 000~5 000 年前,中国古代啤酒兴起,甲骨文中有醴字,自古以来是以糵(niè)造醴、以曲造酒的。其中"糵"就是麦芽,"醴"就是中国古代原始的啤酒。根据文献记载:醴是利用糵(麦芽)糖化黍米淀粉,经过短时间酿造,带有酒味而不分出渣滓的甜味糵酒。醴可能是原始的啤酒,其酒味较用曲制造的发酵酒要薄,而甜味较浓。以后由于曲酒的出现,人们逐渐喜欢酒精含量较高的曲酒,醴就没有得到发展,而为曲酒所代替,以致这一工艺失传。

中国近代的啤酒业是从西方传入的,据史料记载,19 世纪末,啤酒输入中国。1949 年前,我国只有七、八个啤酒厂,生产技术掌握在外国人手中,绝大多数由外国人所控制,酒花和麦芽主要从国外进口,啤酒的销售对象也主要是在华的外国商人及军队,还有一部分"上层社会"的人士。普通老百姓几乎无法享受。1940 年,全国啤酒产量达到 4 万 t,其中大多数为日本侵略者军占用。到 1949 年,全国的啤酒年产量仅达到 7 000 余 t。还不足目前一个小型啤酒厂的年产量。1949 年后,中国啤酒工业发展较快,并逐步摆脱了原料依赖进口的落后状态。

随着我国经济制度的完善和巩固,尤其是加入 WTO 后,中国的啤酒行业逐渐与世界啤酒行业接轨,国外的啤酒企业也纷纷进驻中国市场,中国的啤酒工业在竞争与机遇中进入了旺盛的成熟期,重新进行整合和扩张,这种"整合和扩张"的方式在一些大中型企业表现得尤为明显。青岛啤酒就是一个很好的例子,根据全球啤酒行业权威报告,青岛啤酒为世界第七大啤酒厂商。2009 年度,青岛啤酒实现啤酒销售量 591 万 kL,同比增长 9.9%;实现销售收入 177 亿元人民币,同比增长 12.5%;净利润 12.53 亿元人民币,同比增长 79.2%,并远销美国、日本、德国、法国、英国、意大利、加拿大、巴西、墨西哥等世界 70 多个国家和地区。与此同时,中国啤酒行业也必须认清当前金融危机条件下,行业面临着原材料价格上涨,资源价格上调,环境、人力资源成本增加,国内市场逐渐饱和,竞争越来越激烈,必须正确认识现代经济发展对企业发展的重大影响,认识到相比国际大型企业,国内啤酒企业仍有很长的路要走。国内啤酒企业应当居安思危,向世界 500 强企业学习,构建学习型企业,做好长期发展规划,为企业可持续发展做好功课。

任务一　麦芽的生产

【知识前导】

麦芽制备简称"制麦",是指啤酒大麦经过一系列加工制成麦芽的过程,是啤酒酿造主要原料——麦芽的生产过程,也是啤酒生产的开始。

麦芽的质量优劣对啤酒酿造过程、啤酒质量有着直接决定性的作用。不同制麦技术生产的麦芽类型、麦芽质量是不同的;用不同类型的麦芽生产出来的啤酒,其类型也是不同的。因此,有人称"水是啤酒的血液,而麦芽则是啤酒的灵魂。"

为满足啤酒酿造的要求,制麦有以下三个目的:

①最大限度地形成和积累各种酶,以满足啤酒生产中"糖化过程"对酶的需要。

②使麦粒中的细胞很好地溶解,蛋白质适度溶解。

③产生"色、香、味"等物质,赋予啤酒特有的"色、香、味"。

麦芽制备过程:原料大麦→预处理→浸麦→发芽→干燥→除根→成品麦芽。

一、生产啤酒所需要的原料

(一)大麦

大麦和麦芽的化学成分与质量直接影响着啤酒的质量。因此,在学习啤酒酿造技术时,必须对大麦和麦芽的化学成分及其在酿造中的作用有所了解,才能在生产实践中控制工艺条件,以利于啤酒质量的提高。

大麦属禾本科植物,是古老的培育植物,公元前 6 000 年就在亚洲开始种植。自然界最早出现的野大麦是六棱大麦,后来人们从六棱大麦中选育出了二棱大麦。

大麦的品种繁多,不过人们依据其不同特性进行了如下划分:

1. 依据酿造价值划分

在啤酒行业,一般把能用于酿造啤酒的大麦称为"酿造大麦",这是因为啤酒酿造对大麦的特征有着特殊的要求。不能用于啤酒酿造的大麦称为"饲料大麦"。在植物学上,二者并没有严格的区别,所以"酿造大麦"并非一种特殊的大麦品种。

2. 依据籽粒生长形态划分

(1)六棱大麦　它是大麦的原始形态品种,麦穗断面为"六角形",即六行麦粒围绕一根穗轴而生,但只有中间对称的两行籽粒发育正常,另左右四行籽粒发育迟缓、粒形不整齐。所以六棱大麦的籽粒从总体上看,不够整齐且颗粒小。

(2)四棱大麦　属于六棱大麦,只不过它的左右四行籽粒不像六棱大麦那样对称而生,即有两对籽粒互为交错,致使麦穗断面看起来像"四角形"。

(3)二棱大麦　由六棱大麦演变而来,麦穗扁形,只有两行麦粒围绕一根穗轴对称而生。二棱大麦的麦粒相对于四棱和六棱大麦,其颗粒更加整齐且均匀饱满、蛋白质含量较低、淀粉含量较高。

3. 依据季节划分

我国,按播种季节划分为:"春大麦"和"冬大麦"。

(1)春大麦　多在 3 月份或 4 月份播种,七八月份收割,生长期较短,但成熟度不够整齐,休眠期较长。

(2)冬大麦　多在秋后播种,次年六七月份收割,虽然生长期较长,但成熟度整齐,休眠期较短。

(二)谷物辅料及其他替代品

啤酒生产过程中使用辅助原料的主要作用有以下几个方面:①提高麦芽汁收得率,制取廉价麦芽汁,降低生产成本,节约粮食。②使用糖类或糖浆,可以节省糖化设备容量,调节麦芽汁中糖与非糖的比例,提高啤酒的发酵度。③可以降低麦芽汁中蛋白质和多酚物质的含量,降低啤酒的色度,改善啤酒的风味和非生物稳定性。④可以增加啤酒中糖蛋白的含量,从而增强啤酒的泡沫性能。

1. 谷物辅料

(1)大米 大米是最常用的一种辅助原料,大米中淀粉的含量高于麦芽,多酚物质和蛋白质含量低于麦芽,糖化后麦芽汁收得率高,成本低,可以改善啤酒的风味和色泽,生产出的啤酒泡沫细腻、酒花香气突出、非生物稳定性好,特别适宜酿造下面发酵的淡色啤酒。国内啤酒厂的大米用量占每批次总投料量的 25%～50%,一般是 30%左右。大米用量过多,麦芽汁中可溶性氮源和矿物质含量不够,会导致酵母菌繁殖衰退,发酵迟缓,因而必须经常更换强壮酵母。

(2)玉米 玉米是世界上产量最大的谷类作物,价格低廉。玉米中淀粉含量稍低于大米,而蛋白质和脂肪含量却高于大米,并能赋予啤酒醇厚的味感。玉米的脂肪含量较高,这将影响啤酒的风味和泡沫,因此,在使用前必须经过脱胚处理,因为玉米的脂肪大部分集中在胚部,脱胚后的玉米脂肪含量不应超过 1%。现在啤酒厂大多采用玉米淀粉作为啤酒生产的辅助原料,减少啤酒生产环节。

(3)小麦 啤酒厂很少把小麦直接作为辅助原料,更多的是将小麦制成小麦麦芽作为啤酒酿造的辅助原料,以此丰富啤酒泡沫或酿制特殊口味的小麦啤酒。小麦中糖蛋白含量高、泡沫性能好、花色苷含量低、风味好,有利于啤酒的非生物稳定性。一般使用比例为 15%～20%。但是,由于小麦的蛋白质含量较高,如果糖化和麦芽汁煮沸时分解和凝固不好,容易造成啤酒早期浑浊。

(4)大麦 未发芽的大麦也可以作为辅助原料,未发芽大麦中所含的酶活性非常低,含有较多的 β-葡聚糖,内容物溶解和分解很差,糖化比较困难,故一般用量不要超过 15%～20%。如果添加淀粉酶、蛋白酶、β-葡聚糖酶、复合酶制剂等,大麦用量可达 30%～40%。

大麦在糖化前,应先用碱溶液浸泡,以除去花色苷、色素和硅酸盐等有害物质,用清水洗至中性,再采用湿法粉碎后使用。

2. 其他替代品

(1)淀粉 淀粉纯度高、杂质少、黏度低、无残渣,麦芽汁过滤容易,啤酒风味和非生物稳定性能满足实际要求,可以生产高浓度啤酒、高发酵度啤酒。需要注意的是,在啤酒发酵阶段添加纯淀粉,酵母会因为缺乏营养而生长力不足导致发酵不够旺盛,同时,生产成本比谷物原料高。目前,啤酒厂使用比较多的是玉米淀粉。

(2)糖和糖浆 产糖丰富的国家和地区,可以考虑使用糖类和糖浆作为辅料。糖和糖浆都是低分子糖类,可以直接被酵母菌利用,不必再进行糖化。但应注意,糖类和糖浆作辅料,用量一般在 10%～20%,用量过多会导致酵母营养不良、啤酒口味淡薄、泡沫性能差。生产深色啤酒时也可添加部分焦糖,以调节啤酒的色泽。

(三)啤酒花

啤酒花学名蛇麻,又名忽布,当啤酒花成熟时,由蛇麻腺分泌的树脂和酒花油是啤酒酿造所需的重要成分(图 1-1)。啤酒花作为啤酒的香料,由于主要用来进行啤酒生产,故名啤酒花,简称酒花。

图 1-1　啤酒花

在啤酒酿造过程中添加酒花的主要作用：①赋予啤酒爽口的苦味；②赋予啤酒特有的酒花香气；③酒花与麦芽汁共同煮沸，能促进蛋白质凝固，加速麦芽汁的澄清，有利于提高啤酒的非生物稳定性；④具有抑菌、防腐作用，可增强麦芽汁和啤酒的防腐能力；⑤增强啤酒的泡沫稳定性。

1. 酒花的化学成分及其在啤酒酿造中的作用

在酒花的化学组成中，对啤酒酿造有特殊意义的三大成分是酒花油、酒花树脂（苦味物质）和多酚。因为酒花的使用量少，其他化学成分如蛋白质、碳水化合物、脂质、纤维素、果胶等对啤酒酿造的意义不大。

（1）酒花油　酒花油主要存在于蛇麻腺中，它赋予啤酒特有的酒花香味，是啤酒重要的香气来源，呈黄绿色或红棕色液体，易挥发，能溶于乙醚，难溶于水和麦芽汁，不溶于乙醇。主要成分可分为两大类：一类是碳氢化合物或者说是萜烯类物质，约占75%；另一类为含氧化合物。

（2）酒花树脂　酒花树脂为啤酒提供愉快的微苦味，主要包括 α-酸、β-酸及其氧化聚合产物，其中 α-酸是衡量酒花质量的最重要的指标。

①α-酸　α-酸是啤酒中苦味的主要来源，具有强烈粗糙的苦味与很高的防腐力，又能降低表面张力，可以增加啤酒的泡沫稳定性。

②β-酸　β-酸苦味程度约为 α-酸的 1/9，苦味细腻爽口，防腐能力约为 α-酸的 1/3，具有降低表面张力并改善啤酒泡沫稳定性的作用。

（3）多酚物质　多酚物质是非结晶混合物，主要包含花色苷、单宁、花青素、翠雀素等。其既具有氧化性又具有还原性。由于多酚能够与蛋白质结合产生沉淀，所以啤酒中多酚物质的残留是造成啤酒浑浊的主要因素之一。

2. 酒花制品

在啤酒生产过程中，直接在麦芽汁煮沸锅中添加酒花，酒花中有效物质不能完全从酒花中溶出，有效成分的利用率低，只有30%左右，并且贮存体积大，不断氧化变质，有效物质的损失大。所以在实际生产中酒花制品已经取代了直接添加酒花。

（1）使用酒花制品的优点　①体积大大缩小，便于运输和贮存；②可以常温保存，质量有保证；③减少麦芽汁损失，相应增加煮沸锅有效体积；④废除酒花糟过滤及设备，减少了排污水环节;⑤使用简单、添加准确,可较准确地控制苦味物质含量,提高酒花利用率;⑥有利于推广旋涡分离槽,简化糖化工艺。

(2)酒花制品的种类 酒花制品主要有酒花粉、酒花颗粒、酒花油、酒花浸膏等。

①酒花粉 先将酒花含水量烘干至6%～7%,然后将其粉碎至1～5 mm的粉末,最后直接压成片剂或用塑料袋充惰性气体密封保存,酒花粉可提高利用率5%～10%。

②酒花颗粒 酒花颗粒是在酒花粉的基础上添加约20%的膨润土,然后用造粒机加工成直径2～8 mm,长约15 mm的颗粒。能够在低于20℃下长期贮存,其体积比酒花减少80%,有效成分利用率比全酒花高20%。目前,酒花颗粒是啤酒厂应用最广泛的酒花制品。

③酒花油 在煮沸过程中添加酒花,绝大部分酒花香味物质会被蒸发,如果将酒花中的酒花油提取出来,在贮酒后期或滤酒时加入,则减少了香味物质的损失,并且可以根据啤酒的品种及香气要求进行调整。

④酒花浸膏 酒花浸膏的优点是提高了α-酸的利用率,节约苦味物质达20%左右,可以准确地控制使用量,保证成品啤酒苦味值的一致。但是此阶段的加工成本相对较高,使用不是很多。

(四)啤酒生产用水

成品啤酒中水的含量最大,俗称啤酒的"血液",水质的好坏也将直接影响啤酒的质量,因此酿造优质的啤酒必须有优质的水源。啤酒生产用水包括直接进入产品中的酿造用水(如糖化用水、洗槽用水、啤酒稀释用水)和洗涤、冷却用水及锅炉用水。啤酒酿造用水的处理一般有加酸法、加石膏或氯化钙法、电渗析法、反渗透法、石灰水法及离子交换法等。

二、麦芽的生产工艺

(一)大麦的输送

麦芽厂(车间)需要输送的物料有大麦、绿麦芽和干燥麦芽。物料的输送方式主要有两大类:气流输送和机械输送。现场情况不同,采用的输送方式也有所不同。有的是单一输送方式,有的需要几种输送方式相结合。

(二)大麦的清选

入厂的大麦会含有一些杂质,如铁块、石头、沙子、灰土、绳头、麻袋片、木块、麦芒、杂草、非大麦谷粒及半粒等,这些杂质必须在分级前除掉才能进行清选工作。

1. 粗选

粗选的目的:除掉大的杂质,如石头、线绳、麦秆和麻袋片等,以及一部分很小的杂质,如沙子、灰尘等。

大麦必须经过粗选后才能入仓贮存,因为线绳及泥块等杂质会带来有害微生物,并且大量的灰尘积压在立仓底部将会导致立仓温度过高,容易引起粉尘爆炸。

粗选系统如图1-2所示。

2. 精选

国内大麦的精选一般在浸麦前进行。用于大麦精选的设备称为精选机,又称杂谷分离机,

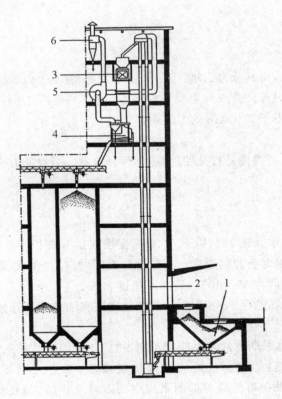

图 1-2　大麦粗选系统
1.进料斗　2.提升机　3.原麦自动计量秤　4.风力粗选机　5.抽风机　6.旋风除尘器

国内主要采用卧式圆筒精选机。大麦在精选前还要进行一次风力粗选,然后再精选后进行分级,如图 1-3 所示。

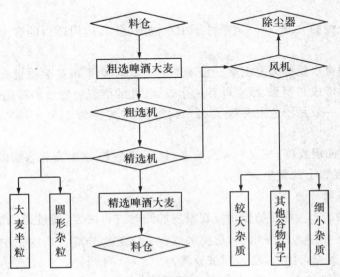

图 1-3　大麦精选流程

(三)大麦的分级

1. 分级标准

进口大麦颗粒较大,将其分为三级,Ⅰ号和Ⅱ号大麦(腹径>2.2 mm)用于制麦,Ⅲ号大麦(腹径<2.2 mm)用作饲料。国产大麦颗粒较瘦小,腹径一般在2.0～2.2 mm之间的好大麦就可以用于制麦,腹径小于2.0 mm的大麦用作饲料。

2. 分级设备

大麦分级设备的主要构件是打孔的筛板,称为分级筛。分级筛有平板式和圆筒形两种,常用的是平板式分级筛。

(四)大麦的贮存

大麦贮存一般要求水分在13%以下,贮存温度控制在15℃以下。在此条件下大麦的贮藏期可达1年,能够满足制麦企业的要求。有条件的工厂(如有立仓)可采用通风干燥,要求低温大风量。适宜的干燥温度为35～40℃,最高不超过50℃。

新收获的大麦一般要贮存6～8周后胚部才能在适宜的条件下开始发芽,这段时期称为大麦的休眠期。

正常情况下,处于休眠期的大麦不能用于制麦,如要使用则必须先采取措施打破休眠后才可以。打破休眠的措施:①添加1%的过氧化氢溶液,氧进入果皮和种皮。②添加H_2S(0.5‰)或硫醇,如1%的硫脲溶液可抑制果皮中的多酚氧化酶,为胚芽提供更多的氧。③添加赤霉素,这是比较常用的一种方法,它能刺激胚芽中产生谷胱甘肽和半胱氨酸,并有利于酶的形成。④将大麦加热至40～50℃,使果皮中的发芽抑制剂氧化。⑤去掉麦壳、种皮和果皮,或在胚附近将皮层打孔。

(五)浸麦

经过清选和分级的大麦,在一定条件下用水浸泡,使其达到适当的含水量(浸麦度),这一过程称为浸麦。

浸麦后大麦的含水量称为浸麦度。浸麦度的高低对发芽和麦芽质量有着很大影响,因为它直接关系到酶的形成和积累、根芽叶芽的生长、胚乳的溶解和物质的转化过程。

浸麦度的要求一般是浅色麦芽为38%～44%,深色麦芽为45%～48%。

1. 浸麦目的

达到发芽所需的浸麦度;使麦粒提前萌发,达到露点率;洗去麦粒表面的灰尘;洗去麦皮上的不利物质;杀死麦粒上的微生物。

2. 浸麦时通风的作用

提供氧气、排除CO_2、翻拌的作用。在浸麦的同时进行洗麦,通过通风翻拌和颗粒之间的摩擦,颗粒表面的污物溶入浸麦水中,在换水过程中将脏物分离。从皮壳中浸出的单宁物质、苦味物质和蛋白质等有害物质,也一同被分离。

此外,为了提高洗涤效果,促进有害物质的溶出,洗麦时常添加一些化学物质如CaO、NaOH或Na_2CO_3、甲醛、过氧化氢等。

3. 浸麦技术

(1)传统浸麦工艺

①没有通风的湿浸法 仅进行湿浸,并且在湿浸时不通风。吸水很慢,浸麦时间长,麦粒露点(萌发)少,发芽时间长。此工艺早已淘汰。

②通风浸断法 目前国内仍在使用,如"浸四断四法"、"浸四断六法"。湿浸几小时后便断水干浸几小时,如此交替进行,直至达到浸麦度。虽然麦粒与氧的接触效果比湿浸法更好,但不如现代浸麦工艺,并且耗水量相对较大,操作烦琐。

(2)现代浸麦工艺

①浸水断水法(空气休止法) 断水浸麦法是浸水与断水相间进行,如图1-4所示。常用的有浸二断六(水浸2 h,断水空气休止6 h)、浸二断四、浸三断三、浸三断六、浸四断四等操作法。啤酒大麦每浸一段时间后断水,使麦粒与空气接触,水浸和断水期间均需供氧。

将断水时间延长,空气休止时间可长达20 h,水浸时间不变或适当缩短,水浸只是为了洗涤、提供水分,这种方法称为长断水浸麦法,是由浸水断水法延伸而来。

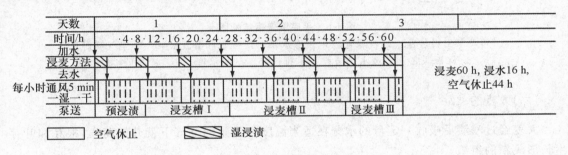

图1-4 浸水断水法

②喷淋浸麦法 此法是在长时间的空气休止期间采用喷淋的方式加水。采用喷淋方式加水,能使麦粒表面经常保持必要的水分,同时水雾可以及时带走浸麦过程中产生的热量和二氧化碳(特别是在发芽箱中效果更明显),使麦粒接触到更多的氧气而提前萌发,缩短浸麦和发芽的时间。

③重浸法 重浸法是在发芽箱中进行,先经过24~28 h浸麦,使浸麦度达到38%,然后停止浸麦,开始发芽,全部颗粒出芽后,迅速用较高温度的水(40℃)重浸(杀胚),并使浸麦度达到要求。此法的最终浸麦度较高,应在50%~52%之间,有利于在溶解阶段达到理想的物质转变程度。

4. 浸麦设备

(1)锥底浸麦槽 传统的锥底浸麦槽如图1-5所示,一般柱体高1.2~1.5 m,锥角45°,麦层厚度为2~2.5 m,这类浸麦槽多用钢板制成,槽体设有可调节的溢流装置和清洗喷射系统。槽底部有较大的滤筛锥体,配有供新

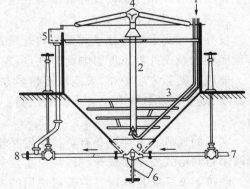

图1-5 锥底浸麦槽结构图
1. 压缩空气进口 2. 升溢管 3. 环形通风管
4. 旋转式喷料管 5. 溢流口 6. 已浸大麦出口
7. 新鲜水进口 8. 废水出口 9. 假底

鲜水的附件、沥水的附件、排料滑板、CO_2抽吸系统和压力通气系统等。

（2）平底浸麦槽　新型的平底浸麦槽如图1-6所示，直径为17 m，大麦投料量为250 t，设有通风、抽吸CO_2、水温调节和喷雾系统等。大麦在浸渍之前先经过螺旋形预清洗器清洗。

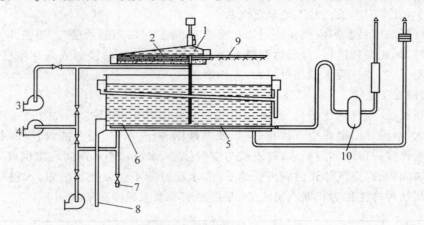

图 1-6　平底浸麦槽结构图

1. 可调节出料装置　2. 洗涤管　3. 洗涤水泵　4. 喷水和溢流水泵　5. 空气喷射管
6. 筛板假底　7. 废水排出管　8. 排料管　9. 喷水管　10. 空气压缩机

（六）大麦的发芽

大麦经过浸渍后吸收一定量的水分在适当温度和足量的空气下就开始萌发，根芽和叶芽生长形成新的组织。

1. 发芽目的

①激活原有的酶。原大麦中含有少量的酶，但大部分都被束缚，没有活性，通过发芽使这些酶游离，将其激活。②生成新的酶。麦芽中绝大部分酶是在发芽过程中产生的。③物质转变。随着大麦中酶的激活和生成，颗粒内容物在这些酶的作用下发生转变。物质转变包括大分子物质的溶解和分解以及胚乳结构的改变。

2. 发芽工艺及操作要点

发芽的方式主要有地板式发芽和通风式发芽两种。古老的地板式发芽由于劳动强度大、占地面积大及受外界温度影响大等缺点，现已被淘汰。现在普遍采用的是通风式发芽。

通风式发芽麦层较厚，采用机械强制方式向麦层中通入用于调温、调湿的空气以控制发芽的温度、湿度以及氧气与二氧化碳的比例。通风方式有连续通风、间歇通风、加压通风和吸引通风等。

常用的通风式发芽设备有萨拉丁发芽箱、劳斯曼发芽箱、麦堆移动式发芽箱、矩形发芽-干燥两用箱和塔式发芽系统等。以萨拉丁发芽箱式发芽为例，介绍发芽工艺及操作要点。

萨拉丁发芽箱是我国目前普遍使用的发芽设备，主要由箱体、翻麦机和空气调节系统等组成，如图1-7所示。

3. 发芽操作要点及注意事项

（1）进料　进料也称"下麦"，通常利用大麦的自重，大麦和水一起从浸麦槽自由下落进入发芽箱。在发芽箱上方有一根长管，管子上每隔2.5 m左右开一出料口，装料量为$300 \sim 600 \text{ kg/m}^2$。

图 1-7　萨拉丁发芽箱

（2）摊平　大麦进入发芽箱后，物料呈堆状，要利用翻麦机将麦堆摊平，麦层厚度 0.8～1.5 m。

（3）喷水　翻麦机的横梁上装有喷水管，随着翻麦机的移动，将水均匀地喷洒在麦层中。

（4）通风　萨拉丁发芽箱采用连续通风可保持麦芽温度稳定，麦层上下温差小，风压小而均匀，绿麦芽水分损失较小，发芽快、均匀，麦层中 CO_2 含量低，翻麦次数少。

（5）翻麦　翻麦的目的是均衡麦温，减小温差，并解开根芽的缠绕。螺旋翻麦机沿轨道从一端运行到另一端即为翻麦一次，运行线速度为 0.4～0.6 m/min。发芽开始及发芽后期，翻麦次数少，每隔 8～12 h 翻麦一次；发芽旺盛时期翻麦次数多，每隔 6～8 h 翻麦一次；连续通风每天翻麦两次，凋萎期应停止通风和搅拌。

（6）控制温度及时间

第一天：通干空气，排出麦粒表面多余的水分，进风温度应根据大麦品种、特性和生产季节的不同而进行调节，常控制在 13～15℃。然后通入 12～14℃的饱和湿空气，用以调节麦层品温。

第二、三天：适当通入 12～14℃湿空气调节麦温，麦层温度逐渐增高，控制麦温每天上升1℃，麦芽最高温度控制在 18～20℃，以后保持此温度或逐步下降。

第四、五天：麦温达到 18～20℃，保持此温度或逐步下降。发芽旺盛，控制品温不超过20℃，如麦层温度超过 20℃，需增加通风次数和延长通风时间。

当麦粒呼吸微弱、品温降低到一定程度保持不变、根芽和叶芽生长到一定长度时，发芽基本结束。发芽时间：夏季：4.5～5 d，冬季 5～7 d，具体时间应根据大麦品种、特性、发芽的条件和麦芽的溶解状况来决定。

（7）出料　发芽结束后，要将绿麦芽送入干燥箱。最经济实用的方法是用翻麦机出料，出料时螺旋停止旋转，翻麦机以 10 m/min 的速度分批将绿麦芽推至发芽箱一端的出口，再利用其他方式送至干燥箱。

(七)绿麦芽的干燥

干燥是决定麦芽品质的最后一道重要工序,通过干燥可达到以下目的:①除去绿麦芽中的多余水分,防止麦芽腐烂变质,便于除根、贮存。②停止绿麦芽的生长,结束酶的生化反应,固定麦芽本质特性。③除去绿麦芽的生腥味,形成不同麦芽类型的色、香、味。

1. 干燥工艺

麦芽干燥过程有三个阶段的温度最重要,第一个是起始温度,第二个是中间温度(凋萎结束开始向焙焦温度升高时的温度),第三个是焙焦温度。

(1)起始温度   起始温度的高低会影响麦芽的容积、脆度和色度,所以要选择较低的起始温度(45～55℃)。

(2)中间温度   凋萎过程要尽快降低水分,以终止颗粒的生长和酶的作用。凋萎过程的温度一般在45～65℃之间,也可以采用分段升温的方式,如55℃、60℃、65℃。

(3)焙焦温度   焙焦温度的高低和时间的长短会直接影响到麦芽的色度和香味。随着焙焦温度的提高和时间的延长,麦芽的色泽会加深,香味也会变浓。在实际生产中,浅色麦芽的焙焦温度略低(80～85℃),而深色麦芽的焙焦温度要高一些(100～105℃)。

干燥过程中麦芽的色度逐渐加深,麦芽最终色度与干燥温度有关,特别是焙焦温度影响最大,起始干燥温度也有影响。绿麦芽色度一般为1.8～2.5 EBC,干燥后浅色麦芽色度为2.3～4.0 EBC,深色麦芽色度为9.5～21 EBC。

2. 干燥设备

(1)单层高效干燥炉   只有一层烘床,麦层厚、投料量大,可以自动装料和出料,如图1-8所示。

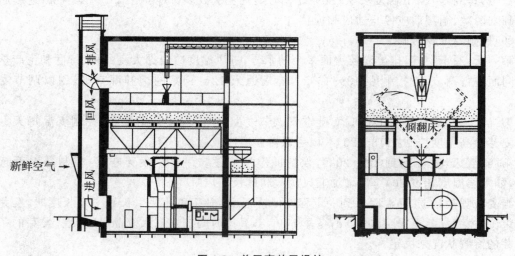

图1-8   单层高效干燥炉

(2)水平式双层干燥炉   水平式双层干燥炉是将两层水平烘床上下安装起来,只在底部设一套加热通风装置,该设备的最大优点是能够充分利用余热,如图1-9所示。

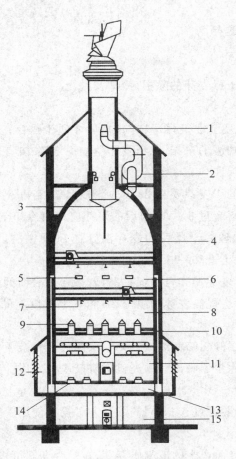

图 1-9 水平式双层干燥炉结构图

1. 排风筒 2. 风机 3. 煤灰收集器 4. 上层烘床 5. 上床冷风入口

6. 下层烘床 7. 根芽挡板 8. 根芽室 9. 热风入口 10. 冷却层 11. 空气加热室

12. 新鲜空气进风道 13. 空气室 14. 新鲜空气喷嘴 15. 燃烧室

（3）发芽-干燥两用箱　发芽-干燥两用箱是在箱体的一端安装干燥通风装置和加热装置，发芽结束后在发芽箱中进行干燥。干燥总时间 31～33 h，比其他干燥方式多了 10 h 以上，如图 1-10 所示。

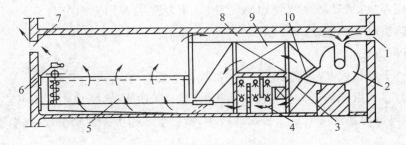

图 1-10 发芽-干燥两用箱结构图

1. 冷空气进口 2. 鼓风机 3. 风调加热器 4. 空调室 5. 麦芽层 6. 搅拌器

7. 空气出口 8. 回风道 9. 干燥加热器 10. 发芽与干燥控制风门

(八)干麦芽的处理与贮存

1. 干燥麦芽的处理

干燥麦芽的处理包括干燥麦芽的除根、冷却及抛光。

(1)麦芽除根

①除根目的　麦根的吸湿性很强,只有除根后才便于贮存;麦根中含有杂质及不良的苦味,而且色泽很深,会影响啤酒的口味、色泽及非生物稳定性;麦芽除根能对干燥后的麦芽起到冷却作用,有利于入仓保存。

②工艺要求　出炉后的干麦芽要在 24 h 内除根完毕;除根后的麦芽中不得含有麦根;麦根中碎麦粒和整粒麦芽不得超过 5‰;除根后的麦芽应尽快冷却至室温。

(2)出炉麦芽的冷却处理　干燥后的麦芽温度在 80℃ 左右,不能马上贮藏,必须尽快冷却,以防酶的破坏导致色度上升和香味发生变化。

(3)麦芽的抛光处理　麦芽抛光目的:除去附着在麦粒表面的水锈、灰尘及破碎的皮壳,提高麦芽的外观质量;抛光后会提高麦芽的浸出率;能减少麦皮上的多酚物质,有利于啤酒的口味、色泽和稳定性。

麦芽抛光机主要由两层倾斜筛面组成。第一层筛去大粒杂质,第二层筛去细小杂质,倾斜筛上方飞扬的灰尘被旋风除尘器吸出。抛光机附有鼓风机,以排除细小杂质。

2. 干燥麦芽的贮存

除根后的麦芽,一般需要经过 6~8 周的贮存方可投入使用。

(1)贮存的目的

①由于干燥时操作不当而产生的玻璃质麦芽,在贮存期间可以向好的方向转化。

②新干燥的麦芽经过贮存,蛋白酶活力与淀粉酶活力都会提高,还能增进含氮物质的溶解,提高麦芽的糖化力及麦芽的可溶性浸出物,并可改善啤酒的胶体稳定性。

③提高麦芽的酸度,有利于糖化。

④麦芽在贮存期间吸收少量水分后,麦皮失去原有的脆性,粉碎时破而不碎,利于麦汁过滤。胚乳失去原有的脆性,质地会得到明显改善。

(2)麦芽贮存的要求　麦芽除根后冷却至室温(不要超过 20℃)才可以进仓贮存;必须按质量等级分别存放;尽量避免空气和潮气渗入;干麦芽贮存回潮水分为 5%~7%,不宜超过9%;应具备防治虫害的措施。

(3)贮存的方法

①袋装　下置垫板,四周离墙 1 m 左右,堆高不超过 3 m。

②立仓贮存　由于袋装与空气接触面积大,容易吸收水分,所以贮存期不宜过长。立仓贮存麦芽,麦层高度可达 20 m 以上,表面积较小,所以吸水的可能性较小,贮存期较长。

【知识拓展】

一、麦芽质量与啤酒质量的关系

麦芽质量与啤酒质量的关系

二、特种麦芽介绍

特种麦芽介绍

三、塔式制麦工艺

塔式制麦工艺

任务二 啤酒的酿造

【知识前导】

经过麦芽制备,大麦的内容物进行了一定程度的分解,但还不能全部被酵母利用,需要通过糖化工序将麦芽及辅料中的非水溶性组分转化为水溶性物质,即将其转化为能被酵母利用的可发酵性糖,以保证啤酒发酵的顺利进行。

麦汁制备过程主要包括原辅料的粉碎、糊化、糖化、麦芽汁过滤、煮沸、麦汁后处理等过程。

经过糖化工序,将制得的麦汁冷却至规定的温度后送入发酵罐,并接入一定量的啤酒酵母即可进行发酵。啤酒发酵是一个非常复杂的生化反应过程,是利用啤酒酵母本身所含有的酶系将麦汁中的可发酵性糖经一系列变化最终转变为酒精和 CO_2,并生成一系列的副产物,如各种醇类、醛类、酯类、酸类、酮类和硫化物等。啤酒就是由这些物质构成的具有一定风味、泡沫、色泽的独特饮料。

啤酒的质量与啤酒酵母的性能有密切的关系,性能优良的啤酒酵母能生产出质量上乘的啤酒。即使原料相同,若采用不同的酵母菌种、不同的发酵工艺,也会生产出不同类型的啤酒。

一、麦芽汁的制备及发酵

(一)麦芽粉碎

粉碎是一种纯机械加工过程,原料通过粉碎可以增大比表面积,使内容物与介质水和生物催化剂酶接触面积增大,加速物料内容物的溶解和分解。

麦芽的皮壳在麦汁过滤时作为自然滤层,因此不能粉碎过细,应尽量保持完整。麦芽粉碎要求"皮壳破而不烂,胚乳尽可能细"。

常用的方法有干法粉碎、回潮粉碎和湿法粉碎。

(二)糖化

糖化是麦芽内容物在酶的作用下继续溶解和分解的过程。原料及辅料粉碎物混合后的混合液称为"醪"(液),糖化后的醪液称为"糖化醪",溶解于水的各种干物质(溶质)称为"浸出物",过滤后所得到的澄清溶液为"麦芽汁"。麦汁中浸出物含量和原料中干物质之比(质量比)称为"无水浸出率"。

1. 糖化过程中主要物质的变化

(1)淀粉的糊化、液化和糖化

①淀粉的糊化　胚乳细胞在一定温度下吸水膨胀、破裂,淀粉分子溶出,呈胶体状态分布于水中而形成糊状物的过程称为糊化,达到糊化过程的温度称为糊化温度。糊化时添加淀粉酶,糊化温度可降低20℃左右,这是在辅料中添加少量麦芽粉或淀粉酶的原因之一。在糊化温度下,作用时间越长,醪液煮沸越强烈,糊化程度就越彻底。

②淀粉的液化　糊化后的淀粉在α-淀粉酶的作用下将淀粉长链分子水解为短链的低分子的α-糊精并使黏度迅速降低的过程称为液化。生产过程中,糊化与液化两个过程几乎是同时发生。

③淀粉的糖化　是指辅料的糊化醪和麦芽中的淀粉受到淀粉酶的作用,产生以麦芽糖为主的可发酵性糖和以低聚糊精为主的非发酵性糖的过程。

可发酵性糖是指麦汁中能被啤酒酵母发酵的糖类,如果糖、葡萄糖、蔗糖、麦芽糖、麦芽三糖和棉籽糖等。非发酵性糖是指麦汁中不能被啤酒酵母发酵的糖类,如低聚糊精、异麦芽糖、戊糖等。

(2)蛋白质的水解　糖化时蛋白质的水解也称蛋白质休止。蛋白质的水解与淀粉水解不同,主要水解过程是在制麦过程中进行的。糖化过程中,麦芽蛋白质继续水解,但水解的程度远不及制麦时水解得多。麦汁中所含的总可溶性氮和氨基氮主要来自麦芽。

(3)β-葡聚糖的水解　麦芽中的β-葡聚糖是胚乳细胞壁的重要组成部分,根据其相对分子质量的大小,可将其分为不溶性和可溶性两部分。β-葡聚糖水溶液的黏度极高,随着其不断降解,黏度逐步下降。

(4)多酚物质的变化　多酚存在于大麦皮壳、胚乳、糊粉层和贮藏蛋白质层中,占大麦干物

质的 $0.3\%\sim0.4\%$。麦芽溶解得越好,多酚物质游离得就越多。糖化过程中多酚物质的变化通过游离、沉淀、氧化、聚合物等形式表现出来。

(5)脂类的分解 脂类在脂酶的作用下分解,生成甘油酯和脂肪酸,$82\%\sim85\%$的脂肪酸由棕榈酸和亚油酸组成。糖化过程中脂类的变化分两个阶段:第一阶段是脂类的分解,即在脂肪酶两个最适温度段($30\sim35℃$和$65\sim70℃$)通过酯酶的作用生成甘油酯和脂肪酸;第二阶段是脂肪酸在脂氧合酶的作用下发生氧化,表现在亚油酸和亚麻酸的含量减少。滤过的麦汁浑浊,可能是因为有脂类进入到麦汁中,会对啤酒的泡沫产生不利的影响。

(6)磷酸盐的变化 在磷酸酯酶的作用下,麦芽中的有机磷酸盐水解能使磷酸游离出来,使糖化醪 pH 降低,缓冲能力提高。磷酸酯酶的最适用温度为 $50\sim53℃$,超过 $60℃$ 迅速失活,最适作用 pH 5.0。

2. 糖化方法

根据是否分出部分糖化醪进行蒸煮来分,将糖化方法分为煮出糖化法和浸出糖化法;使用辅助原料时,要将辅助原料配成醪液,与麦芽醪一起糖化,称为双醪糖化法,按双醪混合后是否分出部分浓醪进行蒸煮又分为双醪煮出糖化法和双醪浸出糖化法。

(1)煮出糖化法 煮出糖化法是兼用生化作用和物理作用进行糖化的方法,其特点是:将糖化醪液的一部分,分批地加热到沸点,然后与其余煮沸的醪液混合;按照不同酶水解所需要的温度,使全部醪液分阶段地进行水解,最后上升到糖化终了温度。煮出糖化法能够弥补一些麦芽溶解不良的缺点。

根据醪液的煮沸次数,煮出糖化法可分为一次、二次和三次煮出糖化法,以及快速煮出糖化法等。一次煮出糖化法如图 1-11 所示。

(2)浸出糖化法 浸出糖化法是由煮出糖化法去掉部分糖化醪的蒸煮而来的,每个阶段的休止过程与煮出糖化法相同。投料温度大多为 $35\sim37℃$,如果麦芽溶解良好,也可直接采用 $50℃$ 投料。浸出糖化法适合于溶解良好、含酶丰富的麦芽。糖化过程在带有加热装置的糖化锅中完成,无需糊化锅。浸出糖化法糖化曲线如图 1-12 所示。

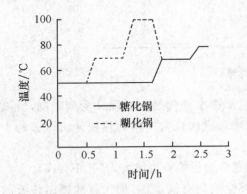

图 1-11 一次煮出糖化法糖化曲线

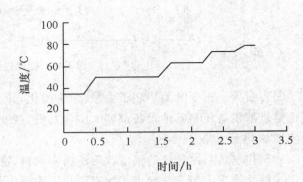

图 1-12 浸出糖化法糖化曲线

(3)双醪糖化法 双醪是指未发芽谷物粉碎后配成的醪液和麦芽粉碎物配成的醪液。我国采用大米作为辅助原料,配成的醪液为大米醪。大米醪在糊化锅里单独处理后再与糖化锅中的麦芽醪混合,根据混合醪液是否煮出分为双醪煮出糖化法和双醪浸出糖化法。

(三)麦汁过滤

糖化结束后,必须将糖化醪尽快地进行固液分离,即过滤,从而得到清亮的麦汁。固体部分称为"麦糟",这是啤酒厂的主要副产物之一;液体部分为麦汁,是啤酒酵母发酵的基质。糖化醪过滤是以大麦皮壳为自然滤层,采用重力过滤器(过滤槽)或加压过滤器(板框压滤机)将麦汁分离。分离麦汁的过程分两步:第一步是将糖化醪中的麦汁分离,这部分麦汁称为"头号麦汁"或"第一麦汁",这个过程为"头号麦汁过滤";第二步是将残留在麦糟中的麦汁用热水洗出,洗出的麦汁称为"洗糟麦汁"或"第二麦汁",这个过程称为"洗糟"。

1. 过滤槽过滤

过滤槽是一种最古老的重力过滤器,并一直沿用至今,目前仍被绝大多数厂家采用。过滤槽的主体结构一直没有多大改变,主要变化是在装备水平,能力大小和自动控制等方面。

(1)传统过滤槽   传统过滤槽是敞口的,糖化醪从上部进入,滤出的麦汁由导管引出并暴露在空气中,麦汁在整个过滤过程中很容易发生氧化作用,现在保留的传统四器组合仍采用这种过滤槽。

(2)现代过滤槽(图 1-13)   与传统过滤槽相比,现代过滤槽有以下特点:

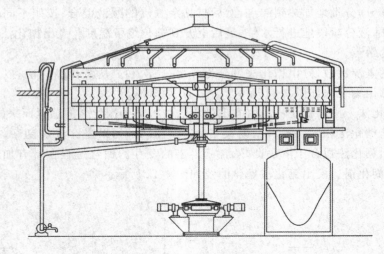

图 1-13   现代过滤槽

①容量大   由于啤酒厂趋于大型化、集团化,并且每批次糖化过滤时间又受到限制,所以无论是过滤设备还是其他设备都朝大型化发展,过滤槽每批次投料所得的热麦汁由过去的十几吨增加到上百吨。

②制作材料   由传统的铜质改为不锈钢材料,特别是滤板的应力增大,开孔率提高。

③糖化醪进入与麦汁导出   为避免与过滤槽内部空间的空气接触,现代过滤槽由传统的上部进醪改为底部进醪。麦汁导管连接在过滤槽下面的密闭收集器上,滤出的麦汁进入收集器后由麦汁泵抽出。

④全封闭   现代过滤槽采用全封闭式,滤出的麦汁不再流入敞口的接收槽中,而是通过视窗观察麦汁的清亮程度,避免了在高温下麦汁与空气的接触,减免了麦汁氧化的机会。

⑤自动控制   现代过滤槽基本实现了自动控制,将过程参数输入程序后,可以在控制室操

作计算机进行集中控制,减少了人工操作带来的误差。

现代过滤槽生产能力大、自动化程度高,要求操作时务必严谨,一旦出现问题,就会影响大批产品质量。

2. 板框压滤机过滤

与过滤槽相比,板框压滤机的最大特点是过滤速度快,对麦芽粉碎物各组分比例的变化敏感性较低,所以目前仍有一些厂家使用。但也有滤出的麦汁清亮度差、费用高等缺点。

(四)麦汁煮沸

1. 麦汁煮沸的目的

(1)蒸发水分　过滤时,头号麦汁被洗糟麦汁稀释,为了在一定的煮沸时间内达到理想的最终麦汁浓度,必须蒸发麦汁中多余的水分以达到工艺要求的浓度。

(2)酶的钝化　破坏全部酶的活力,主要是停止淀粉酶的作用,稳定可发酵性糖和糊精的比例,稳定麦汁组分,确保稳定和发酵的一致性。

(3)麦汁灭菌　通过煮沸,消灭麦汁中的各种菌类,特别是乳酸菌,避免发酵时发生酸败,保证最终产品的质量。

(4)蛋白质的变性和絮凝沉淀　煮沸过程中,析出某些受热变性以及与单宁物质结合而絮凝沉淀的蛋白质,提高啤酒的非生物稳定性。

(5)酒花成分的浸出　在麦汁的煮沸过程中添加酒花,将其所含的软树脂、单宁物质和芳香成分等溶出,以赋予麦汁独特的苦味和香味,同时也提高了啤酒的生物和非生物稳定性。

(6)降低麦汁的 pH　煮沸时,水中钙离子和麦芽中的磷酸盐起反应使麦汁的 pH 降低,有利于 β-球蛋白的析出和成品啤酒 pH 的降低,也利于啤酒的生物和非生物稳定性的提高。

(7)还原物质的形成　大量的类黑素和还原酮可以与氧结合,能够防止氧化作用,有利于啤酒的非生物稳定性的提高。

(8)蒸发出不良的挥发性物质　让具有不良气味的碳氢化合物,如香叶烯等随水蒸气的挥发而逸出,提高麦汁质量。

煮沸方法有夹套加热煮沸法、内加热式煮沸法和体外加热煮沸法等。

2. 麦汁煮沸中酒花的添加

(1)添加酒花的目的

①赋予啤酒特有的香味。这种香味来自酒花油蒸发后的残留成分。

②赋予啤酒爽口的苦味。这种苦味主要来自异 α-酸和 β-酸氧化后的产物。

③增加啤酒的防腐能力。酒花中的 α-酸、异 α-酸和 β-酸都具有一定的防腐能力。

④提高啤酒的非生物稳定性。酒花的单宁、花色苷等多酚物质能与麦汁中的蛋白质形成复合物而沉淀出来,有利于提高啤酒的非生物稳定性。

⑤防止煮沸时串沫。麦汁煮沸开始,麦汁中的蛋白质开始凝固,此时麦汁极易起沫,加入少量酒花可以防止串沫。

(2)酒花添加时间　一般分三次添加酒花,至少也要分两次进行添加。以煮沸时间 90 min 为例,第一次在煮沸开始时添加,添加量为酒花总量的 19% 左右;第二次在煮沸后 45 min 添加,添加量为总量的 43% 左右;第三次在煮沸结束前 10 min 添加,添加量为总量的 38% 左右。

酒花添加方式有两种:一种是从人孔加入;另一种是先将酒花加入酒花添加罐中,然后再用煮沸锅中的麦汁将其冲入煮沸锅中,特别是密闭煮沸更应如此。

(五)麦汁冷却、凝固物分离及充氧

经煮沸的麦汁要冷却到发酵温度,并在冷却过程中分离凝固物,同时通入无菌空气提供酵母生长繁殖所需要的氧。凝固物是在麦汁煮沸过程中由于蛋白质变性凝固和多酚物质不断氧化聚合而形成,根据析出温度不同可分为热凝固物和冷凝固物。

1. 热凝固物及其分离

在比较高的温度下凝固析出的凝固物称为热凝固物,这种凝固物主要在麦汁煮沸时产生,在麦汁冷却至 60℃ 以上的过程中也有生成,60℃ 以下不会凝固。麦汁煮沸时间、麦汁 pH、麦汁澄清剂和酒花的添加以及酒花中多酚含量等都会影响热凝固物的析出。

发酵前必须除掉热凝固物,若带入发酵醪中,可能会黏附在酵母细胞表面,影响酵母的正常发酵。同时,热凝固物对啤酒色度、泡沫性质、苦味和口味稳定性都有不良影响。

分离热凝固物的方法很多,如沉淀槽分离、回旋沉淀槽分离、离心机分离、硅藻土过滤机分离等。目前绝大多数啤酒厂采用回旋沉淀槽分离热凝固物。

回旋沉淀槽主体圆筒形,槽底形状多种多样,有平底、杯底、锥底等,应用最多的是平底。如图 1-14 所示。

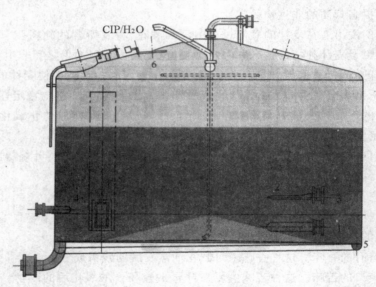

图 1-14　回旋沉淀槽结构图
1. 麦汁入口　2. 液位计　3. 喷嘴　4. 麦汁出口　5. 环形槽　6. 真空安全阀

在回旋沉淀槽中麦汁与热凝固物的分离分为两个阶段。第一个阶段是热凝固物沉积阶段,即热凝固物在回旋沉淀槽底部中央形成的丘状沉积物;第二阶段是残余麦汁从热凝固物中渗出阶段。

2. 麦汁冷却

热麦汁在回旋沉淀槽停留一段时间后,温度会有所下降,从煮沸温度降到 95℃ 左右,但要达到酵母发酵所需要的温度,则需要进一步冷却至 7～8℃。常用的麦汁冷却设备是薄板冷却器。

3. 麦汁充氧

酵母是兼性微生物,在有氧条件下生长繁殖,在无氧条件下进行酒精发酵。酵母进入发酵阶段之前,需要繁殖到一定的数量,这一阶段是需要氧的。因此,要对麦汁进行通风使其达到一定的溶解氧含量(7~10 mg/L)。由于啤酒发酵是纯种培养,所以通入的空气应该先进行无菌处理,即空气过滤。

麦汁充氧时间一般在麦汁冷却至低温后,即在薄板冷却器与发酵罐之间,并接近于发酵区。若单纯为酵母生长繁殖而充氧,充入空气量 10 L/100 L(麦汁)即可达到 7~8 mg 氧/L(麦汁)的要求。

4. 冷凝固物及其分离

麦汁经缓慢冷却析出的无定形的细小颗粒(0.5~1.0 μm),即为冷凝固物。冷凝固物从80℃开始就有析出,随着温度的降低,析出量逐渐增多。麦汁冷凝固物含量为 150~300 mg/L,为热凝固物的 15%~30%。

在进入正式发酵之前应将冷凝固物进行分离,否则会黏附母细胞,造成发酵困难,增加啤酒过滤负荷,啤酒口味粗糙,啤酒泡沫性能和啤酒口味稳定性都不好。分离冷凝固物常用的方法有酵母繁殖槽沉降法和浮选法。

(六)啤酒酵母

将麦汁冷却至规定的温度后送入发酵罐,并接入一定量的啤酒酵母即可进行发酵。啤酒发酵是一个非常复杂的生化反应过程,是利用啤酒酵母本身所含有的酶系将麦汁中的可发酵性糖经一系列变化最终转变为酒精和 CO_2,并生成一系列的副产物,如各种醇类、醛类、酯类、酸类、酮类和硫化物等。啤酒就是由这些物质构成的具有一定风味、泡沫、色泽的独特饮料。

啤酒的质量与啤酒酵母的性能有密切的关系,性能优良的啤酒酵母能生产出质量上乘的啤酒。即使原料相同,若采用不同的酵母菌种,不同的发酵工艺,也会生产出不同类型的啤酒。

1. 优良啤酒酵母的基本要求

(1)能有效地从麦汁中摄取所需要的各种营养物质,发酵速度较快。

(2)除了能代谢产生 CO_2 和酒精外,其他的代谢产物能赋予啤酒良好的风味。

(3)发酵结束后,可以顺利地从发酵液中分离,使发酵液易于澄清。

2. 啤酒酵母扩大培养阶段的工艺控制

生产上使用的啤酒酵母必须经过纯种扩大培养,使细胞数量达到一定的要求后再用于啤酒发酵。啤酒酵母的扩大培养分为两个阶段:实验室扩大培养阶段和生产现场扩大培养阶段。

(1)实验室扩大培养阶段的工艺控制

①实验室扩大培养是啤酒酵母扩大培养的第一步,因此在整个培养过程中一定要保证无菌操作,所使用的一切器具必须洗涮干净,并且高温灭菌。

②实验室扩大培养所用的培养基,可以在实验室配制,也可采用生产现场加酒花的麦汁。若采用大生产的麦汁,必须经过加热煮沸、蛋白质澄清、高温灭菌处理后置于25℃培养箱中存放 2~3 d,证明确实无菌后方可使用。

③由于处于生长繁殖期的酵母对氧需求较高,而且酵母在培养过程中很容易沉淀到容器底部,因此需每天定期摇动培养器皿,使沉淀的酵母重新分布到培养基中,促进溶氧。

④为了使接种后的酵母能快速生长繁殖,应选择在对数生长期接种。每次扩大培养的稀

释倍数一般为 10～20 倍。

⑤啤酒发酵是在低温（10℃左右）下进行的，而啤酒酵母的最适生长温度为 28℃左右，因此，为了使啤酒酵母适应低温发酵，扩大培养时应采用逐步降温培养的方法。

⑥为使扩大接种时有所选择，每级扩大培养应做平行试验，以选择生长繁殖良好的进入下一级培养。一般来说，试管 4～5 个，三角瓶 2～4 个，卡氏罐 2 个。

（2）生产现场扩大培养阶段的工艺控制

①扩大培养所用的麦汁组成应满足酵母生长繁殖的需要。由于生产现场扩大培养所需的培养基用量很大，一般使用大生产麦汁。在整个扩大培养过程中，要严格无菌操作，防止杂菌污染，一旦发生污染并进入发酵罐中，将造成严重的后果。因此，在扩大培养过程中要定期对酵母的生长繁殖情况进行镜检，发现异常情况要及时进行处理。

②为了缩短酵母生长的停滞期，扩大培养时要在酵母的对数生长期进行移植，以保证酵母细胞在移植后能迅速繁殖，缩短培养时间。

③为使酵母逐渐适应低温发酵，扩大培养的温度应逐步降低。但每一步扩大培养的降温幅度不能太大，以免影响细胞活性。

④培养基中氧含量对酵母的繁殖起着非常重要的作用，因此在生产现场扩大培养过程中要不断地向麦汁中通风供氧。溶解氧的控制水平从 6.0 mg/L 至 3.0 mg/L 逐渐降低，汉生罐控制水平为 6.0 mg/L，一级繁殖槽为 4～5 mg/L，二级繁殖槽为 3～4 mg/L。

⑤各级扩大稀释倍数不宜过高，因为随着温度的降低，酵母的增殖时间不断延长，这就增加了污染杂菌的机会，因此稀释倍数以 1:（4～5）为宜。这就要求酵母经过多级繁殖，繁殖槽级数应根据现场实际生产情况而定，一般要经过两级以上的繁殖槽扩大培养。

（七）锥底啤酒罐发酵技术

传统的啤酒发酵主要有上面发酵、下面发酵两种类型。上面发酵方法出现较早，而下面发酵方法则更为盛行。下面发酵与上面发酵在工艺上有如下区别：①下面发酵的发酵温度较低，发酵周期较长，而上面发酵的发酵温度相对较高，发酵周期较下面发酵短；②下面发酵过程可明显地划分为主发酵和后发酵两个阶段，而上面发酵大都只有一个阶段——主发酵；③下面发酵的酵母回收相对容易，而上面发酵的酵母回收则比较困难；④下面发酵罐压较低，上面发酵罐压较高。现在世界上大多数啤酒厂都采用下面发酵方法，下面发酵法生产的啤酒已占世界总产量的 90% 以上。我国几乎所有啤酒厂都采用下面发酵法。

传统啤酒发酵过程分为主发酵（又称前发酵）和后发酵两个阶段。添加酵母后，在有氧条件下酵母逐渐恢复原有活性，以麦汁中的可发酵性糖为碳源、氨基酸为主要氮源进行呼吸作用，从中获得生长繁殖所需要的能量；当发酵液中的溶解氧耗尽后，酵母便开始进行无氧发酵。麦汁中的糖则被酵母发酵成乙醇和 CO_2，这就是主发酵阶段。而在后发酵阶段，发酵液中的酵母继续将残留的糖分分解成 CO_2，在密封的容器中 CO_2 很容易溶于酒内，达到饱和。由于后发酵温度较低，可以促进啤酒的成熟和澄清。为了缩短发酵周期，提高发酵设备利用率及产量，现在普遍采用立式锥底大容量发酵罐进行发酵，即让主发酵和后发酵在同一个容器中进行。

由于露天圆筒锥底发酵罐具有容积大、占地少、投资省、设备利用率高及便于自动控制等优点，现已被各大啤酒厂广泛采用。

锥底罐发酵分为一罐法和两罐法。一罐法发酵是指传统的主发酵和后发酵（贮酒）阶段都是在一个发酵罐内完成。这种方法操作简单,在啤酒的发酵过程中不用倒罐,避免了在发酵过程中接触氧气的可能。罐的清洗方便,消耗洗涤水少,省时节能。目前国内多数厂家都采用一罐法发酵工艺。两罐法发酵又分为两种,一种是主发酵在发酵罐中进行,而后发酵和贮酒阶段在酒罐中完成;另一种是主发酵和后发酵在一个发酵罐中进行,而贮酒阶段在贮酒罐中完成。两罐法比一罐法操作复杂,但贮酒阶段的设备利用率较高,啤酒质量相对来说较高。国内只有极少数厂家采用这种发酵方法。

采用一罐法发酵工艺的厂家众多,发酵工艺条件也有所差异,下面只讨论工艺参数的一些共性问题。

1. 麦汁进罐方式

由于锥底罐的体积较大,需要几批次的麦汁才能装满一罐,所以麦汁进罐一般采用分批直接进罐,满罐时间一般控制在 20 h 之内。另外,满罐温度的高低也直接影响酵母的增殖速度、降糖速度、发酵周期。麦汁进入发酵罐后,由于酵母繁殖会产生一定的热量使罐温升高,所以麦汁的冷却温度应遵循先低后高,最后达到工艺要求的满罐温度。通常将麦汁的满罐温度控制在比主发酵温度低约 2℃。

2. 酵母的添加

锥底罐发酵要求酵母发酵速度快,双乙酰形成迅速并且能快速还原,这就要求在较短的时间内发酵液中悬浮的酵母细胞能够达到一定数量,因此必须适当增加酵母的接种量。从提高回收酵母的活性、防止酵母快速衰老、降低酵母死亡率、增加酵母使用代数等方面来考虑,酵母的接种量通常控制在 0.6%～0.8%,满罐后酵母细胞数控制在 $(10\sim15)\times10^6$ 个/mL。

3. 通风供氧

麦汁中的溶解氧受通风量、空气分散程度和麦汁浓度的影响。啤酒发酵是一个典型的“有氧繁殖、厌氧发酵”的过程,“有氧”就能增加单位麦汁中的酵母数,增加酵母的发酵能力及还原双乙酰的能力。在发酵前期,酵母吸收麦汁中的溶解氧,并产生大量的ATP,为酵母细胞的繁殖提供所需的能量。麦汁中正常的溶解氧浓度为 8 mg/L 左右。在麦汁分批次加入发酵罐过程中,前两批麦汁正常通风,以后几批可以少通风或不通风。

4. 发酵温度的调节与控制

锥底罐啤酒发酵过程中温度的调节与控制是非常重要的一个环节,发酵温度的控制、调节是否合理,不仅关系到发酵能否顺利进行,而且关系到酵母本身的性能及最终产品质量。发酵温度是发酵过程中最重要的工艺参数,根据发酵过程中温度控制的不同,可将发酵过程分为主发酵期、双乙酰还原期、降温期与贮酒期四个阶段。

①主发酵期　麦汁满罐并添加酵母后,酵母开始大量繁殖,消耗麦汁中可发酵性糖,同化麦汁中低分子氮源,当繁殖达到一定程度后开始发酵。随着降糖速度的不断加快,发酵趋于旺盛,产热量增大,温度随之升高,α-乙酰乳酸向双乙酰转化速度加快。这一阶段应开启上段冷却带,控制流量使之与发酵产生的热量相抵消,并关闭中、下冷却带,以保证旺盛发酵。此时罐内温度上低下高,以加快发酵液从下向上对流,从而使发酵旺盛,降糖速度快,酵母悬浮性增强,加快双乙酰的还原,有利于啤酒的成熟。

②双乙酰还原期　连二酮即双乙酰(丁二酮)和2,3-戊二酮的总称,它们在乳制品中是不可少的香味成分,但在啤酒中不受欢迎,人们认为是饭馊味,其口味阈值约 0.2 mg/L,通常的贮酒过程都以此值为成熟标准规定值,若超过 0.2 mg/L,认为酒的成熟度不够,或有杂菌污

染。2,3-戊二酮口味阈值约为双乙酰的 10 倍,所以啤酒中含量允许达 0.1 mg/L,实际上它的含量比双乙酰更低,通常为 0.01~0.08 mg/L。因此研究连二酮时,都侧重于双乙酰。

双乙酰的形成 主要是发酵时酵母的代谢过程生成了 α-乙酰乳酸,它是双酰的前体物质,极易经非酶氧化生成双乙酰。其次,细菌污染也产生双乙酰。此外,大麦自身含有产生双乙酰的酶,所以麦汁中也有微量双乙酰存在。

双乙酰的消除与控制 双乙酰能被酵母还原,经过乙偶联而生成 2,3-丁二醇。后者无异味,不影响啤酒风味。所以现今推广快速贮酒法,要求有足够的活化酵母悬浮于酒液中。尽快降低发酵液中双乙酰含量小于 0.1 mg/L,是目前缩短酒龄的主要要求。一般采取的控制措施是提高发酵温度(12~16℃),使 α-酰乳酸尽快生成双乙酰;增加酵母接种量(1~2 L/100 L);降低下酒糖度等。此外,还需保证麦汁中 α-氨基氮(缬氨酸)含量在 180 mg/L 以上。实验证明缬氨酸能通过抑制 α-乙酰乳酸的生成来反馈抑制双乙酰的生成。

③降温期 随着糖度继续降低,双乙酰还原至 0.1 mg/L 以下时,就开始以 0.2~0.3℃/h 的速度将发酵液的温度降至 4℃左右(有的直接降温至 0℃)。这一个时期应以控制锥底罐下部温度为主,使罐顶温度高于罐底温度,以利于由上而下的对流,促进酵母及凝固物的沉降,这样有利于酵母的回收、酒液的澄清和 CO_2 的饱和,也有利于酒质的提高和口味更加纯正。在降温期间,降温速度一定要缓慢、均匀并防止结冰,宁可控制降温时间长一些也不可将冷媒温度降得太低或降温太快。

④贮酒期 贮酒期包括温度由 4℃降至 0℃以及 −1~0℃的保温阶段。贮酒的目的是为了澄清酒液、饱和 CO_2 及改善啤酒的非生物稳定性以改善啤酒的风味。此阶段随着发酵温度的缓慢下降,CO_2 溶解度增加,酒液的密度随之降低。此阶段温度控制需打开上、中、下层冷却夹套阀门,保持三段酒液温度平稳,避免温差变化产生酒液对流,使得已经沉淀的酵母、凝固物等又重新悬浮并溶解于酒液中,造成过滤困难。这一阶段温度宜低不宜高,要严防温度忽高忽低剧烈变化。

5. 酵母的回收及排放

通常在双乙酰还原结束后,发酵液温度降至 4℃左右时回收酵母。为保证充足的回收时间,在进行工艺控制时一般在 4℃左右保持 48 h 以利于酵母的沉降与回收。酵母的回收方式也不尽相同,有的厂家将可回收的酵母专门贮存在低温无菌水中,控制温度不超过 2℃。当使用时,经过计量装置排出使用。也有的厂家将待排的酵母直接从发酵罐中排入酵母添加器后再压入麦汁中,进行下一批发酵。在酵母回收时,应对回收的酵母定期进行性能测定及生理生化检验。对于降温后的废酵母应及时排放。如果废酵母沉入锥底的时间过长,贮酒时高压下会致使酵母自溶或死亡,从而影响成品啤酒的风味。

6. 发酵压力的控制

除发酵温度外,压力也是重要的工艺参数,因为控制好罐压能使双乙酰在发酵期内得到有效的还原。压力高虽然制约了酵母繁殖与发酵速度,但却有利于双乙酰的还原,而且能明显抑制乙酸乙酯、异戊醇等口味阈值较低的发酵副产物的生成。生产中可根据酵母出芽情况逐级降压,发酵结束时应缓慢降压。具体操作方法如下:

(1)主发酵前期由于双乙酰已经开始形成,因此在开始阶段产生的 CO_2 和不良的挥发性物质应及时排除,这时采取微压(<0.01~0.02 MPa)。待外观发酵度为 30%左右时,即酵母第一次出芽已全部长成时再开始封罐升压。

(2)当外观发酵度为 60%左右时,酵母第二次出芽长成,发酵开始进入最旺盛阶段,此时应将罐压升到最大值。由于罐耐压强程度和实际需要,罐压的最大值一般控制在 $0.07\sim$ 0.08 MPa。在发酵最旺盛阶段应稳定罐压不变,以使大量的双乙酰被还原。另外,较高的罐压还有利于 CO_2 的饱和。

(3)主发酵后期双乙酰还原基本结束,所以压力应缓慢下降,直到结束。这样不但有利于排除一部分未被还原的双乙酰,而且还可以防止酵母细胞内容物的大量渗出及对酵母细胞的压差损伤。

二、啤酒的过滤和灌装

啤酒的过滤是指啤酒与其所含的固体粒子分离的过程。发酵成熟的啤酒经过一段时间的低温贮存,大部分蛋白质和酵母已经沉淀,但仍有少量物质悬浮于酒液中,这些物质对啤酒质量存在潜在的风险。要想使成品啤酒达到澄清透明并富有光泽的程度,就必须通过机械的方法来进一步处理,这些机械澄清的方法可除去啤酒中的酵母、细菌及其他微小粒子。这样不仅可以使啤酒外观更富有吸引力,而且能赋予啤酒良好的稳定性。

(一)啤酒过滤

1. 啤酒过滤的目的及基本要求

(1)啤酒过滤的目的

①除去啤酒中的悬浮物、混浊物、酵母、酒花树脂、多酚物质和蛋白质化合物,改善啤酒的外观,使成品啤酒澄清透明,富有光泽;

②除去或部分除去蛋白质及多酚物质,提高啤酒的非生物稳定性;

③除去酵母和细菌等微生物,提高啤酒的生物稳定性。

(2)啤酒过滤的基本要求　过滤能力大;过滤质量好,滤液透明度高;酒损小, CO_2 损失少;不污染,不吸入氧气,不影响啤酒的风味。

2. 过滤材料和过滤介质

(1)过滤介质

①金属过滤筛或纺织物　有不同种类的金属筛、裂缝筛或平行安装于烛式硅藻土过滤机上的异形金属丝和金属编织物。

②过滤板　过滤板可用硅藻土、珍珠岩、玻璃纤维和其他材料制成。过滤板的种类很多,可满足不同过滤精度的需求。

③膜材料　膜过滤的应用越来越多。膜很薄($0.02\sim1~\mu m$),因此多被固定在多孔眼的支撑介质上使用,以免被击穿。膜的制作主要有浸渍、喷洒或涂层等方式。

(2)助滤剂　啤酒过滤操作中,常用的助滤剂有硅藻土、珍珠岩和凹凸棒土等。

3. 啤酒过滤的方式及特点

啤酒过滤的主要方式和设备有硅藻土过滤机、板式过滤机、微孔薄膜过滤机和错流过滤机,目前使用最多的是硅藻土过滤机。

硅藻土过滤机的形式很多,目前使用比较广泛的有板框式、烛式、水平圆盘式三种,其中以板框式硅藻土过滤机最为常用。其优点:操作稳定;过滤能力可以通过增加组件而提高;构造简单,活动部件少,维修费用低。缺点:纸板消耗量比较大,成本增加;劳动强度大。

（二）啤酒的灌装

啤酒灌装是啤酒包装过程中的关键工序，它决定了啤酒的纯净、无菌、CO_2 含量和溶解氧等重要指标。啤酒是含有 CO_2 的饮料，灌装要满足其物理特性、化学特性和卫生要求，并保持灌装前后的啤酒质量变化不大。在灌装过程中要遵循以下原则：

（1）在灌装过程中要尽可能与空气隔绝，即使是微量的氧也会影响最终啤酒的评价质量，因此要求灌装过程中的吸氧量不得超过 $0.02\sim0.04$ mg/L。

（2）要始终保持啤酒压力，CO_2 逸出会影响啤酒质量。

（3）要保持卫生。灌装设备结构复杂，必须经常不断地清洗，不仅要清洗与啤酒直接接触的部位，还要清洗全套设备。

随着啤酒工业的发展，不同品牌和规格性能的灌装机也发生了巨大的变化。灌装机结构比较复杂，不同灌装机之间也有或多或少的差异。灌装机的主要结构包括酒液分配器、贮酒室、导酒管和装酒阀。

国产 FDC32T8 型灌装机的结构如图 1-15 所示。

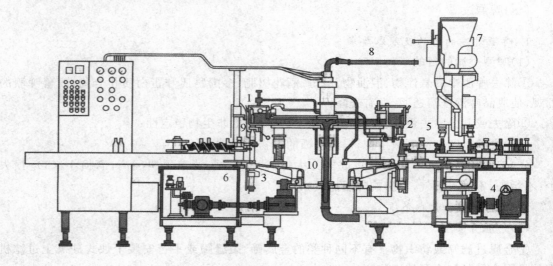

图 1-15　国产 FDC32T8 型灌装机结构图

1.灌装缸　2.灌装阀　3.提升气缸　4.驱动装置　5.输瓶有关零件　6.机身
7.压盖机　8.CIP 循环用配管　9.破瓶自动分离结构　10.中间自由分离结构

【知识拓展】

一、高浓度稀释啤酒

高浓度稀释啤酒

二、啤酒的稳定性

啤酒的稳定性

任务三 纯生啤酒的生产

【知识前导】

纯生啤酒是近几十年来逐步发展起来的一种深受广大消费者欢迎的产品。随着近代啤酒生产技术的不断进步,及冷杀菌技术的日趋完善,纯生啤酒的生产数量也随之日益增大。在日本,纯生啤酒的产量占到 85％ 以上。在德国,纯生啤酒的产量占到 35％ 以上。我国纯生啤酒的生产源于 1998 年的珠江啤酒。随后,青啤、燕京等大型啤酒集团也相继推出自己的纯生啤酒。

纯生啤酒是不经巴氏灭菌或瞬时高温灭菌,而采用物理过滤方法除菌,达到一定生物稳定性的啤酒。国标中的"生啤酒",就是指我们通常所讲的"纯生啤酒","纯"并无实质性的意义,商家只是于宣传目的在"生啤酒"前加了个"纯"字,来满足人们对产品质量的某种要求或者以区别其他酒可以这样说。

纯生啤酒的特点是具有"熟啤酒"相同的生物稳定性和非生物稳定性;较长时间内保持啤酒的新鲜程度(风味稳定性);具有较好的香味和口味以及良好的酒体外观和泡沫性能;而除菌不采用热杀菌,因此啤酒中蛋白酶 A 的活性仍然存在,对啤酒的泡沫影响较大,造成啤酒泡沫的泡持性较差。同时,通过测定啤酒中有无蔗糖转化酶的活性,可以判断是否为纯生啤酒。因为一般经过巴氏杀菌或瞬间杀菌的啤酒蔗糖转化酶的活性被破坏。

一、纯生啤酒生产基本要求

纯生啤酒的生产,需要有一定的设备和技术管理水平,要想生产纯生啤酒,企业必须具备五方面的条件:无菌酿造、无菌过滤、无菌灌装、严格的清洗灭菌系统以及完善的微生物检测系统。

(1)纯种酿造的关键是啤酒酵母。纯生啤酒的生产是纯种酿造和有效控制后期污染的有机结合。任何杂菌的存在都会影响啤酒的质量。

(2)选择良好的酒基。经过发酵、后熟的啤酒,应具有良好的质量(包括风味、泡沫、非生物稳定性和满足理化指标要求)。生产中应认真做到:把好原料关、选好菌种、严格生产工艺与操作。

(3)保证有可靠的无菌生产条件。纯生啤酒生产就是在生产过程中有效控制杂菌的结果,而不是通过各种手段处理的结果。生产过程中严格控制杂菌是纯生啤酒生产的关键,无菌过滤和无菌灌装则是生产的辅助手段。因此,啤酒整个生产全过程要尽量做到没有或基本没有杂菌污染,才能保证纯生啤酒的质量和减少后期处理的工作负荷量。

(4)在前道工序严格控制微生物污染的基础上,生产纯生啤酒进行的无菌过滤要满足以下要求:无菌过滤的有效性,对任何微生物除去率要达到要求,并且不会影响啤酒的口味、泡沫等质量要求;选用合理的无菌过滤组合,一般要求应按深层过滤-表面过滤-膜过滤的顺序进行组合,其孔径选择为:深层过滤 $1\sim3\ \mu m$、表面过滤 $0.8\sim1\ \mu m$、膜过滤 $0.45\sim0.65\ \mu m$。应配置两组过滤组合,以保证正常生产;具有独立的 CIP 和膜再生系统。

(5)纯生啤酒包装时,要有以下基本要求:包装容器清洗系统(含瓶、易拉罐、生啤酒桶)应保证清洁、无菌;对灌装车间,灌装机可以放在一个密闭的无菌房间内,室内空气要进行有效的过滤,室内对室外保持正压,$0.03\sim0.05\ kPa$;对输送啤酒瓶的输送链,在未灌装啤酒、密封以前的部分应使用带有消毒作用的链润滑剂,同时在灌装机前的部分输送链应有不断清洗装置,确保整个输送链的卫生;生啤酒灌装线的洗瓶机,应采用单端进出,防止进瓶端的污瓶污染出瓶端的洁净瓶;洗净的啤酒瓶在输送到灌装机的过程中,要有密闭的防护罩,避免灰尘、飞虫等的污染。

二、纯生啤酒生产过程中的微生物管理

(一)酿造无菌水的制备

处理过程:深井水→软化处理→砂滤器→活性炭过滤器→颗粒捕集过滤器→预过滤器→除菌过滤器。

对于硬度大的水应先进行软化处理,并去除大颗粒杂质后再进行膜过滤处理。水除菌过滤器使用前要用蒸汽进行杀菌,生产用水的水网应定期进行清洗和消毒。无菌水微生物控制指标:细菌总数≤10 个/mL,酵母菌 0 个/mL,厌氧菌 0 个/mL。

(二)无菌空气的制备

无菌空气用于冷麦汁充氧和酵母扩培,与啤酒直接接触,必须经过除杂质、除油和除菌处理后才能使用。如果无菌空气过滤处理不当,会对纯生啤酒生产中的微生物控制带来影响,必须加强无菌空气过滤系统的管理。

无菌空气的制备流程:压缩空气→除油、水和杂粒→预过滤器→除菌过滤器→重点工位除菌分过滤器→无菌空气。

无菌空气微生物控制指标:细菌总数≤3 个/10 min,酵母菌 0 个/10 min,厌氧菌 0 个/10 min。

(三)无菌 CO_2 的制备

啤酒酿造过程中清酒 CO_2 的添加、脱氧水的制备、清酒罐背压等阶段均需使用 CO_2。在纯生啤酒生产中也要对 CO_2 进行无菌处理,CO_2 的回收管路也要定期进行 CIP 清洗,在生产过程中,由于个别批次产量大,超过容器利用系数,造成 CO_2 回收管线带有大量的啤酒泡沫和酒液等。沉积在 CO_2 回收管线中的沉积物可以说是细菌繁殖的温床,是 CO_2 污染的来源。

气体除菌过滤器每次使用前要进行蒸汽消毒处理。

无菌CO_2的制备流程：CO_2液化贮罐→加热气化→预过滤器→除菌过滤器→分气点除菌过滤器→无菌CO_2。

无菌CO_2微生物控制指标：细菌总数≤3个/10 min，酵母菌0个/10 min，厌氧菌0个/10 min。

（四）消毒用蒸汽的处理

处理的目的是为了除去蒸汽带入的颗粒，防止除菌滤芯的破坏或堵塞，延长滤芯的使用寿命。蒸汽过滤一般采用不锈钢材质、过滤精度在$1.0\ \mu m$的微孔过滤芯。

（五）过滤操作中的微生物控制

（1）避免发酵液污染杂菌是纯生啤酒生产的基础。

（2）过滤前对酒输送管路、缓冲罐、过滤机、硅藻土（或珍珠岩）添加罐、清酒罐进行CIP清洗。

（3）过滤系统及清酒罐的取样阀要定期拆洗，每次操作前进行严格清洗。

（4）活动弯头、管连接、软管、取样阀、工具等不使用时要浸泡在消毒液中。

（5）硅藻土添加间要独立分隔，并安装紫外灯定期杀菌。

（6）每次操作后要用0.1%的热酸清洗，每周对过滤系统用2.0%的热碱进行清洗。

（7）清酒要求：浊度<0.5 EBC单位；β-葡聚糖<150 mg/L；碘还原反应<0.5。细菌总数≤50个/100 mL，酵母菌0个/100 mL，厌氧菌0个/100 mL。

（六）无菌酿造

要生产符合真正质量要求的纯生啤酒，首先要保证有良好的酒基。在这个过程中，如何控制各个环节的杂菌污染是首要问题。

1. 环境

（1）车间门窗必须有纱窗，地面、墙壁、顶棚和设备表面没有黏膜或霉斑。

（2）设置隔离区和杀菌区，只有杀完菌消毒后才能进入车间内部。

（3）取消车间的明沟，设置水封式地漏。

（4）所有管道都处于密闭状态，裸露的管道口加丝盖。

（5）每周对地面进行2次漂白粉杀菌。

（6）每周1次空间杀菌。

（7）软管每周拉刷1次。

（8）每个发酵罐和清酒罐每年拆开1~2次，进行检查。

2. 粉碎

（1）首先，必须提供没有霉变、没有微生物污染的麦芽和大米。

（2）定期检查筒仓，防止因通风不好而受潮霉变。

（3）定期清理输送通道，防止因长时间留在管道内而受潮霉变。

（4）粉碎完毕后，及时清理大米粉碎机和麦芽粉碎机。

（5）定期清理大米粉碎后暂存仓，以及麦芽粉碎后暂存仓。

3. 糖化

糖化系统清洗不干净，不仅容易污染微生物，而且会影响产品的色泽、口味。一般认为，煮沸后麦汁是无菌的，这就要求，到进入发酵罐之前的所有管路必须确保无菌。

(1)每生产一批麦汁，系统走热水 1 次。

(2)定期走系统火碱水，确保各锅槽内壁光滑无黏膜。

(3)在使用各种酶制剂之前，确保无变质腐败。

(4)加强薄板及麦汁管线清洗杀菌工作。

(5)冷麦汁：批批无菌。

4. 发酵

发酵环节最容易发生一次污染，这种污染危害较大，因为所污染的杂菌会与酵母同时进行繁殖与代谢。好氧菌的繁殖和代谢主要发生在酵母的有氧代谢阶段。微好氧菌及厌氧菌的繁殖和代谢主要发生在酵母的无氧代谢阶段。可以说，发酵全过程都有可能污染杂菌，因此，必须严格控制好杂菌污染。

(1)发酵罐　露天发酵罐是麦汁发酵的场所，清洗和杀菌就显得非常重要。滤酒出罐后，立即对发酵罐进行清洗，在 1 周内可以直接杀菌进罐，超过 1 周必须重新打火碱循环，然后再杀菌进罐。要定期验罐，检查内防和洗球情况，防止因清洗和杀菌不彻底而造成染菌。

(2)管道　连接到发酵罐的管道(包括麦汁管线和滤酒管线)都必须保证是无菌状态。

5. 酵母管理

啤酒酵母直接影响工艺控制、技术和质量管理，因此，必须重视选育适合本厂生产条件和产品风格的酵母菌株。无论生产什么啤酒，都必须严格无菌并控制好酵母，尤其是生产纯生啤酒。

(七)清酒的无菌过滤

目前，生产纯生啤酒最常用的方法是冷杀菌方法，经过硅藻土过滤机和精滤机滤过以后的啤酒，进入无菌过滤组合系统进行无菌过滤。由安装在灌装压盖机前的 $0.45\,\mu m$ 的膜过滤机进行无菌过滤，膜过滤机要有高灵敏度的膜完整性检测系统。膜过滤机用的冷、热水，要经过 $20\,\mu m$ 预过滤处理大颗粒后，再供膜过滤机使用。

(八)无菌灌装

认真做好无菌灌装，避免二次污染，这是生产纯生啤酒的中心环节。

(1)灌装间应达到 30 万级的洁净要求，洁净室的设计、建造以及卫生消毒可以参考医药行业的 GMP 标准。

(2)洁净室工作人员要穿洁净服，人数在 4 人以内。避免人员频繁进出，人员进出时要进行严格消毒。

(3)纯生啤酒用啤酒瓶应采用卫生条件好的新瓶(如薄膜包装的托板瓶)；采用适合纯生啤酒使用的无菌瓶盖，瓶盖贮藏斗应安装紫外灯消毒。

(4)洗瓶机的末道洗水改用热水对瓶子进行冲洗，洗瓶机出口端至洁净室入口的输瓶系统要安装隔离罩和紫外灯，并且要对出口端热消毒 1 h；要使用含有抑菌成分的链条润滑剂和具有抗水、耐酸碱的软化剂，对输送链板、接水板、护瓶栏、玻璃罩、链条底架部位等要进行消毒。

（5）灌装压盖机使用前要对设备表面,入瓶、出瓶处进行清洁,提前打开紫外灯进行空气消毒。每月定期对灌装压盖机进行酸洗,预防机内结垢。

（九）生产纯生啤酒的人员管理

（1）在生产现场,员工必须着工作服、工作鞋,着装整洁,不得有污渍,不准留长发和长指甲,养成清洁生产的行为习惯。

（2）不得在生产现场吃饭、喝水和刷饭盒等。

（3）上厕所要换下工作服、工作鞋和工作帽,上岗前须重新杀菌进入。

（4）洗瓶机、酒机和验瓶人员要戴口罩进行操作。

（5）维修人员要求着装整洁,维修结束后要及时清理和杀菌,使设备卫生保持维修前的状态。

（6）生产现场杜绝一切非生产操作行为。

（7）加强员工无菌意识的教育。

（8）充分利用淡季时间,对员工进行无菌培训。

【知识拓展】

一、啤酒新品种

啤酒新品种

二、啤酒的品评

啤酒的品评

【思考题】

1.什么叫做酒? 酒度有哪几种表示方法?

2.简述啤酒的概念。列举几种我国常见的啤酒品牌。

3.啤酒生产中为什么要使用辅助原料? 常用的辅助原料有哪些?

4.简述麦芽制备的目的及工艺流程。

5.在啤酒生产中,何为糖化? 糖化有何目的?

6.简述麦汁制备工艺。

7.简述一罐法啤酒发酵工艺。

8.试分析 VDK 的形成及控制措施。

9.影响啤酒质量的主要因素有哪些？

10.什么是纯生啤酒？试分析生产纯生啤酒应从哪些方面做好工作。

项目二　葡萄酒的生产

知识目标

　　1. 熟悉葡萄酒的分类。

　　2. 熟识各类葡萄酒的酿造方法。

技能目标

　　1. 能够测定葡萄酒中的糖度、酸度、酒精度的含量。

　　2. 掌握测定葡萄酒中二氧化硫含量的方法。

项目导入

　　在葡萄酒诞生之初,人类就给予了它高于其他任何食物与饮料的偏爱。作为西方文明的标志之一,葡萄酒在漫长的人类历史中扮演着重要的角色,它是减轻病痛,消毒杀菌的良药;它是舒缓疲劳,振奋精神的最佳选择。一瓶顶级葡萄酒可以卖出一件珍贵艺术品的价格。

【概述】

一、葡萄酒的概念

　　2008 年 1 月 1 日,我国最新的国家标准对葡萄酒进行了定义:葡萄酒是以新鲜葡萄或葡萄汁为原料,经全部或者部分发酵酿造而成的,含有一定酒精度的发酵酒。其所含的酒精度不得低于 8.5%(体积分数),由于气候、土壤、品种等因素的限制,某些地区酒精度可以降到 7%(体积分数)。

二、葡萄酒的分类

葡萄酒品种繁多,有不同的分类方法。常见的分类方法如下:

(一)按葡萄酒的色泽分类

(1)白葡萄酒(white wine)　用白葡萄或皮红汁白的葡萄的果汁发酵制成,酒的色泽从无色到金黄,包括近似无色、微黄带绿、浅黄、禾秆黄色、金黄色等。

（2）红葡萄酒（red wine） 用皮红肉白或皮肉皆红的酿酒葡萄带皮发酵,或用先以热浸提法浸出了葡萄皮中的色素和香味物质的葡萄汁发酵制成。酒的颜色有紫红、深红、宝石红、红微带棕色、棕红色。

（3）桃红葡萄酒（rose wine） 用红葡萄或红白葡萄混合,带皮或不带皮发酵制成。葡萄固体成分浸出少,颜色和口味介于红、白葡萄酒之间,主要有桃红、淡玫瑰红、浅红色,颜色过深或过浅均不符合桃红葡萄酒的要求。

（二）按二氧化碳含量分类

（1）平静葡萄酒（still wine） 指的是在 20℃,二氧化碳压力＜0.05 MPa 的葡萄酒。

（2）起泡葡萄酒（sparkling wine） 指葡萄原酒密闭二次发酵产生二氧化碳,在 20℃时二氧化碳压力≥0.35 MPa 的葡萄酒,酒精度不低于 8%（体积分数）。

（3）加气起泡葡萄酒（carbonated wine） 指在 20℃时二氧化碳（全部或部分由人工充填）压力≥0.35 MPa 的葡萄酒,酒精度不低于 4%（体积分数）。

（三）按含糖量多少分类

（1）干葡萄酒 也称干酒,含糖量（以葡萄糖计）≤4.0 g/L。干葡萄酒中的糖几乎已发酵完,饮用时觉不出甜味,微酸爽口,具有柔和、协调、细腻的果香玉酒香。

（2）半干葡萄酒 含糖量 4.1～12.0 g/L 的葡萄酒。饮用时微感甜味。

（3）半甜葡萄酒 含糖量 12.1～45 g/L,饮用时有甘甜爽口感。它是日本和美国消费较多的品种。

（4）甜葡萄酒 含糖量＞45 g/L,饮用时有明显甘甜醇厚适口的酒香和果香,其酒精含量一般在 15%左右,亦称浓甜葡萄酒。

（四）按酿造的方法分类

（1）天然葡萄酒 完全以葡萄为原料发酵而成,不添加糖分、酒精及香料的葡萄酒。

（2）加强葡萄酒 用人工添加白兰地或脱臭酒精,以提高酒精含量的葡萄酒称为加强葡萄酒;除了提高酒精含量外,同时提高含糖量的葡萄酒称加强甜葡萄酒,在我国亦称浓甜葡萄酒。

（3）加香葡萄酒 按含糖量不同可将加香葡萄酒分为干酒和甜酒。甜酒含量和葡萄酒含量标准相同。开胃型葡萄酒采用葡萄原料浸泡芳香物质,经调配制成,如味美思、丁香葡萄酒等;或采用葡萄原酒浸泡药材,制成滋补型葡萄酒,如人参葡萄酒等。

（五）特种葡萄酒

（1）利口葡萄酒 由葡萄生成总酒度为 12%（体积分数）以上的葡萄酒中,加入葡萄白兰地、食用酒精或葡萄酒精以及葡萄汁、浓缩葡萄汁、含焦糖葡萄汁、白砂糖等,使其终产品酒精度为 15.0%～22.0%（体积分数）的葡萄酒。

（2）葡萄汽酒 酒中所含二氧化碳是部分或全部由人工添加的,具有同起泡葡萄酒类似物理特性的葡萄酒。

（3）冰葡萄酒 将葡萄推迟采收,当气温低于-7℃使葡萄在树枝上保持一定时间,结冰,采收,在结冰状态下压榨、发酵、酿制而成的葡萄酒（在生产过程中不允许外加糖源）。

（4）贵腐葡萄酒　在葡萄的成熟后期，葡萄果实感染了灰腐菌，使果实的成分发生了明显的变化，用这种葡萄酿制而成的葡萄酒。

（5）产膜葡萄酒　葡萄汁经过全部酒精发酵，在酒的自由表面产生一层典型的酵母膜后，可加入葡萄白兰地、葡萄酒精或食用酒精，所含酒精度等于或大于15.0％（体积分数）的葡萄酒。

（6）加香葡萄酒　以葡萄酒为酒基，经浸泡芳香植物或加入芳香植物的浸出液（或馏出液）而制成的葡萄酒。

（7）低醇葡萄酒　采用鲜葡萄或葡萄汁经全部或部分发酵，采用特种工艺加工而成的，酒精度为1.0％～7.0％（体积分数）的葡萄酒。

（8）脱醇葡萄酒　采用鲜葡萄或葡萄汁经全部或部分发酵，采用特种工艺加工而成的、酒精度为0.5％～1.0％（体积分数）的葡萄酒。

（9）山葡萄酒　采用鲜山葡萄（包括毛葡萄、刺葡萄、秋葡萄等野生葡萄）或山葡萄汁经过全部或部分发酵酿制而成的葡萄酒。

（10）年份葡萄酒　所标注的年份是指葡萄采摘的年份，其中年份葡萄酒所占比例不低于酒含量的80％（体积分数）。

（11）品种葡萄酒　用所标注的葡萄品种酿制的酒所占比例不低于酒含量的75％（体积分数）。

（12）产地葡萄酒　用所标注的产地葡萄酿制的酒所占比例不低于酒含量的80％（体积分数）。

注：所有产品中均不得添加合成着色剂、甜味剂、香精、增稠剂。

三、我国葡萄酒工业的历史与发展

据考证我国在汉代（公元前206年）以前就已种开始植葡萄并有葡萄酒的生产了。司马迁著名的《史记》中首次记载了葡萄酒。公元前138年，外交家张骞奉汉武帝之命出使西域，看到"宛左右以蒲陶为酒，富人藏酒至万余石，久者数十岁不败。俗嗜酒，马嗜苜蓿。汉使取其实来，于是天子始种苜蓿、蒲陶肥饶地。及天马多，外国使来众，则离宫别馆旁尽种蒲陶、苜蓿极望"（《史记·大宛列传》第六十三）。西域自古以来一直是我国葡萄酒的主要产地。《吐鲁番出土文书》（现代根据出土文书汇编而成的）中有不少史料记载了公元4—8世纪期间吐鲁番地区葡萄园种植、经营、租让及葡萄酒买卖的情况。从这些史料可以看出在那一历史时期葡萄酒生产的规模是较大的。

葡萄酒的酿造过程比黄酒酿造要简化，但是由于葡萄原料的生产有季节性，终究不如谷物原料那么方便，因此葡萄酒的酿造技术并未大面积推广。在历史上，葡萄酒一直是断断续续维持下来的。唐朝和元朝将葡萄酿酒方法引入，而以元朝时的规模最大，其生产主要是集中在新疆一带。在元朝，在山西太原一带也有过大规模的葡萄种植和葡萄酒酿造的历史。而汉民族对葡萄酒的生产技术基本上是不得要领的。

明朝是酿酒业大发展的新时期，酒的品种、产量都大大超过前世。明朝虽也有过酒禁，但大致上是放任私酿私卖的，政府直接向酿酒户、酒铺征税。

清朝，尤其是清末民国初，是我国葡萄酒发展的转折点。首先，由于西部的稳定，葡萄种植的品种增加。清朝后期，由于海禁的开放，葡萄酒的品种明显增多。

中国现代的工业化葡萄酒酿造始于 1892 年,爱国华侨客家人张弼士先生先后投资 300 万两白银在烟台创办了"张裕酿酒公司",中国葡萄酒工业化的序幕由此拉开。之后,青岛、北京、清徐、吉林长白山和通化等葡萄酒厂相继建立,虽然大部分由外国人经营、生产方式落后,但我国近代葡萄酒工业的雏形已经形成。然而,由于军阀连年混战,再加上帝国主义的摧残和官僚资本的掠夺,葡萄酒工业萧条、暗淡,一直没有得到发展,直到新中国成立后,葡萄酒工业得到党和政府的重视,才有了迅速的发展。

20 世纪 70 年代中期,沙城酒厂率先研制出我国第一批干白葡萄酒,并在 1979 年全国第三届评酒会上荣获金奖,1983 年伦敦国际第 14 届评酒会上获得银奖,成为近 70 年来中国酒获得的最高国际荣誉,轰动欧美,被誉为"典型的东方美酒",开创了中国干型葡萄酒的先河,使中国葡萄酒业迈上一个新台阶,并引领中国葡萄酒业蒸蒸日上、蓬勃发展。

我国的沙城、烟台等葡萄产区具有与世界葡萄名酒产区——波尔多相同的纬度和地质条件,现在,国际上有名的葡萄酒在我国均已大量生产。随着苹果酸-乳酸菌发酵、气囊式压榨机和滚动式发酵罐等先进技术和设备的应用,进一步缩短了我国葡萄酒行业与国际水平的差距,为我国葡萄酒工业的腾飞奠定了坚实的基础。现在,形成在世界葡萄酒界占有一席之地、欣欣向荣的葡萄酒业。

任务一　红葡萄酒的生产

【知识前导】

红葡萄酒是葡萄酒中产量及销量最大的酒种。据世界各国已有的调查和研究证实,葡萄酒中确实含有与人体健康有益的物质,特别是红葡萄酒。长期适量饮用有提神补气、舒筋活血、治疗贫血、软化血管、改善循环、防病养容、抗氧化等作用。

一、红葡萄酒生产的原料

葡萄是一种营养价值很高,用途很广的浆果植物,具有高产、结果早、适应性强、寿命长的特点,因此世界上种植范围广。葡萄可以生食,也可以加工成葡萄干、葡萄汁、果酱、罐头等,但主要用途是酿制葡萄酒。在所有的水果中,葡萄最适宜酿酒,其主要原因如下:

(1)葡萄汁的糖分含量,最适合酵母的生长繁殖;

(2)葡萄皮上带有天然的葡萄酒酵母;

(3)葡萄汁里含有酵母生长所需的所有营养成分,满足了酵母的生长繁殖条件;

(4)葡萄汁酸度很高,能抑制细菌生长,但其酸度仍在酵母的生长适宜范围内;

(5)由于葡萄汁的糖度高,发酵得到的酒精度也高,再加上酸度高,从而保证了酒的生物稳定性;

(6)葡萄色泽鲜艳,香气浓郁或清雅,酿成的酒色、香、味俱佳,是"帝王业为之垂涎的美酒"。

七分原料三分工艺,好葡萄酒是种出来的。品种特质在很大一定程度上决定了葡萄酒的风味、香气、典型性等。尤其对于单品种酒。

（一）酿造红葡萄酒的优良品种

酿造红葡萄酒的优良品种有赤霞珠、品丽珠、蛇龙珠、佳丽酿等。这些品种大都是1892年由欧洲传入我国的，有的品种20世纪80年代后又经历多次引进。

1. 赤霞珠（Cabernet Sauvignon）

来源：欧亚种，别名解白纳，酿制干红葡萄酒的传统名贵品种之一，原产于法国。

酿酒特性：1892年由西欧引入我国烟台，目前山东、河北、河南、陕西、北京等地区有栽培。中晚熟品种。浆果含糖160～200 g/L，含酸6～7.5 g/L，出汁率75%～80%，所酿之酒呈宝石红色，醇和协调，酒体丰满，具典型性。

2. 品丽珠（Cabernet France）

来源：欧亚种，世界著名的红色酿酒葡萄品种，原产法国。

酿酒特性：我国山东烟台、河南、北京等地都有栽培。浆果含糖180～210 g/L，含酸7～8 g/L，出汁率70%，是优良红葡萄酒品种。葡萄呈深宝石红色，结构较赤霞珠弱而柔和，风味纯正，酒体完美，低酸、低单宁、酒质极优，充满了优雅、和谐的果香和细腻的口感，增添了葡萄酒香气的复杂性，使酒具有干钩子的香气。

3. 蛇龙珠（Cabernet Gernischet）

来源：欧亚种，是酿制高级红葡萄酒的品种，原产于法国。

酿酒特性：我国1892年引入，目前烟台、青岛，河北昌黎等地栽培较多。浆果含糖160～195 g/L，含酸5.5～7.0 g/L，出汁率75%～80%，它所酿之酒呈宝石红色，酒质细腻爽口。该品种适应性较强，结果期较晚，产量高，与赤霞珠、品丽珠共称酿造红葡萄酒的三珠。

4. 法国蓝

来源：欧亚种，别名玛瑙红，原产于奥地利。

酿酒特性：1892年引入我国山东烟台后，1954年再次从匈牙利引入北京。目前烟台、青岛、黄河故道和北京均有栽培。它为中熟品种，浆果含糖量160～200 g/L，含酸量7～8.5 g/L，出汁率75%～80%。他所酿之酒为具宝石红色，味醇香浓。该品种适应性强，栽培性能好，丰产易管，是我国酿制红葡萄酒的良种之一。

5. 佳丽酿

来源：欧亚种，别名法国红，原产于西班牙。

酿酒特性：1892年引入我国，目前山东烟台、青岛、济南，北京及黄河故道栽培较多。它为晚熟品种，浆果含糖150～190 g/L，含酸9～11 g/L，出汁率75%～80%，所酿之酒为神宝石红色，为纯正，酒体丰满。该品种适应性强，耐盐碱，丰产，是酿制红酒的良种之一，亦可酿制白葡萄酒。

6. 汉堡麝香（Muscat hamburg）

来源：欧亚种，别名玫瑰香、麝香，原产于英国。

酿酒特性：我国于1892年引入山东烟台，目前我国各地均有栽培。它为中晚熟品种。浆果含糖160～195 g/L，含酸7～9.5 g/L，出汁率75%～80%，它所酿之酒呈红棕色，柔和爽口，浓麝香气。该品种适应性强，各地均有栽培，除作甜红葡萄酒原料外，还可酿制干白葡萄酒。

7. 梅辘辄（Merlot）

来源：欧亚种，世界著名的红色酿酒葡萄品种，原产法国。

　　酿酒特性:宝石红色,酒体丰满,柔和,果香浓郁,清爽和谐。单宁含量低,酒体柔和顺口,具有解百纳典型性,有时有李果香气,其酒体优劣程度与其土壤品质密切相关。该品种与其他品种酒调配可以提高酒体的果香和色泽,使酒体更加和谐美满。

　　(二)葡萄的成分

　　葡萄果实的组成可以分成果梗、果皮、果肉、葡萄籽四个部分。每部分的成分对于酒的品质产生极大影响,而且葡萄的成分常常变化,不但因品种不同而不同,即使同一品种亦常因土壤气候、施肥方法、栽培方法等而改变其成分。白葡萄酒是将葡萄汁榨出发酵,主要与果汁的成分有关,红葡萄酒连同果皮、果核等一起发酵,因此除果汁外,果皮等的成分也影响到成品的色香味。

　　1. 果梗

　　果梗中的单宁具有粗糙的涩味,树脂具有苦味,它们带入酒中,会使酒产生过重的涩味和苦味。因此,在葡萄浆果皮破碎时进行除梗。

　　2. 葡萄果实

　　葡萄果实即果粒包括三部分:果皮,葡萄籽,果肉(葡萄浆)。

　　(1)果皮　葡萄的果皮有表皮和皮层构成,在表皮上面有一层蜡液,可使表皮不被湿润。不同品种的果皮厚度不同,果皮厚则出汁率低,但果皮薄则运输时容易破损。果粒大小对果皮在果实中所占比例影响很大。粒小的葡萄果实,其果皮的相对面积较大,一般可以浸出较多的色素和香味来,这是由于葡萄中的色素和芳香物质主要存在于葡萄皮中。

　　果皮中含有单宁、色素及芳香物质,对酿造红葡萄酒非常重要。

　　(2)葡萄籽　一般葡萄有 4 个籽,有的葡萄由于发育不全而缺少几个籽,有些葡萄品种,籽已完全退化,如新疆无核葡萄。

　　葡萄籽含有对葡萄酒有害的物质,例如脂肪和单宁。葡萄籽中所含有单宁具有较高的收敛性。这些物质带入葡萄酒中,会严重影响葡萄酒的质量。因此在破碎、压榨时要避免葡萄籽被压碎。

　　(3)果肉(葡萄浆)　果肉是葡萄的主要成分。果肉由细胞壁很薄的大细胞构成,每个大细胞中都有一个很大的液泡,其中含有糖、酸及其他物质。酿酒用葡萄的果肉柔软多汁,而食用品种则显得组织紧密而耐嚼。果肉成分见表 2-1。

表 2-1　果肉的主要成分

成分	含量/%	成分	含量/%
水分	65~80	无机盐	0.2~0.3
还原糖	15~30	单宁	痕量
无机酸	0.3~2.5	果胶质	0.05~0.1
含氮物质	0.3~1		

　　(三)酿酒用其他原料

　　1. 白砂糖(蔗糖)

　　葡萄汁改良和配酒需要使用白砂糖或绵砂糖。白砂糖应符合国际 GB 317—84 优级或一级质量标准。

2. 食用酒精

配酒时要用到食用酒精,其质量必须达到国际一级的质量标准,若为二级酒精则需要进行脱臭、精制。也可采用葡萄酒精原白兰地(葡萄皮渣经发酵和蒸馏而得到的,又称皮渣白兰地)。

3. 酒石酸、柠檬酸

葡萄汁的增酸改良要用到酒石酸和柠檬酸。另外,在配酒时,要用柠檬酸调节酒的滋味,并可防止铁破败病。柠檬酸应符合 GB 2760—81 所规定的质量标准,纯度 98% 以上。

4. 二氧化硫

在葡萄酒酿造中,二氧化硫的处理必不可少。在发酵基质中或在葡萄酒中加入适量的二氧化硫,以便发酵能顺利进行或有利于葡萄酒的贮存。

(1)二氧化硫的作用

①杀菌作用和抑菌作用(选择作用)　二氧化硫由于用量的不同,可以产生杀菌和抑菌的不同效果。微生物抵抗二氧化硫的能力不一样,细菌最为敏感,其次是尖端酵母。而葡萄酒酵母抗二氧化硫能力较强(250 mg/L)。通过加入适量的二氧化硫,能使葡萄酒酵母健康发育与正常发酵。

②澄清作用　添加适量的二氧化硫,抑制了微生物的活动,因而推迟了发酵开始,有利于葡萄汁中悬浮物的沉淀,使葡萄汁很快得到澄清,这对酿造白葡萄酒、桃红葡萄酒及葡萄汁的杀菌有很大的好处。

③溶解作用　二氧化硫在水中生成的亚硫酸有利于果皮中色素、酒石、无机盐等成分的溶解,可增加浸出物的含量和酒的色度。但在用量较小时,这一作用并不明显。

④增酸作用　增酸是杀菌与溶解两个作用的结果:一方面二氧化硫阻止了分解苹果酸与酒石酸的细菌活动;另一方面亚硫酸氧化成硫酸,与苹果酸及酒石酸的钾、钙等盐类作用,使酸游离,增加了不挥发酸的含量。

⑤抗氧作用　二氧化硫本身较易被氧化,因此能防止酒的氧化,特别是阻碍和破坏葡萄中的多酚氧化酶,减少单宁、色素的氧化。二氧化硫不仅能阻止氧化浑浊、颜色退化,并能防止葡萄汁过早褐变。

⑥护色作用　二氧化硫能够抑制多酚氧化酶的活性。虽然由于与色素物质结合也可使色素暂时失去颜色,但当二氧化硫慢慢消失后,色素重又游离,从而起到保护色素的作用,不过对于红葡萄酒在成品前加入较多量二氧化硫时,会有使成品红葡萄酒色变浅的不良作用。

⑦还原作用　葡萄酒中加入二氧化硫后,能降低氧化还原电位,这有利于酯香的生成,有利于葡萄酒的老化,但却不利于红葡萄酒的成熟。

总之,二氧化硫在葡萄酒生产及贮藏中具有不可取代的地位。对于二氧化硫有利作用的发挥和不良作用的避免,需要通过合理的用量及使用时间来实现。

(2)二氧化硫的添加量　二氧化硫的具体添加量与葡萄品种、葡萄汁成分、温度、存在的微生物及其活力、酿酒工艺及时期有关。我国规定,成品酒中总二氧化硫含量干白、干红、甜酒为250 mg/L;游离二氧化硫含量为 50 mg/L。

葡萄汁在自然发酵时二氧化硫的一般参考添加量见表 2-2。

表 2-2　破碎和发酵时二氧化硫用量　　　　　　　　　　　　　　　mg/L

葡萄状况	红葡萄酒	白葡萄酒
清洁、无病、酸度偏高	40~80	80~120
清洁、无病、酸度适中	50~100	100~150
果实破裂、有霉病	120~180	180~220

目前,我国只允许添加使用偏重亚硫酸钾固体。偏重亚硫酸钾为白色结晶,理论上含二氧化硫 57.6%(实际按 50%计算),需保存在干燥处。这种药剂目前在国内葡萄酒厂普遍使用。

(四)葡萄的采收

葡萄采收期的确定,不但能提高葡萄的产量,而且能提高葡萄酒的质量,对酿酒具有重要的意义。

1. 成熟系数

在葡萄成熟过程中,含糖量增加,含酸量降低,而糖与酸的含量与葡萄酒的质量密切相关。因此有人提出,可以用含糖量与含酸量之比值表示为浆果的成熟度,称作成熟系数。

$$M = \frac{S}{A}$$

式中:M—成熟系数;

　　S—含糖量,g/L;

　　A—含酸量 g/L。

不同品种,在完熟时的 M 值不同,但一般认为,要获得优质葡萄酒,M 值必须≥20。

糖度可用糖度表、比重表、折光仪来测定糖分。测糖时必须采集足够的葡萄样品,挤出葡萄汁,经纱布过滤后测定。

2. 葡萄酒类型对葡萄果实成熟度的要求

葡萄果实中各种成分的含量及其比例是影响葡萄酒质量的重要因素。它们的差异,除了品种特性之外,正如上述,果实的成熟度也是决定的因素。成熟葡萄果粒发软,有弹性,果粉明显,果皮变薄,皮肉易分开,籽也很容易与肉分开,梗变棕色,有色品种完全着色,表现出品种特有的香味。

除了要考虑在质量上对葡萄浆果的要求,还应兼顾葡萄产量,以得到最大经济效益为目的。除此之外,还需要防止病害和自然灾害给葡萄带来损失,对于容易发生病害和自然灾害的地区,可提早采收。还要考虑本厂的运输能力、劳动安排以及发酵能力等。

3. 采收和运输

葡萄的采收方式可分为成片采摘和挑选采摘,但不管哪种方式都应根据确定采收期的原则,确定采摘的每一果穗,不符合要求的暂时不采,好坏分开,分别酿造。

在运输过程中,为了防止葡萄受尘土污染,应用包装纸盖好。每箱要装实,但不可过满,以防挤压,但也不宜过松,以防运输途中颠破。车顶部要有覆盖物,以防葡萄受日晒和雨淋。采收后的葡萄应迅速运走。葡萄不宜长途运输,有条件可设立原酒发酵站,再运回酒厂进行陈化与澄清。

（五）葡萄汁的制备

1. 葡萄的破碎与除梗

葡萄只有被破碎，使果汁与果皮上的酵母接触后，才能发酵。这一工艺过程，由于酒的类型而有所不同。

破碎要求：①每粒葡萄都要破碎；②籽实不能压破，梗不能压碎，皮不能压扁；③破碎过程中，葡萄及汁不得与铁、铜等金属接触。

破碎方法有手工法和机械法两种。破碎果粒的机械有双辊压破机、离心式破碎机等。现代化的酿造企业葡萄的破碎与除梗是同时完成的。

除梗是使葡萄果粒或果浆与果梗分离并将果梗除去的操作。不论酿制红葡萄酒还时白葡萄酒，都需要先将葡萄去梗。新式葡萄破碎机都附有除梗装置，有先破碎后除梗，或先除梗后破碎两种形式，分为卧式除梗机（图 2-1），立式除梗机，破碎-去梗-送浆联合机，离心破碎去梗机等。

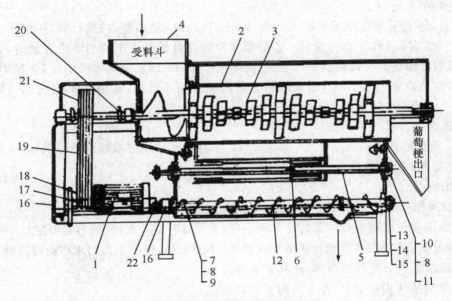

图 2-1 卧式葡萄除梗破碎机

1. 电动机 2. 筛筒 3. 除梗器 4. 输送螺旋 5. 破碎辊轴 6. 破碎辊 7、8、9、10、11. 轴承
12. 旋片 13、14、15. 轴承 16. 减速器 17、18、19、21. 皮带传动 20. 输送轴 22. 联轴器

2. 压榨和渣汁分离

压榨是将果渣中的果汁通过压力分离出来的操作过程。葡萄汁分为自流汁和压榨汁。

在破碎过程中自流出来的葡萄汁叫自流汁。与此相区别，加压之后流出来的葡萄汁叫压榨汁。为了增加出汁率，在压榨时一般采用 2～3 次压榨。第一次压榨后，将残渣疏松，做二次压榨。各种汁的得汁率因葡萄品种、设备及操作方法的不同而异。

由于葡萄浆果的不同部位所含成分的差别，自流汁和压榨汁来源于果实的不同部位，所以所含成分也有些不同。压榨达到一定程度后，继续榨取的汁成分会有较大的变化。当发现压榨汁的口味明显变劣时，此为压榨终点。

用自流汁酿制的葡萄酒,酒体柔和,口味圆润,爽口。一次压榨汁酿制的葡萄酒虽也爽口,但酒体已较厚实,一般可以将这两种汁分开发酵,用于不同用途,有时也合并发酵。但二次压榨汁酿制的酒一般酒体粗糙,酿造白葡萄酒是不适合的,可用于生产白兰地。

(六)葡萄汁的改良

优良的葡萄品种,如在栽培季节里一切条件合适,常常可以得到满意的葡萄汁。由于气候条件、栽培管理等因素,很难保证所收获的葡萄处于理想的成熟状态,使压榨出的葡萄汁成分不一,单纯用这种组成不理想的葡萄汁是不可能酿制出优质的葡萄酒的。为了弥补葡萄汁组成的某些缺陷,在规定允许的情况下,可人为地添加一些成分在葡萄汁中,以调整葡萄汁的组成。

葡萄酒的改良常指糖度、酸度的调整。但应强调指出,葡萄成分的调整有一定的局限性,它只能在一定程度上调整葡萄中的某些组分的缺少或过多。对于未成熟或过成熟的葡萄,此法显得无能为力。所以,人们不要依赖于葡萄成分的调整而过早或粗心大意地采摘葡萄。

1. 糖分的调整

理论上,每 17 g 糖发酵可生成 1%(即 1 mL/100 mL)的酒精,按此计算,一般干酒的酒精含量在 11% 左右,甜酒在 15% 左右。若葡萄汁中糖含量低于应生成的酒精含量时,必须提高糖度,发酵后才能达到所需的酒精的含量(实际生产中,每 18 g 糖发酵可生成 1% 的酒精)。

(1)添加白砂糖　用于提高潜在酒精含量的糖必须是蔗糖,常用 98.0%～99.5% 的结晶白砂糖。

①加糖量的计算

例如:利用潜在酒精含量为 9.5% 的 5 000 L 的葡萄汁发酵成酒精含量为 12% 的干白葡萄酒,则需要增加酒精含量为:12%－9.5% ＝2.5%

需添加糖量:2.5×17.0×5 000＝212 500 g＝212.5(kg)

②加糖操作要点

a. 加糖前应量出较准确的葡萄汁体积,一般为 200 L 加一次糖(视容器而定)。

b. 加糖时先将糖用冷葡萄汁溶解制成糖浆,不要加热,更不要先用水将糖溶成糖浆。

c. 加糖后要充分搅拌或循环,使其完全溶解。

d. 溶解后的体积要记录,作为发酵开始的体积。

e. 加糖的时间最好在酒精发酵开始的时候。

若考虑到白砂糖所占的体积,加糖量计算也可这样:因为 1 kg 砂糖占 0.625 L 体积。

利用潜在酒精含量为 9.5% 的 5 000 L 葡萄汁发酵成酒精含量为 12% 的干白葡萄酒,则需添加糖量:(12%－9.5%)×17×5 000＝212.5(kg)

添加的糖所占体积为:212.5×0.625＝132.8 125(L)

则应加入白砂糖:(5 000＋132.8 125)×17×(12%－9.5%)＝218.145(kg)

在实际生产中由于葡萄酒国家标准对酒精含量的误差规定为 1(体积比,即 mL/100 mL),所以加糖时一般不考虑白砂糖本身所占体积。

世界上很多葡萄酒生产国家,不允许加糖发酵,或加糖量有一定的限制。如葡萄含糖低时,只能采用添加浓缩葡萄汁来提高含糖量。

(2)添加浓缩葡萄汁　浓缩葡萄汁时在较低的真空度下,加热稀葡萄汁(必须在大剂量二氧化硫下保存),将其大部分水分蒸发掉而得到的。真空浓缩法能够使果汁保持原来的风味,有利于提高葡萄酒的质量。

加浓缩葡萄汁的计算:首先对浓缩汁的含糖量进行分析,然后用交叉法求出浓缩汁的添加量。

例如:已知浓缩汁的潜在酒精含量为 50%,5 000 L 发酵葡萄汁的潜在酒精含量为 11.5%,则可用交叉法求出需加入的浓缩汁量。

浓缩汁　　　　　50%　　　　1.5

要求酒精含量　　　 11.5%

发酵用葡萄汁　　 10%　　　　38.5

即在 38.5 L 的发酵液中加 1.5 L 浓缩汁,才能使葡萄酒达到 11.5% 的酒精含量。

根据上述比例求得浓缩汁添加量为:$\frac{5\ 000}{38.5} \times 1.5 = 194.8(\text{L})$

采用浓缩葡萄汁来提高糖分的方法,一般不在主发酵前期加入葡萄汁,因其含糖量太高易造成发酵困难,都采用在主发酵后期添加。添加时要注意浓缩汁的酸度,因葡萄汁浓缩后酸度也同时提高。如加入量不影响葡萄汁酸度时,可不作任何处理;为了避免酸化作用的发生,葡萄汁在浓缩前最好先进行脱酸。若酸度太高,需在浓缩汁中加入适量碳酸钙中和,降酸后使用。否则,添加浓缩葡萄汁后常易发生酸化作用。

2. 酸度的调整

酸在葡萄汁、葡萄酒及酿造过程中起着重要的作用:

①抑制细菌的繁殖,而使发酵顺利进行;

②使红葡萄酒获得鲜明的颜色;

③使酒味清爽,并赋予酒活泼性和柔软感;

④与酒精化合成酯,增加酒的芳香;

⑤增加酒的耐贮性和稳定性。

但是,酸度过高会使酒显得生硬、粗糙。因此,在发酵时,需要对葡萄汁进行酸度的调整。但是,加糖葡萄酒和成品酒严禁补酸。

(1)补酸　葡萄汁在发酵之前一般将酸度调整到 6 g/L 左右,pH 3.3~3.5。

①添加酒石酸和柠檬酸　一般情况下酒石酸加到葡萄汁中,且最好在酒精发酵开始时进行。因为葡萄酒酸度过低,pH 过高,则游离二氧化硫的比例较低,葡萄易受细菌侵害和被氧化。

在葡萄酒中,可用加入柠檬酸的方式防止铁破坏病。由于葡萄酒中柠檬酸的总量不得超过 1.0 g/L,所以,添加的柠檬酸量一般不超过 0.5 g/L。

CEE 规定,在通常年份,增酸幅度不得高于 1.5 g/L;特殊年份,幅度可增加到 3.0 g/L。

例如:葡萄汁滴定总酸为 5.5 g/L,若要提高到 8.0 g/L,每 1 000 L 需添加酒石酸或柠檬酸为多少?

$(8.0 - 5.5) \times 1\ 000 = 2\ 500$ g $= 2.5$(kg)

即每 1 000 L 葡萄汁加酒石酸 2.5 kg。

1 g 酒石酸相当于 0.935 g 柠檬酸,若加柠檬酸则需要加 $2.5 \times 0.935 = 2.3$(kg)。

②添加未成熟的葡萄压榨汁来提高酸度　计算方法同上。

加酸时,先用少量葡萄汁与酸混合,缓慢均匀地加入葡萄汁中,需搅拌均匀,操作中不可使用铁质容器。

(2)降酸　一般情况下不需要降低酸度,因为酸度稍高对发酵有好处。在贮存过程中,酸度会自然降低 30%～40%,主要以酒石酸盐析出。但酸度过高,必须降酸。方法有物理降酸、化学降酸、生物降酸等。

①物理降酸　在低温下,由于酒石酸氢钾溶解度降低,析出酒石,而使总酸降低。此法一般在葡萄酒贮存期间使用,同时有利于葡萄酒酒石酸盐的稳定。但此法只能降酸 0.1～0.15 度,总酸稍高时适用,对于酸度过高就达不到要求。

②化学降酸　在葡萄汁或葡萄酒中加入碱式盐类,中和一部分有机酸而达到降酸的目的。通常用的盐类有碳酸钾、碳酸氢钾、碳酸钙和酒石酸钾等,这些统称为降酸剂。通过与酒石酸反应生成酒石酸盐或酒石酸氢盐,而降低酒的酸度。

③生物降酸　利用自然界的乳酸细菌或是人为加入乳酸菌,诱发苹果酸-乳酸发酵,使总酸降低一半,并使有坚硬感觉的酸味变得柔和。或采用裂殖酵母将苹果酸分解成酒精和二氧化碳。

(七)葡萄酒酵母

葡萄酒是新鲜葡萄或葡萄汁通过酵母的发酵作用而制成的,因此在葡萄酒生产中酵母占有很重要的地位。

1. 葡萄酒酵母的特征

(1)葡萄酒酵母的特点　葡萄酒酵母在植物学分类上为子囊菌纲的酵母属,啤酒酵母种。该属的许多变种和亚种多能对糖进行酒精发酵,并广泛用于酿酒、酒精、面包酵母等生产中,但各酵母的生理特性、酿造副产物、风味等有很大的不同。葡萄酒酵母除了用于葡萄酒生产以外,还广泛用在苹果酒等果酒的发酵上。

葡萄酒酵母繁殖主要是无性繁殖,以单端(顶端)出芽繁殖。

在条件不利时也易形成 1～4 个子囊孢子。子囊孢子为圆形或椭圆形,表面光滑。在显微镜下(500 倍)观察,葡萄酒酵母常为椭圆形、卵圆形,一般为(3～10) μm×(5～15) μm,细胞丰满,如图 2-2 所示。

在葡萄汁琼脂培养基上,25℃培养 3 d,形成圆形菌落,色泽呈奶黄色,表面光滑,边缘整齐,中心部位略凸出,质地为明胶状,很易被接种针挑起,培养基无颜色变化。

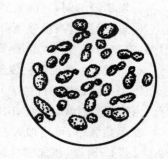

图 2-2　葡萄酒酵母

葡萄酒酵母可发酵葡萄糖、果糖、蔗糖、麦芽糖、半乳糖,不发酵乳糖、蜜二糖。棉籽糖发酵 1/3。

葡萄和其他水果皮上除了葡萄酒酵母外,还有其他酵母,如尖端酵母(俗称柠檬形酵母)、巴氏酵母、圆酵母属等,统称野生酵母。野生酵母的存在对发酵是不利的,它要比葡萄酒酵母消耗更多的糖才能获得同样的酒精(需 2.0～2.2 g 糖才能生成 1%酒精),发酵力弱,生成酒精量少。通常可通过添加适量的二氧化硫来控制野生酵母,葡萄酒酵母对酒精与二氧化硫的抵抗力大于其他酵母。

最合适的是将葡萄酒酵母经过纯培养和扩大培养,然后加到果汁中酿成葡萄酒,这是在我们可能控制的条件下保证产品质量的有效措施。

（2）影响葡萄酒酵母发育的外界因素

①温度 葡萄酒酵母最适宜的繁殖温度是22～30℃。当温度低于16℃时，繁殖很慢，当温度超过35℃，酵母呈瘫痪状态，在40℃完全停止生长和发酵。

②酸度 在pH 3.5时，大部分酵母能繁殖，而细菌在pH低于3.5时就停止繁殖。当pH降到2.6时，一般酵母停止繁殖。

③酒精作用 酒精是发酵的主要产物，对所有酵母都有抑制作用。葡萄酒酵母比其他酵母忍耐酒精的能力较强，尖端酵母当酒度超过4%时，就停止生长和繁殖。在葡萄破碎时带到汁中的其他微生物，如产膜菌、细菌等，对酒精的抵抗力更小，因此，它阻止了有害微生物在果汁中的繁殖。但有些细菌就不一样，如乳酸菌，在含酒精26%或更高情况下仍能维持其繁殖能力。

④二氧化硫作用 不同的二氧化硫量对酵母的作用不同，当加入50～100 mg/L二氧化硫时，已明显有抑制作用，为了杀死酵母或者停止新鲜果汁的发酵，可添加二氧化硫1 g/L。

2. 葡萄酒发酵的酒母制备

将保藏（酒厂实验室或研究所）的纯酵母菌种，扩大培养制成酒母后使用。这种从斜面试管菌种到生产使用的酒母，需经过数次扩大培养，每次扩大倍数为10～20倍。其工艺流程各厂不完全一样，基本的操作和工艺流程如下：

斜面试管菌种 —活化→ 麦芽汁斜面试管培养 —→ 液体试管培养 —→ 三角瓶培养

酒母 ←— 酒母罐培养 ←— 玻璃瓶（卡氏罐）

①斜面试管菌种 斜面试管菌种由于长时间低温保藏下，细胞已处于衰老状态，需转接于5 °Bé麦芽汁制成的新鲜斜面培养基上，25℃培养4～5 d。

②液体试管培养 取灭过菌的新鲜澄清葡萄汁，分装入经干热灭菌的试管中，每管约10 mL，用0.1 MPa的蒸汽灭菌20 min，放冷备用。在无菌条件下接入斜面试管活化培养的酵母，每支斜面可接入10支液体试管，25℃培养1～2 d，发酵旺盛时接入三角瓶。

③三角瓶培养 往500 mL经干热灭菌的三角瓶注入新鲜澄清的葡萄汁250 mL，用0.1 MPa蒸汽灭菌20 min，冷却后接入两只液体培养试管，25℃培养24～30 h，发酵旺盛时装入玻璃瓶。

④玻璃瓶（或卡氏罐）培养 往洗净的10 L细口玻璃瓶（或卡氏罐）加入新鲜澄清的葡萄汁6 L，经常压蒸煮（100℃）1 h以上，冷却后加入亚硫酸，使二氧化硫含量达80 mg/L，经4～8 h后接入两个发酵旺盛的三角瓶培养酵母，摇匀，换上发酵栓（棉栓），20～25℃培养2～3 d，其间需摇瓶数次，至发酵旺盛时接入酒母培养罐。

⑤酒母罐培养 一些小厂可用两只200～300 L带盖的木桶（或不锈钢罐）培养酒母。木桶洗净并经硫黄烟熏杀菌，过4 h后往一桶中注入新鲜成熟的葡萄汁至80%的容量，加入100～150 mg/L的亚硫酸，搅匀，静止过夜。吸取上层清液至另一桶中随即添加1～2个玻璃瓶培养酒母，25℃培养，每天用酒精消毒过的木耙搅动1～2次，使葡萄汁接触空气，加速酒母

的生长繁殖,经 2～3 d 至发酵旺盛时即可使用。每次取培养量的 2/3,留下 1/3,然后再放入处理好的澄清葡萄汁继续培养,若卫生管理严格,可连续分割培养多次。有条件的酒厂,可用各种形式的酒母培养罐进行通风培养,加快繁殖,保证质量。

⑥酒母使用 培养好的酒母一般应在葡萄醪加二氧化硫后 4～8 h 再加入,以减小游离二氧化硫对酵母的影响。酒母用量视情况而定,为 1%～10%。

3. 葡萄酒活性干酒母的应用

酿造葡萄酒可采用天然酵母发酵、菌种扩大培养发酵和活性干酵母发酵三种方法。随着生物技术的进步,国内外已利用现代酒母工业的技术来大量培养葡萄酒酵母,然后再保护剂共存下,低温真空脱水干燥,在惰性气体保护下,包装成品出售。

活性干酵母(active dry yeast)是将特殊培养的鲜酵母经压榨干燥脱水后,仍保持强的发酵能力的干酵母制品。这种酵母具有潜在的活性,故被称为活性干酵母。

葡萄酒活性干酵母一般是浅灰黄色的圆球形或圆柱形颗粒,含水分低于 5%～8%,含蛋白质 40%～45%,酵母细胞数$(200～308)×10^8/g$;保存期长,20℃常温下保存一年失活率约 20%,4℃低温保存 1 年失活率仅 5%～10%。它的保质期可达 24 个月,但起封后最好一次用完。

一般来讲,活性干酵母的添加量为每升葡萄醪添加 0.1～0.2 g 干酵母。具体用法有复水活化后直接使用和活化后扩大培养制成酒母使用。

有的酒厂为了降低成本,减少活性干酵母的用量,采用正处于发酵的葡萄醪进行接种,即所谓的"串罐"。

二、红葡萄酒的生产工艺及操作要点

红葡萄酒的酿造除传统的酿造工艺外还有旋转罐法、二氧化碳热浸提法和连续法等。

红葡萄酒是葡萄酒中的一种主要产品,原料主要采用红皮肉白或皮肉皆红的葡萄品种。我国酿造红葡萄酒主要以干红葡萄酒为原酒,然后按标准调配成半干、半甜和甜红葡萄酒,但是世界的一些知名甜葡萄酒并不是按此法酿造,有特殊的酿造工艺。

红葡萄酒传统工艺流程见图 2-3。

(一)原料

酿造红葡萄酒的葡萄分两类。第一类是皮带色而果肉无色,国内常采用的此类葡萄有赤霞珠(Gabernet Sauvisgnon)、蛇龙珠(Cabernet Gernischet)、美乐(Merlot)、品丽珠(Cabernet Franc)、佳丽酿(Carignane)、法国蓝(Blue French)、玫瑰香(Muscat Hamburg)等,一般要满足以下要求方能采用:①色泽红、紫红、黑紫红;②成熟度好,酸度 5～8 g/L,含糖量一般在 180 g/L 以上;③健康、不腐烂、不感染任何病菌;④采摘时果皮上不能附有任何有效的药物残留。第二类葡萄属于调色葡萄,其主要目的为增加红葡萄酒的天然色泽,一般情况下红葡萄酒不需要借助于调色葡萄增色,但当第一类葡萄成熟度不够,或果皮色泽浅的时候,需要用第二类葡萄调色,国内常用的葡萄品种有烟 74、烟 73、晚红密、巴柯、紫北塞等。他们的主要特点为皮肉都呈深紫色、紫红色或红色,所酿之酒色价高,此类葡萄主要起调色作用,所以采摘时主要考虑颜色,而对酸度和糖度的要求不高。一般酸度 6～10 g/L,糖度＞120 g/L 即可采收。

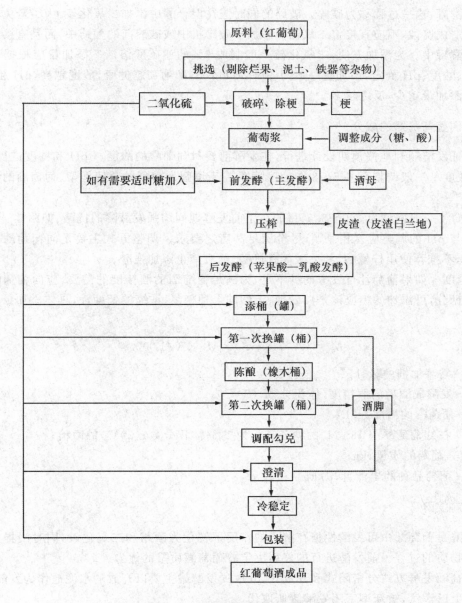

图 2-3　红葡萄酒传统工艺流程

(二)挑选

葡萄果实进入下一道工序前一定要进行挑选。即操作者在输送带的两侧将正在输送的葡萄中的异物及不合格葡萄剔除出去。防止杂物对破碎、压榨等设备造成损害;防止杂物对产品造成污染和对口感造成影响。

(三)破碎及二氧化硫的添加

葡萄进入破碎机后将果实打碎,梗随之从机器中吐出,而皮、浆果、汁、籽的混合醪被泵入指定的发酵罐,这一过程称为破碎。破碎的同时应往混合醪中添加二氧化硫,为了避免二氧化硫对设备造成腐蚀,不应直接将二氧化硫添加于破碎机中或破碎前的葡萄中,而是直接添加到对应的发酵罐中。为添加方便,二氧化硫一般制成 6% 的亚硫酸溶液。添加量应根据葡萄的健康程度、酸度、pH 而定,添加量一般为 40～80 mg/L,即葡萄越健康,酸度越高,pH 越低,二氧化硫的添加量越少,反之越多。

(四)调整葡萄醪的成分

为保证发酵顺利地按预期设计进行,在发酵前要对葡萄醪的酸度、pH 和糖度进行调整。

(1)酸度　一般调整至 6.5～8.5 g/L,目的在于增强发酵醪的杀菌框架、葡萄酒的结构及层次感。

(2)pH　一般调整为 3.0～3.5,目的在于前发酵期间增强发酵醪的抗菌、抑菌性。

酸度与 pH 的调整应互相兼顾,尽量满足两者之要求。调整方式主要是向葡萄醪中添加 L-酒石酸,不推荐使用柠檬酸、苹果酸等有机酸,绝对禁止添加强酸。

(3)糖度　如果葡萄汁可发酵的糖不足,为满足葡萄酒的酒精度的需要,应向葡萄醪中添加适量的糖分,可添加的糖应该是白砂糖、天然的果葡糖浆、浓缩的葡萄汁,具体添加量以下面公式为准:

$$M = (A \times 18 - S) \times M_1 \times K / 1\,000$$

式中:M—需添加糖的量,kg;

A—发酵成酒后的酒精度(体积分数)(20℃);

S—葡萄醪的糖度,g/L;

18—在红葡萄醪中 18 g/L 的糖分转化为 1%(体积分数)(20℃)的酒精;

M_1—葡萄的质量,kg;

K—葡萄品种的出汁量,L/kg。

(五)前发酵

前发酵是葡萄醪中可发酵性糖在酵母的作用下转化为酒精和二氧化碳,同时浸提色素物质和芳香物质的过程。前发酵进行的好坏决定着葡萄酒质量的优劣。

红葡萄酒发酵方式分密闭式和开放式,开放式发酵罐主要以开放的水泥池作为发酵容器,现在基本上已淘汰,被新型密闭发酵罐所取代。

1.发酵容器

开放式发酵池和带控温与外循环设施的不锈钢罐,如图 2-4 至图 2-6 所示。

2.前发酵的管理

(1)容器的充满系数　发酵醪在进行酒精发酵时,温度升高,使体积增加;产生大量二氧化碳不能及时排除,亦导致体积增加。为了保证发酵正常进行,发酵醪不能充满容器,一般充满系数≤80%。

(2)酵母的添加　国内多数企业使用经培育优选活性干酵母制品,其特点:使用方便;酵母强壮且耐二氧化硫。添加时要先将其活化再加入到发酵罐中进行发酵。活化方法:将酵母颗粒缓缓撒入 40℃ 的糖水溶液(5%)或新鲜的葡萄汁中,边撒边搅拌,待均匀后静置 15～

20 min，看其外观，如泡沫浓厚、蓬松且迅速膨胀，基本判定活化成功，将活化后的酵母液均匀倒入发酵醪的表面上即可，添加量按产品说明。

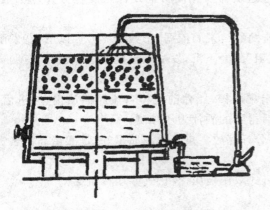

图 2-4 带喷淋装置开放发酵池

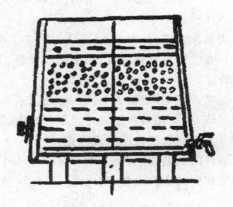

图 2-5 带压板装置开放发酵池

（3）皮渣的浸提 皮渣浸提得充分与否直接决定葡萄酒的色泽和香气质量。葡萄皮渣相对密度比葡萄汁小，又加上发酵时产生大量的二氧化碳，这会使大部分的葡萄皮渣浮在葡萄汁的上表面，而形成很厚的盖子，这种盖子称"酒盖"或"皮盖"。因皮盖与空气直接接触，容易感染有害杂菌，败坏了葡萄酒的质量，同时皮渣未能最大限度地浸泡而影响了香气和色素的浸提。为保证葡萄酒的质量，需将皮盖压入发酵醪中。其方式有两种：一种用泵将汁从发酵罐底部抽出，喷淋到皮盖上，喷淋时间和频次视发酵的实际情况而定；另一种是在发酵罐内壁四周制成卡口，装上压板，压板的位置恰好使皮渣完全浸于葡萄汁中。

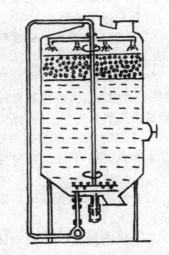

图 2-6 外循环设施的不锈钢罐

（4）发酵温度控制 发酵温度是影响红葡萄酒色素物质含量和色度值大小的主要因素。一般来讲，发酵温度越高，葡萄酒的色素物质含量越高，色度值越高。但发酵温度过高，会导致过多的不和谐副产物产生和香气流失，而导致酒质粗糙，口味寡淡，为求得口味醇和、酒质细腻、果香及酒香浓郁优雅的葡萄酒，发酵温度应控制低一些。综合以上考虑，红葡萄酒发酵温度一般控制在 25～30℃ 的范围。

发酵是一个不断释放热量的过程。随着发酵的不断进行，发酵醪的温度会越来越高，这直接影响了葡萄酒的质量。为此应有效地控制（降温）发酵醪的温度。其控温方式：外循环冷却；葡萄汁循环；发酵罐外壁焊接冷却带，内部安装蛇形冷却管。

红葡萄酒发酵时进行葡萄汁的循环可以起到以下作用：①增加葡萄酒的色素物质含量；②降低葡萄醪的温度；③开放式循环可使葡萄醪接触氧气，利于酵母繁殖；④葡萄醪与氧气接触，促使酚类氧化，与蛋白质结合形成沉淀，加速酒的澄清。

(六)压榨

当前发酵结束后,把发酵醪泵入压榨机中,通过机器操作而将葡萄汁与皮籽分开,这一过程称为压榨。

当前发酵进行 5~8 d 后,基本结束。判定前发酵结束的依据:①残糖 4 g/L 以下;②发酵液面只有少量二氧化碳气泡,液面较平静;③"皮盖"已经下沉,发酵液温度接近室温,并有明显的酒香。

如符合以上因素,表明前发酵已结束,可以出罐压榨,压榨前先将自流原酒放出,放进后,打开出渣口,旋转泵将皮渣运至压榨机内,压榨后得到的酒汁为压榨酒。

自流原酒和压榨原酒成分差异较大,一般要分开存放。自流原酒质量好,是酿造高档名贵葡萄酒必需的基础原料。

葡萄酒的压榨设备,国内常用连续压榨机、卧式双压板压榨机、气囊压榨机。

(七)后发酵

前发酵结束后,进入后发酵时期。后发酵过程中,主要进行的是苹果酸-乳酸发酵。

1.后发酵的目的

(1)残糖继续发酵　前发酵结束后,有可能残留 3~5 g/L 的糖分,在酵母的作用下继续转化为二氧化碳与酒精。

(2)澄清与陈酿　前发酵结束后,大量的酵母和果肉纤维悬浮在酒液中。在进行后发酵的过程中,酒中的这些悬浮物会逐渐沉降,形成酒泥,使酒得到澄清。同时新酒吸收适量的氧气,进行缓慢的氧化还原反应,促使了醇酸酯化,使酒的口味变得柔和,风味更趋完善。

(3)降酸作用　红葡萄酒在压榨分离后,诱发苹果酸-乳酸发酵,使酒的酸度降低,从而提高了生物稳定性,并使口感变得柔软顺滑。

2.后发酵的启动

前发酵结束后,为保证后发酵,即苹果酸-乳酸发酵的顺利进行,禁止向酒液中添加二氧化硫。

苹果酸-乳酸发酵(malolactic fermentation)简称苹-乳发酵(MLF),可使葡萄酒中主要有机酸之一的苹果酸转变为乳酸和二氧化碳,从而降低酸度,改善口味和香气,提高细菌稳定性的作用。

苹果酸-乳酸发酵的启动一般有自然启动和人工诱导启动。

自然启动:由于酒液中存在着一些天然的能够启动苹果酸-乳酸发酵的细菌群(明串珠菌),在 18~25℃能够利用苹果酸生成乳酸。但自然启动的发酵时间长,速度慢,容易造成杂菌的污染,而导致葡萄酒不良风味和挥发酸度的增加。

人工诱导启动:为克服自然发酵的缺点,现在多数企业采用人工诱导启动发酵,即向酒液中直接添加启动苹果酸-乳酸发酵的成品细菌制剂。这种方式能够快速启动发酵,并缩短发酵时间,一般 1~2 周即可结束。

3.后发酵的管理

(1)隔绝空气　后发酵的原酒应避免和空气接触,实行严格的厌氧发酵。

(2)温度控制　品温要控制在 15~20℃,此温度范围适合苹果酸-乳酸发酵的正常进行和酒液的澄清。

（3）卫生管理 由于新酒还有丰富的氨基酸、糖类物质等营养成分,易感染杂菌,应对与新酒接触的容器、阀门、管道等定期进行卫生控制。

正常后发酵时间为 3～5 d,但可持续 1 个月左右。

三、红葡萄酒的陈酿和调配

新鲜葡萄原料经发酵而制得的葡萄酒称为原酒、新酒或生葡萄酒。原酒口味比较酸涩、粗糙,酒液浑浊,香气不协调,不适宜直接饮用或销售,还需要经过一定时间的陈酿(或称贮存)和适当的工艺处理,使酒质逐渐完善,最后达到商品葡萄酒应有的品质。

(一)葡萄酒的陈酿

1. 葡萄酒陈酿的容器

用于葡萄酒陈酿的容器有两大类:一类是传统的橡木桶,另一类是以不锈钢罐和水泥池为代表的现代容器。

(1)橡木桶 橡木桶是选用天然橡木焙烤加工而成的陈酿容器,其价格较高,使用期限较短,容积有限。常用的橡木树种主要有产于法国、奥地利等欧洲国家的卢浮橡、夏橡,以及产于美国的美洲白栎。欧洲橡木具有优雅细致的香气,易与葡萄酒的果香和酒香融为一体。美洲白栎香气较浓烈,往往会带给葡萄酒特殊浓重的橡木味。

橡木桶的恰当使用会提升葡萄酒的品质,因此常常用于高档的葡萄酒的陈酿。首先,橡木桶壁具有一定的透气功能,可以让极少量的空气渗透到桶中,适度的氧化葡萄酒,柔化单宁,使酒更加圆润,并改善色素的稳定性;其次,橡木本身含有芳香成分、单宁物质以及由不同焙烤工艺带来特殊的香草、奶油及烤面包的香气,会融入葡萄酒中;赋予葡萄酒怡人、馥郁、个性的香气以及柔和、饱满、醇厚的口感。

但是,如果橡木桶使用不当,则会给葡萄酒带来不良影响。如陈旧的橡木桶会因过大的透气性导致葡萄酒过度氧化变质;发霉、劣质的橡木桶会给葡萄酒带来霉味等异味,导致酒质下降;适于年轻时饮用的、口感清淡、酒香不浓的葡萄酒和多酚物质含量太低的葡萄酒都应避免橡木桶陈酿,否则前者会失去清新的果香味,后者酒香会被橡木味完全掩盖。

(2)不锈钢罐 不锈钢罐容器的特点是结实耐用、使用方便,造价低廉,不渗漏,不与酒反应,不会对葡萄酒的色泽、风味及口感上造成影响。这类容器的容积一般都较大,从几十吨到几百吨甚至上千吨不等。成熟较慢,一般用于普通葡萄酒的陈酿。

近年来,国内外一些生产者结合上述两大陈酿容器的特点,创造出了新的陈酿方法。在使用不锈钢等现代容器来贮存葡萄酒时,向酒中添加特殊工艺处理过的橡木片或橡木提取液,既可以降低陈酿成本,又可以提升葡萄酒的品质。

2. 葡萄酒陈酿的条件和时间

(1)陈酿条件 陈酿一般在低温下进行,老式葡萄酒厂陈酿过程是在冬暖夏凉、避光、可恒温恒湿的地下酒窖中进行。

陈酿室条件:

①温度 一般以 8～18℃为佳。干酒 10～15℃,白葡萄酒 8～11℃,红葡萄酒 12～15℃,甜葡萄酒 16～18℃,山葡萄酒 8～15℃。

②湿度　饱和状态(85％～90％)为宜。

③通风　室内有通风设施，保持室内空气新鲜。

④卫生　室内保持清洁，使用前应用硫黄熏蒸，防止微生物对葡萄酒的污染。

随着近代冷却技术的发展，葡萄酒厂的陈酿已向半地上、地上和露陈酿存方式发展。

(2)陈酿时间　不同类型的葡萄酒，陈酿时间也各不相同。一般来说，白葡萄原酒贮存期为1～3年，干白葡萄酒为6～10个月。以蛇龙珠、赤霞珠、品丽珠等葡萄品种酿造的红葡萄酒由于酒精含量较高，同时单宁和色素物质含量也较多，色泽较深，适合较长时间陈酿，其原酒陈酿可达2～10年。以玫瑰香、美乐、黑虎香等葡萄酿造的新鲜果香型红葡萄酒，平均陈酿期只有半年。

3. 葡萄酒贮存时的换桶和满桶

(1)换桶　换桶是指在陈酿过程中，将酒从一个容器换入另一个容器的操作。其目的有：①分离酒脚，使桶(池)中澄清的酒和底部酵母、酒石酸盐、色素等沉淀物质分离，防止给酒带来异味，并使桶(池)中的酒质混合均一。②起通气作用，使酒接触空气，溶解适量的氧，促进酵母最终发酵的结束。③新酒被二氧化碳饱和，换桶可使过量的挥发性物质挥发逸出。

一般情况下，干红葡萄酒在苹果酸-乳酸发酵结束后(8～10 d)进行第一次换桶，采用开放式换桶，让酒接触空气，有利于葡萄酒的成熟，又起均质作用。在第一次换桶后1～2个月，即当年的11～12月份，进行第二次换桶。第二次换桶后3个月，即第二年春季3—5月份进行第三次换桶，这次采用密闭式操作，尽量使葡萄少接触空气，以免引起氧化。干白葡萄酒换桶时间是在发酵结束后15～20 d进行，且必须与空气隔绝，以防止氧化，保持酒的原果香。

换桶次数应根据原酒的澄清情况和种类来加以调整。每次换桶时，应选择温度较低、晴朗、无风的天气进行，并注意对所用设备的清洗和消毒。同时为安全起见，每次换桶应向酒中补充二氧化硫，补至25～40 mg/L(以游离计)，并使酒液满罐存放。

(2)满桶　满桶也称添桶。满桶的目的是为了避免菌膜及醋酸菌的生长，必须随时使贮酒桶内的葡萄装满，不让它的表面与空气接触。

贮酒桶表面产生空隙的原因为：①由于贮酒温度低，葡萄酒的容积收缩；②由于溶解在酒内的二氧化碳气体缓慢逸出；③由于微量的液体通过容器四壁而蒸发(主要是橡木桶)。

从第一次换桶时起，第一个月，应该每星期满桶一次，以后在整个冬季，每两周满桶一次。满桶用的酒，必须非常干净，最好质量相同，而且应补加二氧化硫。

到了春季及夏季，外界温度升高，贮酒桶里的葡萄酒容积膨胀，往往从上部和底部缝溢出，应该及时从桶中取出少量的酒，以免酒桶涨坏。现在可安装自动满桶装置，来减少这种麻烦。

(二)葡萄酒的调配

调配是指为了消除和弥补葡萄酒质量的某些缺点，将不同质量特点葡萄酒，在国家标准和法规规定的范围内按比例混合，制成具有主体香气、独特风格的葡萄酒的过程。葡萄酒的调配是一项技术性很强的工作，通过调配，可以最大限度地提高葡萄酒的质量，赋予葡萄酒新的活力。

虽然葡萄酒需要调配勾兑，但它不是配制酒，不要误解为葡萄酒是通过一些配方添加某些呈色、呈香、呈味物质配制而成的。葡萄酒的调配勾兑只能是葡萄酒原酒之间的混合，好的葡萄酒是酿造出来的。如果酿造的原酒质量不好,再好的酿酒师也调配不出好的葡萄酒,所以不能过分夸大葡萄酒的调配勾兑技术。

1. 调配的目的

(1)改善葡萄酒的感官特性。主要对葡萄酒的色泽、香气、口味进行调整,并进行综合平衡处理以纠正酒的缺陷,改善酒的品质。

(2)使葡萄酒标准化和均匀一致。由于各个葡萄品种各有优缺点,各年份的葡萄酒质量和特征有所差异,为了保持产品的质量特点和稳定性,需要对不同品种和不同发酵罐的葡萄酒进行调配。

(3)降低经济成本。在符合相应规定标准的前提下,可用廉价的葡萄酒与优质葡萄酒进行调配,来降低经济成本。

2. 调配的基本原则

(1)色泽调整

①与色泽较深的同类原酒合理混配,提高配成酒的色度。

②添加中性染色葡萄原酒,如烟73、烟74等。这些原酒颜色深,能够有效地提高配成酒的色价,但用量过多会影响配成酒的香气和口感,并能增加酒的酸度,建议使用量要低于配成酒总量的20%。

③添加葡萄皮色素。有浓稠状液体和粉末状两种,液态的使用效果较高,但用量过多会增加酒的残糖和总酸。建议使用量低于4%花色素。国内主要是生产花色素类物质,它们主要是从黑米中提取的。其分子结构和理化特性与葡萄皮花色素相同,是国家认可的天然色素,但因其含有酒精,多少对酒质产生影响,建议少用或不用。

(2)香气调整　葡萄酒的香气由原始果香、发酵酒香、陈酿香气组成。对香气的调整绝对不能添加香精、香料而达到增香的目的,调整香气只能从以下几方面入手:

①可以选择不同地区同一品种所酿的原酒进行调配,如胶东半岛跟新疆西部的,河北地区跟西北地区等;

②可以用一些成熟度高的原料酿制的酒跟品质一般的酒调配,以提高酒的香气;

③可从国外进口一些优质原酒跟国内的原酒调配,以提高香气和质量;

④通过橡木桶贮藏增加一些橡木香气,来改善酒的味道。

(3)口感调整　主要是指对酒的酸、糖、酒精含量、涩的调整,进而使酒的口感平衡、流畅、协调、相容、圆润。

色泽和香气的调整,往往在不同程度上改善了酒的味道。大多消费者不同于专业品酒人士,他们喝酒往往习惯大口大口地喝,所以酒的口感对他们尤为重要。酸味是否合适,糖、酒、酸是否平衡,红酒的涩感是否圆润、协调等成为评价酒质好坏的重要依据。

酸味过低,使酒缺乏活力;过高,会给人酸涩的感觉。单宁等酚类化合物含量低,口味淡薄,酒体瘦弱;含量过高会给人以明显的涩感,甚至使酒具有苦味。酒精是葡萄酒的灵魂和支柱,酒精含量低,酒味寡淡;过高,又会有灼热难受的感觉。糖分是口感的圆润剂和缓冲剂,可以冲减其他成分过多造成的负面影响,在许多的范围内,往上调整含糖量,可以让消费者得到更加愉快的口感。关于口感的调整要围绕着以上所述,用科学方法,在法规及标准允许的前提下合理调配。

四、红葡萄酒的后处理

(一)葡萄酒的澄清

葡萄酒的澄清是指除去酒液中含有的容易变性沉淀的不稳定胶体物和杂质,使酒保持稳定澄清状态的操作。澄清的方法一般分为自然澄清和人工澄清两大类。

1. 自然澄清

葡萄酒是一种胶体溶液,存在着一些不稳定沉降因素,自然澄清法就是利用重力作用,使葡萄酒中已经存在的悬浮物自然沉降以使酒液澄清的方法。这些悬浮物在容器底部形成酒脚,可以通过一次次地倒酒将其除去。高档葡萄酒经过 3 年以上的定期换桶可以通过自然沉降获得澄清。

但是单纯依靠自然澄清法,无法将酒液中存在的影响葡萄酒稳定性的未沉淀成分除掉。因此,为达到葡萄酒对澄清的要求,还须结合人工澄清的办法。

2. 人工澄清

人工澄清就是人为地添加适量的澄清剂,促进葡萄酒中不稳定物质形成絮状沉淀,并将其去除的方法。主要包括下胶、过滤、离心等操作。

(1)下胶 下胶就是向葡萄酒中添加亲水性胶体,使其与酒液中的悬浮物,如单宁、色素、蛋白质、金属复合物等发生絮凝沉淀,使葡萄酒变得澄清稳定。

葡萄酒从原料葡萄中带来了蛋白质、树胶及一部分单宁、色素等物质,使葡萄酒具有胶体溶液的性质,它们是葡萄酒中的主要不稳定因素。下胶澄清过程可分为两个阶段:第一阶段是酒中物质与澄清剂反应,一般是酒中单宁与下胶材料共聚产生不溶物;第二阶段是澄清剂的沉淀,即澄清剂或絮凝物携带杂质一起沉降。

下胶原理简单来说可以理解为中和微粒上的电荷,下胶物质一般为蛋白质胶体物质,它在葡萄酒中带正电荷;另一方面,单宁在葡萄酒中也有一部分呈胶体状态,它和形成雾浊的粒子都带有负电荷,当它们互相靠近时,会发生吸引,这样就开始了絮凝过程。各物质所带电荷情况见表 2-3。

表 2-3 物质所带电荷

正电荷	负电荷
天然蛋白质	单宁
蛋白胶(明胶、鱼胶、蛋白)	皂土(膨润土)
色素物质	硅胶
金属(Fe^{3+},Ca^{2+},Mg^{2+},K^+)	酵母
	细菌

常用的下胶物质即澄清剂有皂土、明胶、鱼胶、蛋白、酪蛋白等。

下胶操作中,保证添加到葡萄酒中的澄清剂在酒中完全沉降下来而无残留是很关键的。下胶过量的葡萄酒其澄清度是不稳定的。瓶装后,当温度变化时会发生浑浊而沉淀,危害极大。要检查是否下胶过量,当葡萄酒加入 0.5 g/L 商品单宁,24 h 后,根据出现雾浊的程度,可判断出过量多少。其处理措施:一是添加适量单宁,将酒中过量的明胶沉淀除去;二是加适量

（40～50 g/100 L）皂土沉淀除去。

（2）过滤 过滤是利用多孔介质对葡萄酒的固相和液相进行分离的操作，是使已产生浑浊的葡萄酒快速澄清的最有效手段。在葡萄酒生产中广泛使用的过滤设备有：硅藻土过滤机、板框过滤机、膜式过滤机。

（3）离心澄清 离心设备已用来大规模处理葡萄汁和葡萄酒。

当处理浑浊的葡萄酒时，离心机可使杂质或微生物细胞在几分钟内沉降下来。有些设备能在操作的同时，把沉渣分离出来。离心机有多种类型，可以用于不同目的。大致可分鼓式、自动出渣式和全封闭式。

在实践中离心机多用于下述情况：①高速离心机对于新葡萄酒澄清很有用，因新酒含大量杂质，若用过滤很快会堵塞孔眼。②在发酵后短时间内进行新酒的澄清是为了除去酵母细胞，经过这样的处理之后，酒在贮存中败坏的可能性就较小。

（二）葡萄酒的稳定性处理

葡萄酒的稳定性处理，就是为了使澄清后的葡萄酒长期保持澄清度、不再发生浑浊和沉淀而采取的操作。

通常葡萄酒的浑浊可以分为三种类型：一是由酒液中残存的细菌、酵母菌引起的微生物浑浊；二是由金属、非金属离子过量和蛋白质、色素、酒石沉淀引起的化学浑浊；三是由多酚氧化酶引起的氧化浑浊。为了提高葡萄酒的稳定性，通常可以采取如下措施。

1. 热稳定处理

葡萄酒热处理就是将葡萄酒加热到一定温度后处理一定的时间，来提高稳定性的方法。热处理可以起到杀菌、加快成熟、去除铜离子、形成保护性胶体、防止结晶沉淀、破坏氧化酶等作用。

这里要指出，热处理后也会对酒的色、香、味产生不利的一面，如酒色变褐，果香新鲜感变弱，严重时会出现氧化味。

热处理的方法：①将装瓶的红葡萄酒在水浴中加热至 70℃，保温 15 min，或加热至 90℃（100℃），恒温 1～3 s；②将温度为 45～48℃的葡萄酒趁热装瓶后自然冷却；③通过板式热交换器，利用热水加热。

2. 冷稳定处理

在低温状态下，将葡萄酒中不稳定的酒石酸盐、胶体物质及部分微生物快速从酒中沉降，进而与酒分离的过程。冷处理是葡萄酒生产极其重要的工艺，尤其适合陈酿期短而装瓶的原酒。

（1）冷稳定处理的作用

①使过多的酒石酸盐类沉淀析出。在低温下酒石酸盐溶解度降低，而使饱和的酒石酸盐沉淀析出，提高了酒石酸盐在酒中的稳定性。

②加速了葡萄酒的陈酿。酒的温度越低，氧在酒中的溶解度越大，氧化还原电位越高，加快了酒的氧化陈酿。

③促进了酒中胶质物质的凝聚和沉淀。低温处理促进了果胶、蛋白质、单宁色素的凝聚。它们凝聚时产生的絮状沉淀，吸附了造成葡萄酒浑浊的微粒，使冷处理起到了类似下胶的作用。

④促进葡萄酒中铁、磷化合物的沉淀。葡萄酒冷处理时发生的氧化作用使酒中的低价铁盐氧化为高价铁盐,加速了难溶于酒的单宁铁、磷酸铁的生成,使酒中的铁含量有所减少,从而降低了葡萄酒发生破坏病的强度。

⑤提高了酒的生物稳定性。胶体物的凝聚作用也吸附了酒中的各种细菌、霉菌孢子和各种微生物。因此,冷处理使葡萄酒更加健康。

(2)冷稳定处理过程中应注意的问题

①冷却温度　一般将葡萄酒冷却至冰点以上 0.5~1℃,避免葡萄酒结冰而破坏和影响酒的酒质和平衡。

②葡萄酒冰点　指葡萄酒结冰时的温度。葡萄酒的冰点可以通过测定和计算获得,比较通用的计算葡萄酒冰点的方法是:

$$T = -(0.04P + 0.02E + K)$$

式中:T—葡萄酒的冰点,℃;

P—每升葡萄酒所含酒精的质量,g/L;

E—每升葡萄酒所含糖浸出物的质量,g/L;

K—校正数,根据酒精含量而不同,酒精度 10%(体积分数),$K = 0.6$;酒精度 12%(体积分数),$K = 1.1$;酒精度 14%(体积分数),$K = 1.6$。

(3)常用的冷处理方法

①先用酶处理或下胶过滤除去葡萄酒中影响结晶的物质,再把葡萄酒迅速降温至接近其冰点的温度,保持 7~8 d 后再过滤处理;

②将葡萄酒的温度降至 0℃,然后加入高纯度酒石酸氢钾的细小晶体(4 g/L),搅拌 1~4 h 后过滤处理。

3. 其他方法

(1)用阿拉伯树胶 100~150 mg/L 来防止白葡萄酒的铜破坏,用 200~250 mg/L 来防止铁破坏或保持红葡萄酒色素的稳定。

(2)用偏酒石酸来抑制酒石的沉淀,来延长葡萄酒的稳定期。

五、红葡萄酒的包装与杀菌

葡萄酒需要用适当的容器包装起来才能进入市场。包装既能方便消费者,又能够在一定时间内保证葡萄酒的质量。

(一)包装材料

盛装葡萄酒的容器有玻璃瓶、橡木桶、纸袋/盒等。最常用的是玻璃瓶,其造价较低,有一定的强度,容易造型和密封,也不与酒发生化学作用。下面主要介绍玻璃瓶。

1. 玻璃瓶

(1)酒瓶的颜色　酒瓶的颜色对保护葡萄酒不受光线的作用非常重要,灌装时应根据葡萄酒的种类来合理选择酒瓶的颜色。对于红葡萄酒多使用深绿色或棕绿色酒瓶。对于白葡萄酒可选用无色、绿色、棕绿色或棕色的酒瓶,其在无色瓶中成熟速度最快,但是对于需要保持清爽感和果香的白葡萄酒,不宜使用无色瓶。

(2)酒瓶的形状与大小　　酒瓶的容量一般有 125 mL、250 mL、375 mL、500 mL、750 mL、1 000 mL、1 500 mL 等几种,最常见的是 750 mL 的酒瓶。酒瓶的形状也有很多,如长颈瓶、方形瓶、椰子瓶等。

2. 瓶塞

(1)瓶塞的种类　　葡萄酒的瓶塞种类有软木塞和塑料塞两种,其中软木塞又可分为天然整体软木塞、用软木料颗粒压聚加工而成的聚合软木塞、两端贴天然软木片中间是聚合材料的贴片聚合软木塞等若干种。

(2)瓶塞的选择和检验　　在选择瓶塞时,应充分考虑葡萄酒的种类及装瓶的运输、存放方式的消费等因素来选择合适的类型。一般来说,软木塞主要应用于干型葡萄酒、香槟酒,塑料塞多用于罐式发酵的起泡葡萄酒和氧化陈酿的葡萄酒。

确定好瓶塞的类型以后,还要对其进行质量检查,对于软木塞需要检验以下几个项目:

①外观　　软木塞的孔隙率,皮孔的数量、大小和分布情况。应避免使用带有裂缝、虫蛀的木塞。

②大小　　常用的软木塞直径为 24 mm(酒的 CO_2 含量较高则应用 25 mm 或 26 mm 的瓶塞),长度 38 mm、44 mm、49 mm 和 54 mm 等不同类型,需在瓶内长时间陈酿的葡萄酒,应选择较长的软木塞。如果大小不符合要求,会对装瓶后葡萄酒的质量产生不良影响。

③湿度　　软木塞的湿度对于密封性、贮藏性以及机械特性都有重大影响,湿度最好为 5%～8%。

④其他项目　　软木塞的压缩性、弹性、寿命、表面处理、除尘和微生物残留情况也需达到使用要求。

3. 商标

商标要求美观大方、图案新颖,要让人从商标上能感觉到酒的档次和特点。商标的内容要符合有关规定。

(二)包装要求

1. 洗瓶

无论是新酒瓶还是回收瓶,在使用以前都必须进行清洗和杀菌。

(1)洗瓶方法　　常用的洗瓶程序是先用温水浸泡,然后用水和热去污垢(1%NaOH,66℃)溶液进行冲淋,再用清水冲洗,最后控干水分待用。

(2)灭菌　　为了防止葡萄酒被存在于酒瓶上的微生物污染,清洗后的酒瓶在灌装之前还要进行灭菌。常用的杀菌方式是臭氧杀菌,先用臭氧溶液冲洗空瓶,倒空后再用过滤的无菌水连续冲洗,再次倒空后用无菌空气吹干。

2. 灌装

葡萄酒的灌装就是将处理好的葡萄酒装入一定容器内并进行封口的操作。通常这一环节由自动化的灌装系统来完成,主要包括:检验、洗瓶、装瓶、压塞(盖)、套帽、贴标、卷纸、装箱等工序。

经彻底清洗、灭菌并且检验合格的酒瓶就可以装罐了,灌装机种类很多,主要有等压灌装机和真空灌装机。在装瓶过程应注意工作空间和灌装机的灭菌:操作空间可用甲醛水溶液熏蒸的方式来进行灭菌;贮酒容器、管路可用蒸汽灭菌;管头可用消毒酒精擦拭;灌装时所用空气应过滤除菌。此外，还应注意灌装液面的高度要适当，若液面过高会增大压塞的难度，增加漏酒的可能性；液面过低，内含较多的空气，会增加酒液氧化的机会。

装瓶后的葡萄酒，可以放在酒窖中继续陈酿，或者完成后续的缩帽、贴标、卷纸、装箱等工序进入成品库等待销售。

（三）杀菌

酒度较低的葡萄酒，如果不是采用无菌灌装时，在其装瓶后应立即加热杀菌（巴氏杀菌）。杀菌温度可用下式计算：

$$T_0 = 75 - 1.5 D_1 (\text{℃})$$

式中：D_1—葡萄酒的酒度；

75—葡萄汁的杀菌温度；

1.5—经验系数。

瓶酒加热的方法：一般在中、小型葡萄酒厂采用的是木槽水浴加热，大型酒厂使用隧道式喷淋杀菌机。不管用什么加热方法，总的要求是：加热要稳，达到杀菌温度即停，保温时间要够；一般为 15 min，冷却的速度要快，但不可骤冷。为了测试瓶酒温度，每批都应在水浴槽的不同部位，放置一瓶用带有温度计的软木塞封口的同质葡萄酒。杀菌温度过高或时间过长，对酒的风味将会产生不良影响，而温度太低或时间太短，又难以达到杀菌要求。

【知识拓展】

红葡萄酒的生产新工艺

红葡萄酒的生产新工艺

任务二   白葡萄酒的生产

【知识前导】

白葡萄酒选用酿造白葡萄酒的葡萄品种为原料，经果汁分离、澄清、控温发酵及后加工处理而成。白葡萄酒按照其含糖量多少分为干白葡萄酒、半干白葡萄酒、半甜白葡萄酒和甜白葡萄酒。当今白葡萄酒的酿造主要采用以防氧化和控温为主的发酵酿造方式。

一、白葡萄酒生产的原料

酿造白葡萄酒的葡萄分为两类，第一类葡萄，皮、肉无色、浅绿、浅绿带绿、浅黄的白色酿酒葡萄。国内普遍种植的此类葡萄一般有贵人香、霞多丽、白诗南、白品乐、长相思等。第二类葡萄，主要是皮略带颜色，一般呈红色或淡紫色，果肉无色。此类葡萄需要快速进行皮和汁分离，防止皮中的颜色进入葡萄汁中。国内普遍种植的此类葡萄有龙眼、玫瑰香、佳丽酿等。

1. 龙眼

来源：欧亚种。龙眼别名秋子、紫葡萄等。原产于中国，在我国具有悠久的历史，是我国古老的栽培品种。

酿酒特性：它所酿酒为淡黄色，酒香纯正，具果香，酒体细致，柔和爽口。该品种适应性强，耐贮藏，是我国酿造高级白葡萄酒的主要原料之一。屡次在国际上获奖，被誉为"东方美酒"的长城干白，就是以龙眼葡萄作为原料，成酒品质极佳，呈淡黄色，就像纯正，具酒香，酒体细致，柔和爽口，回味延绵。

2. 贵人香

来源：贵人香别名意斯林、意大利斯林，属欧亚种，原产于法国南部。1892 年我国从西欧引入山东烟台，目前山东半岛及黄河古道地区栽培较多。

酿酒特性：所酿之酒为浅黄色，果香浓郁，为醇爽口，回味绵长。该品种适应性强，易管理，是酿造优质白葡萄酒的主要品种之一，是世界古老的酿酒品种。

3. 白羽

来源：白羽别名尔卡齐杰利，白翼，原产于格鲁吉亚。1956 年引入我国，目前山东、河南、江苏、山西等地均有大量栽培。

酿酒特性：它所酿之酒为浅黄色，果香协调，酒体完整。该品种栽培性状好，适应性强，是我国目前酿造白葡萄酒的主要品种之一。

4. 雷司令

来源：欧亚种。世界著名红色酿酒葡萄品种。原产于德国，1892 年我国从西欧引入，在山东烟台和胶东地区栽培较多。

酿酒特性：它所酿造之酒为浅禾黄色，香气浓郁，酒质纯净。该品种适应性强，较易栽培，但抗病性较差，主要酿制干白、甜白葡萄酒及香槟酒，具典型性。

5. 李将军

来源：李将军别名灰品乐、灰比诺，属欧亚种，原产于法国。1892 年我国从西欧引入，目前在烟台地区有栽培。

酿酒特性：所酿之酒为浅黄色，清香爽口，回味绵长，具典型性。该品种为黑品乐的变种，故其与黑品乐相似的品质，适宜酿造干葡萄酒与香槟酒。

6. 霞多丽

来源：又称莎当妮，欧亚种。世界著名的白色酿酒葡萄品种。原产法国。

酿酒特性：霞多丽是酿造高档干白葡萄酒和香槟酒的世界名种，用其酿制的葡萄酒，酒色金黄，香气清新优雅，果香柔和悦人，酒体协调强劲、丰满，尤其是在橡木桶内发酵的干酒，酒香玄妙、干果香十分典型，是世界经典干白葡萄酒中的精品。

二、白葡萄酒的生产工艺及操作要点

(一) 工艺流程

白葡萄酒选用白葡萄或红皮白肉葡萄为原料，经果汁分离、澄清、控温发酵而成，其工艺流程如图 2-7 所示。

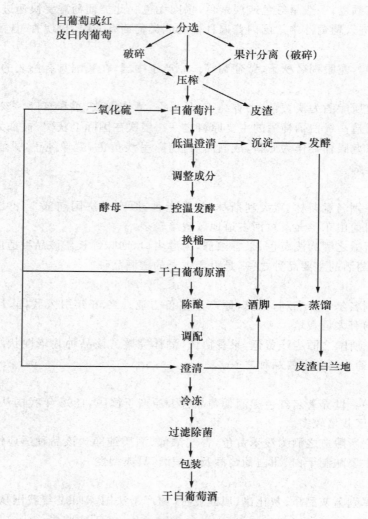

图 2-7　白葡萄酒生产工艺流程

（二）操作要点

1.果汁分离

白葡萄酒与红葡萄酒的加工工艺不同,红葡萄酒需要葡萄皮、汁一起发酵,这样可以将皮中的色素、单宁等物质浸提到葡萄酒中;而白葡萄酒则是纯汁发酵,即发酵前必须快速将葡萄皮、肉与果汁分离,果汁单独发酵,以体现白葡萄酒的新鲜、清爽、纯正、优雅的特点。

常用的果汁分离设备有果汁分离机、螺旋或连续压榨机、双压板压榨机及气囊压榨机分离果汁。气囊压榨机属世界上应用最先进的果汁分离设备之一。设备特点,能够在不施压的情况下快速获得优良的自流汁,为酿制高档葡萄酒,提供优质原料。在压榨分离时,气囊缓慢加压,压力分布均匀,而且由里向外垂直或辐射施加压力,可获得最佳质量的果汁,不会给果汁苦涩味。葡萄汁中残留的果肉等纤维物质较少,有利于澄清处理。该设备价格昂贵。

2.果汁澄清

果汁澄清的目的是在发酵前将果汁中的杂质减少到最低含量,以避免葡萄汁中的杂质因参与发酵而产生的不良成分,给酒带来杂味,使发酵后的葡萄酒保持新鲜,天然的果香和纯正,优雅的滋味。

白葡萄汁澄清的方法一般采用:二氧化硫低温静置澄清法、果胶酶生化处理法、皂土物理澄清法、机械离心澄清法、低温过滤澄清法。

3.控温发酵

白葡萄酒发酵多采用人工培育的优良酵母或活性干酵母进行控温发酵。在发酵过程中,控温发酵非常重要,低温发酵是保证白葡萄酒质量好坏的重要环节,如果发酵温度超过工艺设计的范围,就会造成以下危害:

①易于氧化,减少葡萄品种的香气;

②加速了低沸点芳香物质的挥发,降低酒的香气;

③易感染醋酸菌、乳酸菌等杂菌而造成细菌性病害;

④发酵速度快,而酒质粗糙,失去细腻感。

白葡萄酒的发酵温度一般在 $14\sim18℃$,主发酵期为 15 d 左右。

目前,常采用以下几种方法进行控温发酵。

①发酵罐内安装冷却管、蛇形管或立式冷却板。通过往冷却管或蛇形管中通入冷媒体而使发酵醪降温。

②在发酵罐外壁合适的位置,焊接夹层,向夹层内通入冷媒体而降温。

③喷淋降温法。直接将冷水向罐外壁从上往下喷淋,达到降温的目的。

当观察到发酵液面只有少量 CO_2 气泡,液面平静,发酵温度接近室温,酒体呈浅黄色、浅黄带绿或乳白色,浑浊有悬浮的酵母。有明显的果实香和酒香。同时残糖降至 5 g/L 以下时,基本可以判定白葡萄酒发酵结束,即可转入后发酵。后发酵温度一般控制在 15℃ 以上。在缓慢的后发酵过程中,葡萄酒的香和味更加完善,残糖继续下降至 1 g/L 以下。后发酵持续 1 个月左右。

4.白葡萄酒的防氧化

白葡萄酒中含有多种酚类化合物,如色素、单宁、芳香物质等,这些物质具有较强的嗜氧性,在与空气接触时,很容易被氧化,生成棕色聚合物,使白葡萄酒的颜色变深,酒的新鲜感减少,甚至造成了酒的氧化味,从而引起白葡萄酒外观和风味上的不良变化。因此,在白葡萄酒的整个酿制过程中,防氧措施是非常关键的。防氧的成败与否直接影响白葡萄酒的口感和香气。

白葡萄酒氧化现象存在于生产过程的每一个工序,所以对每一个工序都要进行有效的防氧措施。

形成氧化现象需要三个因素:①有可以氧化的物质,如色素、芳香物质等;②与氧接触;③氧化催化剂的存在,如氧化酶、铁、铜等。

凡能控制这些因素的都是防氧化行之有效的方法,目前国内生产白葡萄酒中,采用的防氧化措施见表 2-4。

表 2-4　防氧化措施

防氧化措施	内　容
选择最佳采收期	选择最佳葡萄成熟期进行采收,防止过熟霉变
原料低温处理	葡萄原料先进行低温处理(10℃以下),然后再压榨分离果汁
快速分离	快速压榨分离果汁,减少果汁与空气接触时间
低温澄清处理	将果汁进行低温处理(5~10℃),加入二氧化硫,进行低温澄清或采用离心澄清
控温发酵	果汁转入发酵罐内,将品温控制在 16~20℃,进行低温发酵
皂土澄清	应用皂土澄清果汁(或原酒),减少氧化物质和氧化酶的活性
避免与铁、铜等金属物接触	凡与酒(汁)接触的铁、铜等金属工具、设备、容器均需有防腐蚀涂料
添加二氧化硫	在酿造白葡萄酒的全过程中,适量添加二氧化硫
充加惰性气体	在发酵前后,应充加氮气或二氧化碳气密封容器
添加抗氧剂	白葡萄酒装瓶前,添加适量抗氧剂。如二氧化硫、维生素 C 等

(三)优良白葡萄酒的特点

白葡萄的酿造工艺不同于红葡萄,所以白葡萄酒的品质特点与红葡萄酒有较大的差异。下面简单介绍优良白葡萄的一些特点:

(1)酒色应近似无色、浅黄带绿、浅黄、秸秆黄、金黄色;

(2)酒澄清透明,有光泽;

(3)具有纯正、清雅、优美、和谐的果香和酒香;

(4)有洁净、醇美、优雅、干爽的口感;

(5)酒体平衡、协调、顺感,对单品种葡萄酒应有品种的典型性特点。

【知识拓展】

一、桃红葡萄酒的生产

桃红葡萄酒的生产

二、冰葡萄酒的生产

冰葡萄酒的生产

三、葡萄酒的稳定性及病害

葡萄酒的稳定性及病害

任务三　气泡酒的生产

【知识前导】

一、气泡酒的概念和类型

1.气泡酒的概念

气泡酒又名起泡酒,因酒中含有一定数量的二氧化碳形成气泡,酒体中的二氧化碳可以由加糖发酵产生或人工压入,其含量在 0.3 MPa 以上(20℃),酒精含量一般为 11%～13%(V/V)。由于香槟酒已有 300 多年的历史,目前世界上已有 30 多个国家生产气泡葡萄酒。其中法国是气泡葡萄酒的主要生产国,其生产的香槟酒(Champagne)源于法国香槟省而得名,法国的酒法规定:只有香槟地区采用特定的葡萄品种和独特工艺酿造的含 CO_2 的白葡萄酒才能称之为香槟酒。而其他地区生产的相同质量的酒,称为气泡酒(sparkling wine)。我国生产气泡葡萄酒的主要有张裕葡萄酒公司和长城葡萄酒公司。

2.气泡酒的分类

气泡酒按其所含 CO_2 的来源分为 4 个类型。

(1)酒中的 CO_2 是由第一次发酵残留的糖发酵产生的。法国的东北部(Alsation)和罗亚河(Loire)地区的气泡酒以及德国、意大利的气泡酒均属于此类型。

(2)酒中的 CO_2 是从苹果酸-乳酸发酵获得的。葡萄牙北部的 Vinho Verde 酒是这一类型的代表。在意大利或欧洲的其他地区也有属于这种类型的酒。

(3)酒中的 CO_2 是由发酵后加糖,经过发酵而产生的。全世界大部分的含气酒属此类。

(4)酒中的 CO_2 是人工加入。

世界上大部分的气泡酒是用第三类型的方法生产的。第四种类型生产的气泡酒品质较差,其生产量在逐渐减少。

二、气泡酒生产的原料

1.葡萄品种

用于生产气泡葡萄酒的葡萄品种主要有以下几种:

(1)黑品乐　黑品乐黑皮白汁,制造的原酒质地醇厚,酒体丰满有骨架,陈酿以后,酒香扑鼻。

（2）霞多丽　霞多丽是白葡萄品种，能酿出高质量黄绿色的葡萄酒，酿制的香槟酒具有精细洁白的泡沫。

（3）白山坡（品乐漠尼埃 Pinot Meunien）　这个品种酿制的原酒果香优美，陈酿迅速，但品味较淡。

（4）其他品种　白福尔（Folle Blonc）能生产优良品质的香槟。Burger 具有天然风味，但比较谈。鸽笼白（French Colombard）具有合适的较高的酸度，但香味稍许突出，有些人不喜欢它。白羽霓（Chenin Blanc）及 Veltliner 都用于生产原酒。白雷司令（White Riesling）虽低产，但在美国用于生产香槟酒。我国主要采用龙眼葡萄。

2.葡萄成熟度

酿造气泡葡萄酒的葡萄最佳成熟度应满足以下条件：

（1）必须在完全成熟以前采收，应严格避免过熟。

（2）含糖量不能过高，一般为 161.5～187.0 g/L，可产生的自然酒度为 9.5%～11% 之间。

（3）含酸量相对较高，因为酸是构成成品"清爽"感的主要因素，也是保证稳定性的重要因素。

（4）葡萄成熟系数（糖/酸）一般为 15～20，总酸（硫酸计）为 8～12 g/L。

三、气泡酒的生产工艺及操作要点

气泡葡萄酒按生产方法分两种，一种是瓶式发酵气泡葡萄酒，葡萄原酒在瓶内经二次发酵而成；另一种是罐式发酵气泡葡萄酒，葡萄原酒在大罐中发酵而成。其中瓶式发酵法又分为传统法或叫香槟法和转换法。

（一）瓶式发酵气泡葡萄酒

1.传统法

气泡葡萄酒中的高档产品——香槟是采用传统瓶式发酵法酿制的，其操作要点如下（图 2-8）：

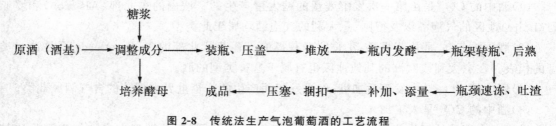

图 2-8　传统法生产气泡葡萄酒的工艺流程

（1）加糖浆　要保证气泡葡萄酒二氧化碳的压力符合质量标准，需要加入糖。糖浆添加量的准确与否是二次发酵成败的关键。添加少了，瓶内压力不足；添加过多，瓶内产生的二氧化碳压力太大，使瓶子破损。因此要求准确计算和计量，一般情况下，每升添加 4 g 糖可产生 0.1 MPa 的气压。因此，在原酒残糖含量不高的情况下每升添加 24 g 糖，可使气泡酒达到 0.6 MPa 的气压。糖是以糖浆的形式加入的。一般将蔗糖溶解于葡萄酒中，要加速糖的转化，可以加微量的柠檬酸，经过滤除杂质后，加入澄清的酒液中，其含糖量为 500～625 g/L。

(2)酵母的添加　　二次发酵所需的酵母采用低温香槟酵母,它必须具备良好的凝聚性、耐压性、抗酒精能力。在酒中的二氧化碳压力达 0.2 MPa 以上,酒精含量 10% 时能继续进行二次发酵。同时在低温(10℃)能进行发酵,且酵母能产生良好的风味,酵母培养液的添加量为 5%。

(3)辅助物的添加　　为了更好地进行二次发酵,在原酒混合的时候还需添加两类物质:一类是有利于酒精发酵的营养物质,主要是铵态氮,磷酸氢铵用量一般为 15 mg/L,也可用 50 mg/L 硫酸铵替代,有的还添加维生素 B_1;另一类是有利于澄清和去渣的物质,主要是皂土 (0.1～0.5 g/L)。

(4)装瓶和密封　　对瓶内发酵气泡葡萄酒的空瓶试压,瓶内加水,在试压机上打压,要求空瓶耐压 1.6～2.5 MPa。瓶口大小和形状要严格要求,装瓶前要逐个检查,并洗涮干净,沥干备用;将瓶子木塞、盖子、铁丝扣备好,洗净。采用人工或灌装机进行灌装。封住瓶盖,套上铁丝扣,检查瓶口是否漏气,是否合乎工艺要求。

(5)瓶内二次发酵　　将调整成分的原料酒装瓶后运送到在酒窖中进行瓶内发酵。瓶子要水平堆放,以免瓶塞干而漏气。发酵温度 10～15℃。堆放时间最少 9 个月,最多达 20 年。在这一期间主要发生三大变化:首先是酒精发酵,把糖变成酒精和二氧化碳,二氧化碳溶于酒中;其次酵母自溶,产生酵母香气,增加其浓稠感;第三是产生酒香。

(6)堆放　　主发酵后,要进行一次倒堆,就是将瓶子一个一个地倒一下。倒堆的目的是在倒堆的时候,用手将瓶子用力晃动一下,使沉淀于瓶底的酵母重新浮悬于酒液中,将仅有的一点残糖继续消耗。对于有些澄清困难的酒,在晃动的过程中,所有沉淀都会浮悬于酒液中,使酒石酸盐下沉时结合成大颗粒,便于沉降。原来分散的蛋白质分子和其他杂物通过摇晃,起到下胶的作用,有利于酒的澄清。

(7)瓶架转瓶和后熟　　当堆放发酵结束后,二氧化碳含量达到所规定的标准,此时就要放在一个特别的酒架上后熟。后熟的目的是将酒中的酵母泥和其他杂物集中沉淀于瓶口处,以便除去。酒架呈“人”字形,角度为 35°。酒瓶倒放在木架的孔中,木架的倾斜度是可以调节的,最终使酒瓶垂直,倒立在木架上。在此期间要人工转瓶,瓶子从下方转到上方,使所有粘在瓶壁上的沉淀物能脱离开来,全部凝集。每天转动一次,1 周转动一圈,持续 4～5 周。在此过程中酒内沉渣逐渐地集中沉淀在瓶颈,酒自然澄清,并伴随着酯化反应和复杂的生化反应,最终使酒的滋味丰满、醇和、细腻。

(8)瓶颈速冻与吐渣　　从酒架上取下酒瓶,以垂直状态进入低温操作室,瓶颈倒立于 -22～-24℃ 的冰液中,浸渍高度可以根据瓶颈内聚集沉淀物的多少而调节,使瓶口的酒液和沉积物迅速形成一个小冻冰塞状。将瓶子握成 45° 斜角,瓶口上部插入一开口特殊的铜瓶套中,迅速开塞,利用瓶内二氧化碳的压力,将瓶塞顶住,冰塞状沉淀物随之排出。

(9)补液　　虽然冷冻可限制二氧化碳涌出,但去塞时仍会减少部分压力,一般二氧化碳压力损失为 0.01 MPa,并喷出少量酒液。以同类原酒补充喷出损失的酒液,一般补充量为 30 mL 左右(3% 的量)。整个过程要在低温室中操作(5℃ 左右)。

(10)调整成分　　一般来讲,按照生产类型和产品标准,加入糖浆、白兰地、防腐剂来调整产品的成分,如果生产干型气泡葡萄酒可用同批号原酒或同批号气泡酒补充,生产半干、半甜、甜型气泡酒可用同类原酒配制的糖浆补充,使酒的糖酸比协调,并在调糖浆的同时加二氧化硫,使总二氧化硫含量达到 80～100 ppm。若要提高气泡酒的酒精含量,可以补加白兰地。

(11)封盖 成分调整后迅速压盖或加软木塞,捆上铁丝扣。

2. 转换法

(1)工艺流程(图 2-9)

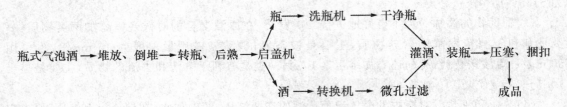

图 2-9 转换法生产气泡葡萄酒的工艺流程

(2)操作要点

①从原酒酿造、混合至瓶内发酵结束,与传统法差异不大。只在原酒混合时一般不加入澄清剂,装瓶时不加塑料内塞。

②转换:瓶内发酵结束以后,将酒瓶转入分离车间。先将酒瓶通过冷冻槽冷却至$-3℃$,用卸帽机除去皇冠盖,通过自动等压倒瓶装置将瓶内葡萄酒倒入接收罐中,接收罐为双层,并有搅拌器,且事先充入了氮气(最好是 CO_2 气体),其气压略低于酒瓶内的气压,以便将葡萄酒完全倒出。

③调整成分:同传统法。

④冷冻和过滤:如果葡萄原酒已经经过冷冻处理,冷冻温度达到 $0℃$ 即可;原酒未经过冷冻处理,为保证酒石酸盐的稳定,冷处理温度降至$-4℃$并保持 $8\sim12d$,趁冷过滤。第一次过滤采用硅藻土和纸板过滤,如果酒色泽深,可添加适量的活性炭。主要是除去酵母细胞和固体颗粒物质,使澄清透明。第二次只用隔菌纸板过滤,达到无菌要求后进行装瓶。

(二)罐式发酵气泡葡萄酒

瓶式发酵法工艺复杂,投资大,技术要求高,劳动强度大,适用于生产质量及价格较高的名牌产品。罐式发酵即大型容器密闭发酵,它所用的酒基与酿造瓶式气泡酒的酒基相同,但在设备、工艺上都比瓶式气泡酒先进。其生产周期短,生产效率高,酿造工序简单,原酒损失少,且可以通过控制发酵温度来掌握发酵速率,酒的质量比较均匀一致。故许多国家采用此法生产气泡葡萄酒。

1. 工艺流程(图 2-10)

2. 操作要点

(1)原酒的生产、酵母制备、糖浆准备、添加剂等 同瓶式发酵法。

(2)二次发酵 气泡葡萄酒的二次发酵在发酵罐内进行。发酵罐为带有冷却夹套的不锈钢罐,并配装压力计、测温计、安全阀、加料阀、出酒阀等设施,有的还配备低速搅拌器。

原酒及配料从发酵罐底部进入,装液量为 95%,留下 5% 空隙作为发酵过程中体积膨胀所占的体积。凝聚酵母培养液的接种量为 5%。由于在较高温度下,二氧化碳在酒中吸收性差,故采用低温凝聚酵母进行低温发酵。控制发酵温度在 $15\sim18℃$,每天降糖为 $0.15\%\sim0.2\%$。密闭发酵 $15\sim20d$,压力达到 $0.6MPa$。

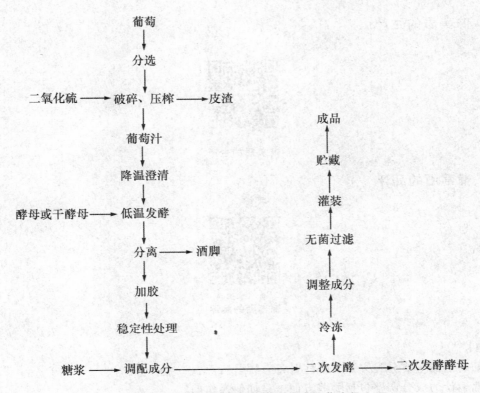

图 2-10 罐式发酵起泡葡萄酒生产工艺流程

(3)冷冻过滤 通过夹层冷却,使已被二氧化碳饱和的葡萄酒冷冻到 $-4℃$,保持 $7\sim14\,d$,趁冷过滤到另一罐中,使酒液澄清透明。罐事先用二氧化碳或氮气备压,防止空气混入而使酒老化。

(4)调整成分 澄清的葡萄酒根据产品质量要求,加入糖浆调整糖度,补充二氧化硫。

(5)无菌过滤及灌装 用滤菌纸板过滤,达到无菌的目的,然后进行等压装瓶。

【知识拓展】

一、白兰地的生产

白兰地的生产

二、味美思的生产

味美思的生产

三、葡萄酒的品评

葡萄酒的品评

【思考题】

1. 葡萄酒的主要分类方法有哪些？各有哪些特点？
2. 葡萄汁的成分调整包括哪些方面？是如何操作的？
3. 葡萄酒酿制过程中二氧化硫的作用是什么？如何确定二氧化硫的添加方法？
4. 为什么要进行葡萄酒酵母的扩大培养？简述其培养工艺。
5. 如何判断红葡萄酒前发酵结束？
6. 红葡萄酒的生产工艺如何？有何特点？
7. 白葡萄酒的生产工艺如何？有何特点？
8. 苹果酸-乳酸的发酵机理是什么？对葡萄酒的品质有何影响？
9. 桃红葡萄酒的生产工艺如何？有何特点？
10. 白葡萄酒的发酵新技术有哪些？各自特点是什么？
11. 红葡萄酒的后处理技术有哪些？
12. 如何进行葡萄酒的品评？
13. 白兰地的生产工艺要点是什么？
14. 起泡葡萄酒的生产方法有哪些？各自有何特点？
15. 葡萄酒的破坏病有哪些？如何进行防治？

项目三　白酒的生产

知识目标

1. 知道白酒的定义及分类。
2. 熟悉生产工艺对原料及设备的要求。
3. 掌握白酒生产各个生产工艺的特点和生产工艺流程。

技能目标

1. 能够完成白酒生产的各个操作环节并进行工艺控制。
2. 会对白酒的质量进行评定。
3. 会运用理论知识解决白酒生产过程中出现的问题。

项目导入

白酒又名白干、烧酒、火酒,有些少数民族地区称阿刺吉酒,意为"再加工"之酒。它是以粮谷等为原料,以酒曲、活性干酵母、糖化酶等为糖化发酵剂,经蒸煮、糖化发酵、蒸馏、贮存、勾兑而制成的蒸馏酒。白酒是我国传统的蒸馏酒,与白兰地、威士忌、俄得克(伏特加)、兰姆酒、金酒并列为世界六大蒸馏酒。但我国白酒生产中所特有的制曲技术、复式糖化发酵工艺和甑桶蒸馏技术等在世界各种蒸馏酒中独具一格。

【概述】

一、白酒的起源

(一)酒的起源

蒸馏酒最早产生于酿造酒的再加工,因此白酒的起源还得从酿造酒说起。

关于酒的起源,说法很多。以我国为例,有"仪狄造酒""杜康造酒"等说法,于是我国酿酒的起源限定于 5 000 年左右的历史。其实,杜康、仪狄等都只是掌握了一定技巧,善于酿酒罢了。从现代科学的观点来看,酒的起源经历了一个从自然酿酒逐渐过渡到人工酿酒的漫长过程,它是古代劳动人民在长期的生活和生产实践中不断观察自然现象,反复实践,并经无数次改进而逐渐发展起来的。

考古和文献资料记载表明,从自然酿酒到人工造酒这一发展阶段在 7 000～10 000 年以前。9 000 年以前,地中海南岸的亚述人发明了麦芽啤酒;7 000 年以前,中东两河流域的美索不达米亚人发明了葡萄酒;从出土的大量饮酒和酿酒器皿看,我国人工酿酒的历史可追溯到仰韶文化时期,距今亦有约 7 000 年。

(二)酒曲的起源

用谷物酿酒时,谷物中所含的淀粉需经过两个阶段才能转化为酒:一是将淀粉分解成葡萄糖等可发酵性糖的糖化阶段,二是将葡萄糖转化成酒精的酒化阶段。我国酒曲兼有糖化和发酵的双重功能,其制造技术的发明大约在四五千年前,这是世界上最早的保存酿酒微生物及其所产酶系的技术。时至今日,含有各种活性霉菌、酵母菌和细菌等微生物细胞及其酿酒酶系的小曲、大曲及各种散曲仍作为主要的糖化发酵剂,广泛应用于我国白酒和黄酒行业。

酒曲古称曲蘖,其发展分为天然曲蘖和人工曲蘖两个阶段。

因受潮而发芽长霉的谷物为天然曲蘖。由于天然曲蘖遇水浸泡后会自然发酵生成味美醉人的酒,待贮藏的粮谷较多时,人们就必然会模拟造酒,并逐渐总结出制造曲蘖和酿酒的方法。在这个阶段,曲蘖是不分家的,酿酒过程中所需的糖化酶系既包括谷物发芽时所产生的酶,也包括霉菌生长时所形成的酶。

随着社会生产力的发展,酿酒技术得以不断进步。到了农耕时代的中、后期,曲蘖逐渐分为曲和蘖,前者的糖化酶系主要来自于霉菌的生长,而后者则主要来自于谷物的发芽。于是,我们的祖先把用蘖酿制的"酒"称为醴,把用曲酿制的酒称为酒。曲、蘖分家后的曲蘖制造技术为曲蘖发展的第二阶段。至于曲、蘖分家的具体时间,大约在奴隶社会的商周时期。

自秦代开始,用蘖造醴的方法被逐渐淘汰,而用曲制酒的技术有了很大的进步,曲的品种迅速增加,仅汉初扬雄在《方言》中就记载了近 10 种。最初人们用的是散曲,至于大、小曲出现的时间,目前尚无定论。其中小曲较早,一般认为是秦汉以前;而大曲较晚,大约在元代。

酒曲的发明,是我国劳动人民对世界的伟大贡献,被称之为除四大发明以外的第五大发明。19 世纪末,法国科学家研究了中国酒曲,从此改变了西方单纯利用麦芽糖化的历史。后来人们把这种用霉菌糖化的方法称为"淀粉霉法"(amylomycesprocess),又称"淀粉发酵法"(amyloprocess)。这种用霉菌糖化、用酵母菌发酵制酒的方法,奠定了酒精工业的基础,同时也给现代发酵工业和酶制剂工业的形成带来了深远的影响。

(三)白酒的起源

蒸馏白酒的出现是我国酿酒技术的一大进步。秦汉以后历代帝王为求长生不死之药,不断发展炼丹技术,经过长期的摸索,不死之药虽然没有炼成,却积累了不少物质分离、提炼的方法,创造了包括蒸馏器具在内的种种设备,从而为白酒的生产打下了基础。有不少欧美学者认为,中国是世界上第一个发明蒸馏技术和蒸馏酒的国家。

单就蒸馏技术而言,我国最迟应在公元 2 世纪以前便掌握了。那么白酒的出现应在何时呢?对于此问题,古今学者有不同的见解,有说始于元代,有说始于宋代、唐代和汉代,至今仍无定论。

总之,我国是世界上利用微生物制曲酿酒最早的国家,也是最早利用蒸馏技术创造蒸馏酒的国家,我国白酒的起源要比西方威士忌、白兰地等蒸馏酒的出现要早 1 000 年左右。

二、白酒的命名与分类

(一)白酒的命名

我国的白酒品种繁多,其名称多种多样。有的按产地命名,如茅台酒(产于贵州仁怀市茅台镇)、汾酒(产于山西汾阳县)、西凤酒(产于陕西凤翔县)、泸州老窖(产于四川泸州市)和洋河大曲(产于江苏泗阳县洋河镇)等;也有的按生产原料命名,如高粱酒、薯干酒和五粮液(用高粱、大米、糯米、小麦和玉米和五种粮食酿制而成)等;还有的按其他方法命名。

(二)白酒的分类

1.按用曲种类分类

(1)大曲酒　利用以小麦、大麦、豌豆等原料制成的砖形大曲为糖化发酵剂。进行平行复式发酵,发酵周期长达 15～120 d 或更长,贮酒期为 3 个月至 3 年。该类酒的质量较好,但淀粉出酒率低,成本高,产量约为全国白酒总产量的 20%,其中名优酒占 10% 以下。

(2)小曲酒　以大米等为原料制成球形或块状的小曲为糖化发酵剂,用曲量一般在 3% 以下。大多采用半固态发酵法。淀粉出酒率为 60%～80%。

(3)麸曲酒　以纯粹培养的曲霉菌及酵母制成的散麸曲(快曲)和酒母为糖化剂。发酵期为 3～9 d。淀粉出酒率高达 70% 以上。这类酒产量最大。

2.按香型分类

(1)酱香型　酱香柔润为其特点,又称茅香型白酒,以茅台酒为代表。采用超高温制曲、晾堂堆积、清蒸回酒等工艺,用石壁泥底窖发酵。

(2)浓香型　浓香甘爽为特点,又称泸香型白酒,以泸州特曲酒为代表。采用混蒸续渣等工艺,利用陈年老窖或人工老窖发酵。

(3)清香型　具有清香纯正的特点,又称汾香型白酒,以汾酒为代表。采用清蒸清渣等工艺及地缸发酵。

(4)米香型　以米香纯正等为其特点,又称蜜香型白酒,以广西桂林三花酒为代表。以大米为原料,小曲为糖化发酵剂。

(5)兼香型　采用上述香型白酒的某些工艺或其他特殊工艺,酿制成混合香型或特殊香型的白酒,如西凤酒、董酒、白沙液等。

3.按原料分类

(1)粮谷酒　如高粱酒、玉米酒、大米酒。粮谷酒的风味优于薯干酒,但淀粉出酒率低于薯干酒。

(2)薯干酒　鲜薯或薯干酒。这类酒的甲醇含量高于粮谷酒。

(3)代粮酒　指以含淀粉较多的野生植物和含糖、含淀粉较多的其他原料制成的酒。如甜菜、金刚头、木薯、高粱糖、粉渣、糖蜜酒等。

4.按酒度高低分类

(1)高度白酒　酒度为 41%～65%(V/V)。

(2)低度白酒　酒度一般为 40%(V/V)以下。

三、固态法白酒生产的特点

饮料酒生产如啤酒和葡萄酒等酿造酒,一般都是采用液态发酵,另外白兰地、威士忌等蒸馏酒也是采用液态发酵后,再经蒸馏而成。而我国白酒采用固态酒醅发酵和固态蒸馏传统操作,是世界上独特的酿酒工艺。固态法白酒生产特点有以下几点。

1. 低温双边发酵

采用较低的温度,让糖化作用和发酵作用同时进行,即采用边糖化边发酵工艺。生产上糖化和发酵处于同样的低温条件,可以防止发酵过程中的酸败;防止微生物所产生的酶的钝化;有利于酒香味的保存和甜味物质的增加。

2. 配醅蓄浆发酵

生产上常采用减少一部分酒糟,增加一部分新料,配醅蓄浆继续发酵,反复多次。一般新料:醅为1:(3~4.5)。生产上这样做的目的:①使得淀粉充分利用。因为一次发酵淀粉发酵不彻底,需反复发酵。②能调节酸度及淀粉的浓度。③增加微生物营养及风味物质。

3. 多菌种混合发酵

固态法白酒的生产,在整个生产过程中都是敞口操作,空气、水、工具、窖地等各种渠道都能把大量的多种多样的微生物带入到料醅中,它们将与曲中的有益微生物协同作用,产生出丰富的香味物质,因此固态发酵是多菌种混合发酵。

4. 固态蒸馏

固态法白酒的蒸馏是将发酵后的固态酒醅以手工方式装入传统的蒸馏设备——甑,进行蒸馏,蒸出的白酒产品质量较好,这是我国人民的一大创造。这种简单的固态蒸馏方式,不仅是浓缩分离酒精的过程,而且是香味的提取和重新组合的过程。

5. 界面复杂

白酒固态发酵时,窖内气相、液相、固相3种状态同时存在,这个条件有力地支配着微生物的繁殖与代谢,形成白酒特有的芳香。

【知识拓展】

世界蒸馏酒简介

世界蒸馏酒简介

任务一 浓香型白酒的生产

【知识前导】

大曲白酒是采用大曲作为糖化发酵剂,以含淀粉物质为原料,经固态发酵和蒸馏而成的一种饮料酒。包括浓香、清香、酱香、凤香、兼香和特型六大香型酒。由于白酒消费的民族性、地区性及习惯性,各种香型大曲酒的生产也具有明显的地域性。一般浓香型酒以四川省及华东地区为多;清香型酒以山西省及华北、东北、西北地区为主;酱香型酒主要在贵州省;凤香型酒以陕西省为主;兼香型酒产于湖北省、黑龙江省;特香型酒产于江西省。

大曲白酒酿造分为清渣和续渣两种方法,清香型大多采用清渣法,而浓香型和酱香型则采用续渣法生产。根据原料蒸煮和酒醅蒸馏时配料不同,又可以分为清蒸清渣、清蒸续渣、混蒸续渣等工艺。清蒸清渣的特点突出在"清"字,一清到底。操作上做到渣子清、醅子清,渣子和醅子要严格分开,不能混杂。工艺上采用原料、辅料清蒸,清渣发酵,清渣蒸馏。清蒸续渣是原料的蒸煮和酒醅的蒸馏分开进行,然后混合进行发酵。混蒸续渣是将发酵成熟的酒醅与粉碎的新料按比例混合,然后在甑桶内同时进行蒸粮蒸酒,这一操作又称为"混蒸混烧"。出甑后,经冷却、加曲、混渣发酵,如此反复进行。

一、浓香型白酒生产的原料

(一)浓香型白酒生产的原料

生产浓香型白酒是以优质高粱为原料,各地用的高粱品种不同,但对高粱总的要求是成熟饱满,干净,淀粉含量高。以小麦、大麦、豌豆等原料制成的砖形大曲为糖化发酵剂,根据制曲过程中控制曲坯最高温度的不同,可将大曲分为高温大曲、偏高温大曲和中温大曲三大类。

(1)高温大曲 制曲最高品温达60℃以上。高温大曲主要用于生产酱香型大曲酒,如茅台酒(60~65℃),长沙的白沙液大曲酒(62~64℃)。

(2)偏高温大曲 制曲最高品温50~60℃。浓香型大曲酒以往大多采用中温或偏低的制曲温度,但从20世纪60年代中期开始,逐步采用偏高温制曲,将制曲最高品温提高到55~60℃,以便增强大曲和曲酒的香味,如五粮液(58~60℃)、洋河大曲(50~60℃)、泸州老窖(55~60℃)和全兴大曲(60℃);少数浓香型曲酒厂仍采用中温制曲,如古井贡酒(47~50℃)。

(3)中温大曲 制曲最高品温50℃以下。中温大曲主要用于生产清香型大曲酒,如汾酒(45~48℃)。

(二)偏高温大曲生产工艺

1. 工艺流程

配料 → 粉碎 → 拌料 → 踏曲 → 入房培养 → 前发酵(3~4 d) → 放门排潮 → 潮火阶段(5~8 d)

→干火阶段(8~10 d) → 后火阶段(8~10 d) → 成品曲出房 → 贮存(2~3个月) → 陈曲

(配料与粉碎之间上方标注:水 ↓)

2.操作要点

(1)配料　以小麦、大麦、豌豆为原料,其配比为 7:2:1 或 6:3:1,也有用 5:4:1,根据具体作适当调整,这种配料比例既保证曲坯黏结适度,营养丰富,又能增强曲香味。

(2)粉碎拌料　原料经破碎,通过 40 目筛的细粉占 50% 左右,保证曲坯具有一定的黏性。粉料再添加 40%～43% 的水搅拌均匀。

(3)成型排列　曲料拌匀后送入曲模踩或压成砖块状,略干后送入曲房排列。曲房应具备保温、保湿、通风排潮条件,每平方米面积约可容纳 150 kg 原料的曲块。地坪上铺 3～5 cm 的稻壳,上面铺芦席。曲坯侧立放置,曲块间距 5～10 mm,俗称"似靠非靠",先排两层曲坯,在其上面及四周盖上潮湿的稻草或麻袋,封闭门窗,保温培菌。

(4)前酵阶段　在适宜的温、湿度下,微生物很快繁殖起来。第 1 天曲块表面开始出现白色斑点和菌丝体;2～3 d 后,白色菌丝体已布满 80%～90% 的曲块表面,此时品温上升很快,可达 50℃ 以上。完成此阶段夏季需 3～4 d,冬季需 4～5 d,曲坯此时应显棕色,表皮有白斑和菌丝,断面呈棕黄色,发酵透,无生面,略带酸味。当温度达到 55℃ 时,可放门降温排潮,将上下层曲块倒翻一次,把原来两层加高成三层,并适当加大曲块间距,除去湿草换上干草。目的是降低发酵温度,排除部分水气,换取新鲜空气,控制微生物生长速度。

及时放门翻曲是制好大曲的重要环节,翻曲太早,曲块发酵不透,翻曲太迟,曲块温度太高,挂衣太厚,曲皮起皱,内部水分难以排出,后期微生物生长不易控制。要注意品温不能下降太多,一般要求在 27～30℃ 以上,否则影响后阶段的潮火发酵,水分排除也不应过早,否则曲块外皮干硬,影响中后期的培养。

(5)潮火阶段　放门换草后 5～7 d,此阶段温度可控制在 30～55℃ 之间,视温度情况,每天或隔天翻曲一次,翻曲时要使曲块底朝上,里调外,并由 3 层改为 4 层。此时,水分挥发以每天每块失重 100 g 左右为宜。由于微生物大量繁殖,呼吸代谢极为强烈,曲房空气相当潮湿,微生物由表皮向内部生长。

(6)干火阶段　入房 12 d 左右开始进入干火阶段。此阶段一般维持 8～10 d,品温控制在 35～50℃ 之间。由于微生物在曲块内部生长,曲块外部水分大部分已散失,很容易发生烧曲现象,故特别要注意品温的变化情况,每天或隔天翻曲一次,曲层加高至 4～5 层,还应采用开闭门窗来调节曲室温度。

(7)后火阶段　干火过后,品温逐渐下降,此时须将曲块间距缩小,进行拢火,使曲块温度再次回升,让它内部的水分继续散发,最后含水量达 15% 以下。若后期温度控制过低,曲块内部水分散发不出来,会发生中心泡水,形成黑圈或生心现象。后火阶段一般控制温度在 15～30℃ 之间,隔 1 d 或 2 d 翻曲一次。要注意保温,使曲温缓慢下降到常温,让曲心部分的余水充分散发。

(8)贮存　成品曲出房后,在阴凉通风处贮存 3 个月左右,成为陈曲后再使用。

(9)成品曲质量　大曲质量主要以感官检测为主,要求表面多带白色斑点和菌丝,断面茬口整齐,菌丝生长良好均匀,呈灰白色或淡黄色,无生心,霉心现象,曲香味要浓。

二、浓香型白酒的生产工艺

(一)常用概念

蒸:在白酒生产中一般是将原料蒸煮称为"蒸"。

烧：将酒醅的蒸馏称为"烧"。

渣：粉碎的生原料一般称为"渣"。

酒醅：经固态发酵后，含有一定量酒精度的固体醅子。

大曲白酒酿造分为清渣和续渣两种方法，清香型大多采用清渣法，而浓香型和酱香型则采用续渣法生产。根据原料蒸煮和酒醅蒸馏时配料不同，又可以分为清蒸清渣、清蒸续渣、混蒸续渣等工艺。

混蒸续渣：将发酵成熟的酒醅，与粉碎的新料按比例混合，然后在甑桶内同时进行蒸粮蒸酒，这一操作又称为"混蒸混烧"。出甑后，经冷却、加曲，混渣发酵，如此反复进行。

清蒸清渣：它的特点突出在"清"字，一清到底。操作上做到渣子清，醅子清，渣子和醅子要严格分开，不能混杂。工艺上采用原料、辅料清蒸，清渣发酵，清渣蒸馏。

清蒸续渣：原料的蒸煮和酒醅的蒸馏分开进行，然后混合进行发酵。

(二)浓香型大曲酒的基本特点

浓香型大曲酒，因以泸州老窖为典型代表，故又名泸型酒。整个浓香型大曲酒的酒体特征体现为窖香浓郁，绵软甘洌，香味协调，尾净余长。

浓香型大曲酒酿造工艺的基本特点为：以高粱为制酒原料，以优质小麦、大麦和豌豆等为制曲原料制得中、高温曲，泥窖固态发酵，续糟（或渣）配料，混蒸混烧，量质摘酒，原酒贮存，精心勾兑。其中最能体现浓香型大曲酒酿造工艺独特之处的是"泥窖固态发酵，续糟（或渣）配料，混蒸混烧"。

所谓"泥窖"，即用泥料制作而成的窖池。就其在浓香型大曲酒生产中所起的作用而言，除了作为蓄积酒醅进行发酵的容器外，泥窖还与浓香型大曲酒中各种呈香呈味物质的生成密切相关。因而泥窖固态发酵是浓香型大曲酒酿造工艺特点之一。

不同香型大曲酒在生产中采用的配料方法不尽相同，浓香型大曲酒生产工艺中则采用续糟配料。所谓续糟配料，就是在原出窖糟醅中，投入一定数量的新酿酒原料和一定数量的填充辅料，拌和均匀进行蒸煮。每轮发酵结束，均如此操作。这样，一个发酵池内的发酵糟醅，既添入一部分新料、排出部分旧料，又使得一部分旧糟醅得以循环使用，形成浓香型大曲酒特有的"万年糟"。这样的配料方法（续糟配料），是浓香型大曲酒酿造工艺特点之二。

所谓混蒸混烧，是指在要进行蒸馏取酒的糟醅中按比例加入原料、辅料，通过人工操作将物料装入甑桶，先缓火蒸馏取酒，后加大火力进一步糊化原料。在同一蒸馏甑桶内，采取先以取酒为主，后以蒸粮为主的工艺方法，这是浓香型大曲酒酿造工艺特点之三。

在浓香型大曲酒生产过程中，还必须重视"匀、透、适、稳、准、细、净、低"的八字诀。

匀，指在操作上，拌和糟醅，物料上甑，泼打量水，摊晾下曲，入窖温度等均要做到均匀一致。

透，指在润粮过程中，原料高粱要充分吸水润透；高粱在蒸煮糊化过程中要熟透。

适，则指糠壳用量、水分、酸度、淀粉浓度、大曲加量等入窖条件，都要做到适宜于与酿酒有关的各种微生物的正常繁殖生长，这才有利于糖化、发酵。

稳，指入窖、转排配料要稳当，切忌大起大落。

准，原料、辅料、水分、大曲等用量要准确。

细，凡各种酿酒操作及设备使用等，一定要细致而不粗心。

净,指酿酒生产场地、各种工用器具、设备乃至于糟醅、原料大曲、生产用水都要清洁干净。低,则指填充辅料、量水尽量低限使用;辅料、入窖糟醅,尽量做到低温入窖,缓慢发酵。

(三)浓香型大曲酒的基本生产工艺类型

1.原窖法工艺

原窖法工艺,又称为原窖分层堆糟法。采用该工艺类型生产浓香型大曲酒的厂家,有泸州老窖、全兴大曲等。

原窖就是指本窖的发酵糟醅经过加原料、辅料后,再经蒸煮糊化、打量水、摊晾、下曲后仍然放回到原来的窖池内密封发酵。分层堆糟是指窖内发酵完毕的糟醅在出窖时须按面糟、母糟两层分开出窖。面糟出窖时单独堆放,蒸酒后作扔糟处理。面糟下面的母糟在出窖时按由上而下的次序逐层从窖内取出,一层压一层地堆放在堆糟坝上,即上层母糟铺在下面,下层母糟覆盖在上面,配料蒸馏时,每甑母糟的取法像切豆腐块一样,一方一方地挖出母糟,然后拌料蒸酒蒸粮,待撒曲后仍投回原窖池进行发酵。由于拌入粮粉和糠壳,每窖最后多出来的母糟不再投粮,蒸酒后得红糟,红糟下曲后覆盖在已入原窖的母糟上面,成为面糟。

原窖法的工艺特点:面糟、母糟分开堆放,母糟分层出窖、层压层堆放,配料时各层母糟混合使用,下曲后糟醅回原窖发酵,入窖后全窖母糟风格一致。

原窖法工艺是在老窖生产的基础上发展起来的,它强调窖池的等级质量,强调保持本窖母糟风格,避免不同窖池,特别是新老窖池母糟的相互串换,所以俗称"千年老窖万年糟"。在每排生产中,同一窖池的母糟上下层混合拌料,蒸馏入窖,使全窖的母糟风格保持一致,全窖的酒质保持一致。

2.跑窖法工艺

跑窖法工艺又称跑窖分层蒸馏法工艺。使用该工艺类型生产的,以四川宜宾五粮液最为著名。

所谓"跑窖",就是在生产时先有一个空着的窖池,然后把另一个窖内已经发酵完成后的糟醅取出,通过加原料、辅料、蒸馏取酒、糊化、打量水、摊晾冷却、下曲粉后装入预先准备好的空窖池中,而不再将发酵糟醅装回原窖。全部发酵糟蒸馏完毕后,这个窖池就成了一个空窖,而原来的空窖则盛满了入窖糟醅,再密封发酵。依此类推的方法称为跑窖法。

跑窖不用分层堆糟,窖内的发酵糟醅可逐甑逐甑地取出进行蒸馏,而不像原窖法那样不同层的母糟混合蒸馏,故称之为分层蒸馏。

跑窖法工艺的特点:一个窖的糟醅在下一轮发酵时装入另一个窖池(空窖),不取出发酵糟进行分层堆糟,而是逐甑取出分层蒸馏。

跑窖法工艺中往往是窖上层的发酵糟醅通过蒸煮后,变成窖下层的粮糟或者红糟,有利于调整酸度,提高酒质。分层蒸馏有利于量质摘酒、分级并坛等提高酒质的措施的实施。跑窖法工艺无须堆糟,劳动强度小,酒精挥发损失小,但不利于培养糟醅,故不适合发酵周期较短的窖池。

3.混烧老五甑法工艺

所谓混烧老五甑法工艺,混烧是指原料与出窖的香醅在同一个甑桶同时蒸馏和蒸煮糊化,老五甑操作法就是每次出窖蒸酒时,将每个窖的酒醅拌入新投的原料,分成五甑蒸馏,蒸后其中四甑料重新入窖内发酵,另一甑料作为废糟扔出,这种操作概括为"蒸五下四"。入窖发酵的四甑料,按加入新料的多少,分别被称为大渣、二渣、小渣,配入新料多的称大渣,一般大渣、二渣所配的新料分别占新投原料总量的 40% 左右,剩下的 20% 左右原料拌入小渣,具体比例可根据需要调整。不加新料只加曲的称作回糟,回糟发酵蒸馏后即变成丢糟。老五甑操作时,每个窖内总有大渣、二渣、小渣和回糟四甑酒醅存在,它们在窖内的排列顺序,各地不同,根据工艺来定。

新建的窖池第一次投产发酵,称作立渣。立渣时,逐步添加新料,扩大酒醅数量,最后达到每个窖内持有四甑酒醅,这时称作圆排。圆排后转入正常的五甑循环操作。一般立渣要经过四排操作才完成。第一排,根据甑桶容积和窖的大小,决定每次投料的数量,然后加入原料量 30%～40% 的填充料,配入来自其他老窖池的酒醅或酒糟 2～3 倍,拌匀蒸料,打量水,晾后下曲入窖发酵,立出 2 甑料。第二排时,将首排发酵完毕的 2 甑酒醅做成 3 甑,取部分首排发酵的酒醅加入占总粮粉量 20% 左右的新料,蒸酒蒸粮后加入曲粉入窖发酵,得 1 甑小渣;剩余的酒醅均分为 2,各加入 40% 左右新料,蒸酒蒸粮后加入曲粉入窖发酵得 2 甑大渣。第三排时,共做 4 甑,将第二排得到的 1 甑小渣不加新原料,蒸馏后直接入窖发酵成为回糟,将第二排得到的 2 甑大渣按照第二排中的操作方法重新配成 2 甑大渣和 1 甑小渣,分层入窖发酵。第四排,在老五甑法中,此排称圆排,将第三排得到的回糟蒸酒后作丢糟处理,将第三排得到 1 甑小渣和 2 甑大渣按第三排的方法配成 1 甑回糟,1 甑小渣和 2 甑大渣,经过蒸馏后,加曲入窖发酵,这样从第四排起就圆排了,以后的操作即转入正常的五甑循环操作。

老五甑工艺特点:老五甑工艺具有“养糟挤回”的特点。窖池体积小,糟醅与窖泥的接触面积大,有利于培养糟醅,提高酒质,此谓“养糟”;淀粉浓度从大渣、小渣到回糟逐渐变稀,残余淀粉被充分利用,出酒率高,又谓“挤回”。此外,老五甑工艺还有一个明显的特点,即不打黄水坑,不滴窖。

老五甑操作法的优点:①原料经过多次发酵(一般三次以上),原料中淀粉得到充分的利用,出酒率较高;②在多次发酵过程中,有利于积累香味物质,特别容易形成己酸乙酯为主的窖底香,有利于浓香型大曲酒的生产;③如采用混蒸混烧,热能利用率高,成本低;④老五甑操作法的适用范围广,高粱、玉米、薯干类含淀粉 45% 以上的原料均可使用。

(四)泸州大曲酒生产工艺

浓香型大曲酒之所以又称为泸型酒,是因为泸州大曲酒具有浓香型大曲酒生产工艺的代表性。泸州大曲酒产于四川省泸州市泸州酒厂。该酒以高温小麦曲为糖化发酵剂,以当地产的糯高粱为原料,以稻壳为辅料。采用熟糠拌料、低温发酵、回酒发酵、双轮底发酵、续渣混蒸等工艺(图 3-1)。

1. 原辅料质量要求及处理

高粱以糯高粱为好,要求成熟饱满,干净,淀粉含量高;麦曲要求曲块质硬、内部干燥、有浓郁曲香味,曲断面整齐,边皮薄,内呈灰白色,有较强液化力、糖化力和发酵力;稻壳要新鲜干燥,金黄色,无霉变、无异味。

高粱原料须先粉碎,目的是增加原料的表面积,利于淀粉颗粒的吸水膨胀、蒸煮糊化和与微生物的接触面积,为糖化发酵创造条件。粉碎程度以通过 20 目筛孔的占 70% 左右为宜。粉碎度不够,则蒸煮糊化不够,曲子作用不彻底,造成出酒率低;粉碎过细,蒸煮时易压气,酒醅

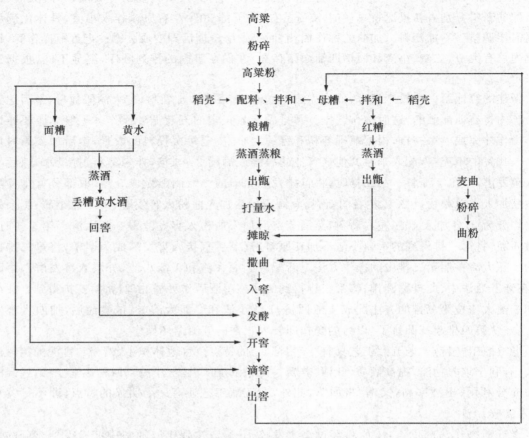

图 3-1　泸州大曲酒生产工艺流程

发腻,会加大糠壳用量,影响成品酒的风味质量。加之大曲酒采用续糟配料,糟醅经多次发酵,因此高粱也无须粉碎较细。

　　大曲在使用生产前要经过粉碎。曲粉的粉碎程度以未通过 20 目筛孔的占 70%为宜。如果粉碎过细,会造成糖化发酵速度过快,发酵没有后劲;若过粗,接触面积小,糖化速度慢,影响出酒率。

　　新鲜稻壳用作填充剂和疏松剂,要求预先将稻壳清蒸 20~30 min,直到蒸汽中无怪味为止,然后出甑晾干备用。

　　2.开窖起糟

　　开窖起糟时要按照剥窖皮、起面糟、起上层母糟、滴窖、起下层母糟的顺序进行。操作时要注意搞好各步骤之间、各种糟醅之间的卫生清洁工作,避免交叉污染。起糟时要注意不触伤窖池,不使窖壁、窖底的老窖泥脱落。

　　出窖起糟到一定深度,就会出现黄水,应停止出窖,收集黄水。在起窖时留出窖下部的粮糟进行"滴窖降水""滴窖降酸"操作,滴窖的目的是防止母糟酸度过高,酒醅含水太多,造成稻壳用量过大影响酒质,滴窖时要注意滴窖时间,以 10 h 左右为宜,时间过长或过短,均会影响母糟含水量。

　　在滴窖期间,要对该窖的母糟、黄水进行技术鉴定,以确定本排配料方案及采取的措施。

3. 配料与润粮

浓香型大曲酒的配料,采用的是续糟配料法。即在发酵好的糟醅中投入原料、辅料进行混合蒸煮,出甑后,摊晾下曲,入窖发酵。因是连续循环使用,故工艺上称之为续糟配料。续糟配料可以调节糟醅酸度,既利于淀粉的糊化和糖化,适合发酵所需,又可抑制杂菌生长,促进酸的正常循环。续糟配料还可以调节入窖粮糟的淀粉含量,使酵母菌在一定的酒精浓度和适宜的温度条件下生长繁殖。

配料时做到"稳、准、细、净"。每甑投入原料的多少,视甑桶的容积而定。比较科学的粮糟比例一般是 1:(3.5～5),以 1:4.5 左右为宜。辅料的用量,应根据原料的多少来定。正常的辅料糠壳用量为原料淀粉量的 18%～24%。量水的用量,也是以原料量来定。正常的量水用量为原料量的 80%～100%。这样可保证糟醅含水量在 53%～55% 之间,才能使糟醅正常发酵。

在蒸酒蒸粮前 50～60 min,要将一定数量的发酵糟醅和原料高粱粉按比例充分拌和,盖上熟糠,堆积润粮。润粮是使淀粉能够充分吸收糟醅中的水分,以利于淀粉糊化。在上甑前 10～15 min 进行第 2 次拌和,将稻壳拌匀,收堆,准备上甑。配料时,切忌粮粉与稻壳同时混入,以免粮粉装入稻壳内,拌和不匀,不易糊化。拌和时要低翻快拌,以减少酒精挥发。

除拌和粮糟外,还要拌和红糟(下排是丢糟)。红糟不加原料,在上甑 10 min 前加糠壳拌匀。加入的糠壳量依据红糟的水分大小来决定。

4. 蒸酒蒸粮

白酒蒸馏的设备——甑是一种不同于世界上其他酒蒸馏器的独特蒸馏设备,是根据固态发酵酒醅这一特性而设计发明的,自白酒问世以来,千百年来一直沿用至今。

甑桶蒸馏可以认为是一个特殊的填料塔。含有 60% 水分及酒精和数量众多的微量香味成分的固态发酵酒醅,通过人工装甑逐渐形成甑内的填料层。在蒸汽不断加热下,使甑内酒醅温度不断升高,下层醅料的可挥发性组分浓度逐层不断变小,上层醅料的可挥发性组分浓度逐层变浓,使含于酒醅中的酒精及香味成分经过汽化、冷凝、汽化,而达到多组分浓缩、提取的目的。少量难挥发组分也同时带出蒸入酒中。

装甑技术,醅料松散程度,蒸汽量大小及均衡供汽,量质摘酒等蒸馏条件是影响蒸馏得率及质量的关键因素。人们在长期生产实践中总结了装甑操作的技术要点——装甑六字诀,"松、轻、准、薄、匀、平"。即醅料要疏松,装甑动作要轻巧,撒料要准确,醅料每次撒得要薄层、均匀,甑内酒气上升要均匀,酒醅料层由下而上在甑内要保持平面。

(1)蒸面糟　先将底锅洗净,加够底锅水,并倒入黄浆水,然后按上甑操作要点装甑,装甑时间控制在 35～40 min,边装甑,边进汽,要求轻撒薄铺,见汽撒料,上甑均匀。满甑时,四周醅层略高于中间,防止闪边漏汽。蒸得的"黄水丢糟酒",稀释到 20%(V/V) 左右,泼回窖内重新发酵,达到以酒养窖、促进酯化增香的目的。

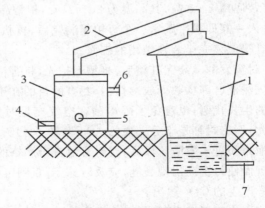

图 3-2　甑桶及冷凝器的连接装置图
1.甑桶　2.过气管　3.冷凝器　4.冷水进口　5.流酒出口
6.热水出口　7.加热蒸汽管

(2)蒸粮糟 蒸丢糟黄浆水后的底锅要彻底洗净,然后加水,换上专门的蒸粮糟的蒸箅,上甑蒸酒。要求均匀进汽,缓火蒸馏,低温流酒。一般要求蒸酒温度25℃左右(不超过30℃),流酒时间(从流酒到摘酒)为15～20 min。流酒温度过低,会让乙醛等低沸点杂质过多的物质进入酒内;流酒温度过高,会增加酒精和香气成分的挥发损失。开始流酒时,截去酒头约0.5 kg,然后量质摘酒,先后流出的各种质量的酒分开接取、分质贮存。断花时应截取酒尾,酒尾要用专门容器盛接。待酒花满面时则断尾,时间30～35 min,断尾(蒸酒结束)后,应加大火力蒸粮,以达到促进淀粉糊化和降低酸度的目的。蒸酒蒸粮时间,从流酒到出甑为60～70 min。对蒸粮的要求是达到"熟而不黏,内无生心",也就是既要蒸熟蒸透,又不起疙瘩。

(3)蒸红糟 由于每次要加入粮粉、曲粉和稻壳等新料,所以每窖都要增长25%～30%的甑口,增长的甑口,全部作为红糟。红糟不加粮,蒸馏后不打量水,作封窖的面糟。

5.入窖发酵

(1)打量水 粮糟出甑后,堆在甑边,立即打入85℃以上的热水。出甑粮糟虽在蒸粮过程中吸收了一定的水分,但尚不能达到入窖最适宜的水分要求,因此必须进行打量水操作,以增加其水分含量,有利于正常发酵。量水的温度要求不低于80℃,才能使水中杂菌钝化,同时促进淀粉细胞粒迅速吸收水分,使其进一步糊化。所以,量水温度越高越好。量水温度过低,泼入粮糟后将大部分浮于糟的表面,吸收不到粉粒的内部,入窖后水分很快沉于窖底,造成上层糟醅干燥,下层糟醅水分过大的现象。

(2)摊晾撒曲 摊晾也称扬冷,是使出甑的粮糟迅速均匀地降温至入窖温度,并尽可能地促使糟子的挥发酸和表面水分挥发。但是不能摊晾太久,以免感染更多杂菌,一般夏季40～60 min,冬季20 min。摊晾操作,传统上是在晾堂上进行,后逐步为晾糟机等机械设备代替,使得摊晾时间有所缩短。对于晾糟机的操作,要求撒铺均匀,甩撒无疙瘩,厚薄均匀。

晾凉后的粮糟即可撒曲。每100 kg粮粉下曲18～22 kg,每甑红糟下曲6～7.5 kg,要根据季节调整用曲量,夏季少,冬季多。用曲太少,造成发酵困难;而用曲过多,糖化发酵加快,升温太猛,容易生酸,易杂菌污染,使酒的口味变粗带苦。

撒曲温度要略高于窖温,冬季高出3～6℃,其他季节与窖温相同或高1℃。

(3)入窖发酵 摊晾撒曲完毕后即可入窖。在糟醅达到入窖温度时,将其运入窖内。入窖时,每窖装底糟2～3甑,其品温为20～21℃,粮糟品温为18～19℃;红糟的品温比粮糟高5～8℃。每入一甑即扒平踩紧。全窖粮糟装完后,再扒平,踩窖。要求粮糟平地面,不铺出坝外,踩好。红糟应该完全装在粮糟的表面。

(4)封窖发酵 装完红糟后,将糟面拍光,将窖池周围清扫干净,随后用窖皮泥(优质黄泥与老窖皮泥混合踩揉熟而成)封窖。封窖的目的在于杜绝空气和杂菌侵入,同时抑制窖内好气性细菌的生长代谢,也避免了酵母菌在空气充足时大量消耗可发酵性糖,影响正常的酒精发酵。因此,严密封窖是十分必要的。

窖池封闭进入发酵阶段后,要对窖池进行严格的发酵管理工作。每天都要清窖,因为发酵酒醅下沉而使封窖泥出现裂缝,应及时抹严,直到定型不裂为止,还要在窖顶中央应留一吹口,利于发酵产生的CO_2逸出。

大曲酒生产历来强调"低温入窖"和"定温发酵",发酵阶段要求其温度变化呈有规律性进行,即前缓、中挺、后缓落。发酵前期,由于入窖温度低,糖化较慢,酵母发酵缓慢,母糟升温缓,即前缓;封窖后3～4 d,发酵温度达到最高峰,说明酒醅已进入旺盛的酒精发酵,一般能维持

5~8 d,要求在 30~33℃时间长些,所谓中挺,是发酵彻底。高温持续一周左右,会稍微下降,在 27~28℃。封窖后 20 d 之内,旺盛的酒精发酵基本结束,此后窖温缓慢下降,直至出窖为止,称后缓落,最后品温降至 25~26℃或更低。

6.贮存与勾兑

刚蒸馏出来的酒只能算半成品,具有辛辣味和冲味,必须经过一定时间的贮存,在生产工艺上称此为白酒的"老熟"或"陈酿"。名酒规定贮存期一般为 3 年,一般大曲酒也应贮存半年以上。成品酒在出厂前还须经过精心勾兑。

【知识拓展】

一、其他浓香型大曲酒生产工艺简介

其他浓香型大曲酒生产工艺简介

二、提高浓香型大曲酒质量的工艺改革和技术措施

提高浓香型大曲酒质量的工艺改革和技术措施

任务二　清香型白酒生产

【知识前导】

清香型白酒,以其清雅纯正而得名,又因该香型的代表产品为汾酒而称为汾型酒。汾酒产于山西省汾阳县杏花村,距今已有 1 400 余年的生产历史。汾酒在 1916 年巴拿马万国博览会上曾荣获一等优胜金质奖章,1952 年在全国第一届全国评酒会上荣获国家名酒称号。随后,武汉市特制黄鹤楼酒和河南宝丰大曲酒相继获得国家金质奖。该香型酒在我国北方地区较为流行。

一、清香型白酒生产的原料

(一)清香型白酒生产的原料

生产清香型白酒所用的原料是高粱和大曲。汾酒使用晋中平原的"一把抓"高粱,要求籽

粒饱满,皮薄壳少。壳过多,造成酒质苦涩,应进行清选。新收获的高粱要贮存 3 个月以上才能用于酿酒。所用大曲为中温大曲,有清茬、后火和红心三种。

(二)中温大曲生产工艺

1. 工艺流程

　　配料 → 粉碎 → 加水拌料 → 踏曲（或机械制曲）→ 曲坯 → 入房排列 → 长霉阶段 → 晾霉阶段 →起潮火阶段 → 起干火阶段 → 挤后火阶段（养曲）→ 出房 → 贮存 → 成曲

2. 操作要点

(1)原料粉碎　采用大麦和豌豆,其比例为 6∶4 或 7∶3。视季节不同,适当变化。粉碎后,要求通过 20 目孔筛的细粉粉碎,与通不过孔筛的粗粉之比,夏季为 30∶70,冬季为 20∶80。

(2)踩曲　将粗细粉料与一定量水拌和,一般每 100 kg 原料用水 50～55 kg。夏季用凉水(14～16℃),春秋季用 25～30℃的温水,冬季用 30～35℃的温水。使用踩曲机将曲料压制成砖形,要求曲砖含水量为 36%～38%,每块曲砖质量为 3.3～3.5 kg。

(3)入室排列　又称卧曲,曲坯入房后,以干谷糠铺地,上下三层,以苇秆相隔,排列成“品”字形。曲间距 3～4 cm,一行接一行,无行间距。

(4)长霉　曲坯入房后,冬季将曲室温度调至 12～15℃,春秋两季调至 15～18℃,夏季尽量保持此温度,待曲砖稍干后,6～8 h,用喷壶少洒一点冷水,用苇席将曲砖遮盖起来。夏季为防止水分蒸发过快,可在遮盖物上洒些水,令其徐徐升温,缓慢起火。大约经过 1 d 时间,在曲砖表面出现白色霉菌菌丝斑点,即开始“生衣”。夏季大约 36 h,冬季则需 72 h,品温可达到 38～39℃,此时,曲砖表面可看到根霉菌丝,拟内孢霉的粉状霉点和酵母的针点状菌落。如果曲砖表面霉菌尚未长好,可揭开部分遮盖物散热,同时调整湿度,延长培养时间,让霉菌充分生长。

(5)晾霉　当品温达到 38～39℃时,即打开曲室门窗,以排除湿气和降温,但不允许空气对流,防止曲砖因水分蒸发过快而发生干裂。接着,揭去上层遮盖物,并将侧立的砖块放倒,再拉开曲砖间距,通过这一系列措施来降低曲砖水分和温度,保证曲砖表面菌丛不致过厚。菌丛厚薄与晾霉时间掌握得是否恰当有很大关系。晾霉太迟,菌丛就长得厚,结果造成曲砖内部水分不易挥发;晾霉过早,结果曲砖内部的微生物繁殖不充分,造成曲砖硬结。

晾霉期一般为 2～3 d,每天翻曲 1 次。第 1 次翻曲后,曲砖层由 3 层增加到 4 层,第 2 次翻曲后增加到 5 层,这样做的目的是为了保温,让表面微生物往曲砖内生长。

(6)起潮火　晾霉完毕,曲砖表面干燥,不粘手时,即关闭曲室门窗,任微生物生长繁殖。待品温升到 36～38℃时进行翻曲,翻曲时抽去苇秆,曲砖层由 5 层增加到 6 层,曲砖排列形状由“品”字形改成“人”字形。以后每 1～2 d 翻曲 1 次,曲室门窗两启两关,经过 4～5 d 后,品温可达 45～46℃,此后进入大火阶段。

(7)大火阶段　通过开启门窗大小来调节品温,使 7～8 d 时间内品温维持在 44～46℃。在此阶段,必须每天翻曲 1 次。

(8)后火阶段　大火阶段过后,曲坯逐渐干燥,品温逐渐下降至 32℃左右,直至曲块不热为止,进入后火期,维持 3～5 d,曲心水分会继续蒸发干燥。

整个培菌阶段,翻动曲块时,要按照“曲热则宽,曲冷则近”的原则,灵活掌握曲间距离。

(9)养曲　后火阶段过后,曲砖自身已不再发出热量,为了让曲砖内部剩余水分蒸发完,需用外热将品温维持在32℃一段时间,将曲心内水分蒸干,即可出房。从曲坯入房到出房需要1个月左右的时间。

(10)贮存 将曲砖搬出曲室贮存,曲砖间距离保持1 cm。

3. 汾酒三种中温大曲的特点

酿制清香型白酒需要清茬、后火和红心三种中温大曲,并按一定比例混合使用。这三种大曲的制曲工艺各阶段完全相同,只是品温控制不同。

(1)清茬曲 热曲最高温度为44～46℃,晾曲降温极限为28～30℃,属于小火大晾。曲的外观要求为断面茬口青灰色或灰黄色,无其他颜色掺杂在内,气味清香。

(2)后火曲 由起潮火到大火阶段,最高曲温达47～48℃,维持5～7 d,晾曲降温极限为34～38℃,属于大热中晾。曲的外观要求为断面呈灰黄色,有单耳和双耳,红心呈五花茬口,具有曲香或炒豌豆香。

(3)红心曲 在培养上采用边晾霉边关窗起潮火,无明显的晾霉阶段,升温较快,很快升到38℃,靠调节窗户大小来控制曲坯温度。由起潮火到大火阶段,最高曲温达45～47℃,晾曲降温极限为34～38℃,属于中热小晾。曲的外观要求为断面中间呈一道红,点心的高粱糁红色,无异圈、杂色,具有曲香味。

二、清香型白酒的生产工艺

(一)清香型白酒工艺特点

清香型大曲酒的风味质量特点为清香纯正,余味爽净。主体香气成分为乙酸乙酯和乳酸乙酯,在成品酒中所占比例以55％∶45％为宜。酿酒工艺特点为"清蒸清渣、地缸发酵、清蒸二次清"。即经处理除杂后的原料高粱,粉碎后一次性投料,单独进行蒸煮,然后在埋于地下的陶缸中发酵,发酵成熟酒醅蒸酒后再加曲发酵、蒸馏一次后,成为扔糟。

(二)汾酒生产工艺

清香型大曲酒生产工艺流程如图3-3所示。

1. 高粱和大曲的粉碎

原料高粱要求籽实饱满、皮薄、壳少,无霉变、虫蛀。高粱经过清选、除杂后,进入辊式粉碎机粉碎,粉碎后一般要求每颗高粱破碎成4～8瓣即可,其中能通过1.2 mm筛孔的细粉占25％～35％,整粒高粱不得超过0.3％。冬季稍细,夏季稍粗。

所有的大曲有三种清茬、后火和红心,按一定比例混合使用,一般清茬、红心各占30％,后火占40％。大曲的粉碎度应适当粗些,大渣发酵用曲的粉碎度,大者如豌豆,小者如绿豆,能通过1.2 mm筛孔得细粉占70％～75％。大曲的粉碎度和发酵升温速度有关,粗细适宜有利于低温缓慢发酵,对酒质和出酒率都有好处。

2. 润糁

粉碎后的高粱称为红糁,在蒸煮前要用热水浸润,以使高粱吸收部分水分,有利于糊化。将红糁运至打扫干净的车间场地,堆成凹形,加入一定量的温水翻拌均匀,堆积成堆,上盖芦席或麻袋。目前已采取提高水温的高温润糁操作。用水温度夏季为75～80℃,冬季为80～90℃。加水量为原料量的55％～62％,堆积18～20 h,冬季堆积升温能升至42～45℃,夏季为

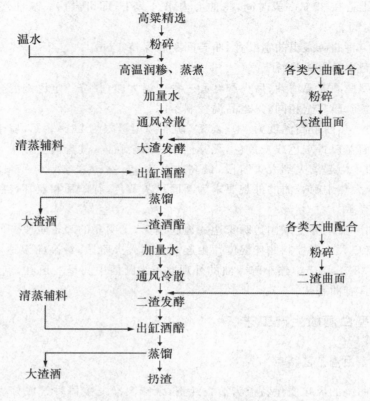

图 3-3　清香型大曲酒生产工艺流程

47～52℃。中间翻堆 2～3 次。若发现糁皮过干,可补加原料量 2％～3％的水。高温润糁有利于水分吸收、渗入淀粉颗粒内部。在堆积过程中,有某些微生物进行繁殖,故掌握好适当的润糁操作,则能增进成品酒的醇甜感。但是若操作不严格,有时因水温不高,水质不净,产生淋浆,场地不清洁,或不按时翻堆等原因,会导致糁堆酸败事故发生。润糁结束时,以用手指挫开成粉而无硬心为度。否则还需要适当延长堆积时间,直至润透。

3. 蒸糁

润好的糁移入甑桶内加热蒸煮,使高粱的淀粉颗粒进一步吸水膨胀糊化。先将湿糁翻拌1 次,并在甑箅上撒一薄层谷糠,装一层糁,打开蒸汽阀门,待蒸汽逸出糁面时,用簸箕将糁撒入甑内,要求撒得薄,装得匀,冒汽均匀。待蒸汽上匀料面(俗称圆汽)后,将 1.4％～2.9％(粮水比)的水泼在料层表面,称为加闷头量。再在上面覆盖谷糠辅料一起清蒸。蒸糁的蒸汽压一般为 0.01～0.02 MPa,甑桶中部红糁品温可达 100℃左右,圆汽后蒸 80 min 即可达到熟而不黏,内无生心的要求。蒸糁前后的水分变化为由 45.5％上升到 49.90％,酸度由 0.62 升到0.67。清蒸的辅料用于当天蒸馏。

4. 加水、冷散、加曲

蒸熟的红糁出甑后,立即加量水 30％～40％(相对于投料量),边加水边搅拌,捣碎疙瘩,在冷散机上通风冷却,开动糁料的搅拌器,将料层打散摊匀,使物料冷却温度均匀一致。冬季冷散到比入缸发酵温度高 2～3℃即可加曲,其他季节可冷散至入缸温度加曲。加曲量为投料量的 9％～10％。搅拌均匀后,即可入缸发酵。

5. 大渣入缸

第一次入缸发酵的糁称为大渣。传统生产的发酵设备容器为陶缸,埋在地下,缸口与地面平齐。缸在使用前,应清扫干净,新使用的缸和缸盖,首先用清水洗净,然后用 0.8% 的花椒水洗净备用。夏季停产时间还得将地缸周围的泥土挖开,用冷水灌湿泥土,以利于地缸传热。

正确掌握大渣的入缸条件,是出好酒、多产酒的前提,是保证发酵过程温度变化达到"前缓升、中挺、后缓落"原则的重要基础,同时也为二渣的再次发酵创造了有利条件。大渣是纯粮发酵,入缸酒醅的淀粉含量在 30% 以上,水分 53% 左右,酸度在 0.2 左右,初始发酵处于高淀粉、低酸度的条件下,掌握不当极易生酸幅度过大而影响酒的产量和质量。为了控制发酵的适宜速度和节奏,防止酒醅生酸过大,必须确定最适的入缸温度。根据季节、气候变化,入缸温度也有所不同。在 9～11 月份,入缸温度一般以 11～14℃ 为宜;11 月份以后为 9～12℃;至寒冷季节以 13～15℃ 为宜;3～4 月份以 8～12℃ 为宜;5、6 月份后进入夏季,入缸温度能低则低。

大渣加曲拌匀后,温度降至入缸要求时即可入缸发酵,封缸用清蒸谷糠沿缸边撒匀,加上塑料薄膜,再盖上石板或水泥板。

6. 大渣发酵

传统工艺的发酵期为 21 d,为了增强成品酒的香味和醇和感,可延长至 28 d。个别缸可更长些。

(1)发酵温度变化及管理　大渣酒醅的发酵温度应掌握"前缓升、中挺、后缓落"的原则。即自入缸后,发酵升温应逐步上升;及至主发酵期后期,温度应稳定一个时期;然后进入后酵期,发酵温度缓慢下降,直至出缸蒸馏。

①前缓升　掌握适宜的入缸条件及品温,就能使酒醅发酵升温缓慢,控制生酸。一般正常发酵在春秋季节入缸 6～7 d 后,品温达到顶点最高;冬季可延长至 9～10 d;夏季尽量控制在 5～6 d。其顶点温度以 28～30℃ 为宜,春秋季最好不超过 32℃,冬季入缸温度低,顶温达 26～27℃ 即可。

凡能达到上述要求的,说明酒醅逐步进入主发酵期,则出酒率及酒质都好。

②中挺　指酒醅发酵温度达最高顶点后,应保持 3 d 左右,不再继续升温,也不迅速下降。这是主发酵期与后发酵期的交接期。

③后缓落　酒精发酵基本结束,酒醅发酵进入以产香味为主的后酵期。

此时发酵温度回落。温度逐日下降以不超过 0.5℃ 为宜,到出缸时酒醅温度仍为 23～24℃。这一时期应注意适当保温。

发酵温度变化是检验酒醅发酵是否正常的最简便的方法。管理应围绕这一中心予以调节。冬季寒冷季节入缸后的缸盖上需铺 25～27 cm 厚的麦秸保温,以防止升温过缓。若入缸品温高,曲子粉碎过细,用曲量过大或者不注意卫生等原因,而导致品温很快上升到顶温,即前火猛,则会使酵母提前衰老而停止发酵,造成生酸高,产酒少而酒味烈的后果。在夏季气温高时,会经常发生这种现象,以至掉排。

(2)酒醅的感官检查

①色泽　成熟的酒醅应呈紫红色,不发暗,用手挤出的浆水呈肉红色。

②香气　未启缸盖,能闻到类似苹果的乙酸乙酯香气,表明发酵良好。

③尝味　入缸后 3～4 d 酒醅有甜味,若 7 d 后仍有甜味则发酵不正常。醅子应逐渐由甜变苦,最后变成苦涩味。

④手感　手握酒醅有不硬、不黏的疏松感。

⑤走缸　发酵酒醅随发酵作用进行而逐渐下沉，下沉愈多，则出酒也愈多，一般正常情况可下沉缸深的 1/4，约 30 cm。

7. 出缸、蒸馏

发酵 21 d 或 28 d 后的大渣酒醅挖出缸后，运到蒸甑边，加辅料谷糠或稻壳 22％～25％（对投料量），翻拌均匀，装甑蒸馏。接头去尾得大渣汾酒。

8. 二渣发酵及蒸馏

为了充分利用原料中的淀粉，将大渣酒醅蒸馏后的醅，还需继续发酵一次，这在清香型酒中被称之为二渣。

二渣的整个操作大体上和大渣相似。发酵期也相同。将蒸完酒的大渣酒醅趁热加入投料量 2％～4％的水，出甑冷散降温，加入投料量 10％的曲粉拌匀，继续降温至入缸要求温度后，即可入缸封盖发酵。

二渣的入缸的条件，受大渣酒醅的影响而灵活掌握。如二渣加水量的多少，决定于大渣酒醅流酒多少，黏湿程度和酸度大小等因素。一般大渣流酒较多，醅子松散，酸度也不大，补充新水多，则二渣产酒也多。其入缸温度也需依据大渣质量而调整。

由于二渣酒醅酸度较大，因此其发酵温度变化应掌握"前紧、中挺、后缓落"的原则。所谓前紧即要求酒醅必须在入缸后第 4 天即达到顶温 32℃，可高达 33～34℃，但是不宜超过 35℃。中挺为达到顶温后要保持 2～3 d。

从第 7 天开始，发酵温度缓慢下降，至出缸酒醅的温度仍能在 24～26℃，即为后缓落。二渣发酵升温幅度至少在 8℃以上，降温幅度一般为 6～8℃。

发酵温度适宜，酒醅略有酱香气味，不仅产酒多，而且质量好。发酵温度过高，酒醅黏湿发黄，产酒少；发酵温度过低，酒醅有类似青草气味。

由于二渣含糠量大而疏松，故入缸后可将其踩紧，并喷洒一些酒尾。发酵成熟的二渣酒醅，出缸后加少许谷糠，拌匀后即可装甑蒸馏，截头去尾得二渣酒。

蒸完酒所得酒糟可做饲料，或加麸曲和酒母再发酵、蒸馏得普通白酒。

9. 贮存、勾兑

大渣酒与二渣酒各具特色，经品评、化验后分级入库，在陶瓷缸中密封贮存 1 年以上，按不同品种勾兑为成品酒。

(三)汾酒酿造七秘诀

汾酒酿造历史悠久，古代的酿酒师傅们通过对积累的操作经验的提炼，总结出汾酒酿造的七条秘诀。

(1)人必得其精　酿酒技师及工人要有熟练的技术，懂得酿造工艺，并精益求精，才能出好酒、多出酒。

(2)水必得其甘　要酿好酒，水质必须洁净。"甘"字也可作"甜水"解释，以区别于咸水。

(3)曲必得其时　指制曲效果与温度、季节的关系，以便使有益微生物充分生长繁殖。即所谓"冷酒热曲"，就是说使用夏季培养的大曲（伏曲）质量为好。

(4)粮必得其实　原料高粱籽实饱满，无杂质，淀粉含量高，以保证较高的出酒率。故要求采用粒大而坚实的"一把抓"高粱。

（5）器必得其洁　酿酒全过程必须十分注意卫生工作，以免杂菌及杂味侵入，影响酒的产量和质量。

（6）缸必得其湿　创造良好的发酵环境，以达到出好酒的目的。因此，必须合理控制入缸酒醅的水分及温度。位于上部的酒醅入缸时水分略多些，温度稍低些。因为在发酵过程中水分会下沉，热气会上升。这样掌握，可使缸内酒醅发酵均匀一致。酒醅中水分的多少与发酵速度、品温升降及出酒率有关。

另一种解释为若缸的湿度不饱和，就不再吸收酒而减少酒的损失，同时，缸湿易于保温，并可促进发酵。因此，在汾酒发酵室内，每年夏天都要在缸旁的土地上扎孔灌水。

（7）火必得其缓　有两层意思：一是指发酵控制，火指温度，也就是说酒醅的发酵温度必须掌握"前缓升、中挺、后缓落"的原则才能出好酒；二是指酒醅蒸酒宜小火缓慢蒸馏才能提高蒸馏效率，既有质量又有产量，做到丰产丰收，并可避免穿甑、跑汽等事故发生。蒸粮则宜均匀上气，使原料充分糊化，以利于糖化和发酵。

【知识拓展】

白酒的贮存与勾兑

白酒的贮存与勾兑

任务三　酱香型白酒生产

【知识前导】

酱香型大曲酒以其香气幽雅、细腻，酒体醇厚丰满为消费者所喜爱。茅台酒是该香型代表产品，故酱香型酒也称茅型酒。茅台酒产于贵州怀仁县西，赤水河畔的茅台镇，因地得名。早在1916年举行的巴拿马万国博览会上，茅台酒就荣获金质奖。在1949年后的历届全国评酒会上，均蝉联国家名酒称号。

酱香型大曲酒生产历史悠久，源远流长。20世纪50年代初期仅在贵州省怀仁县茅台镇周围生产。第四届全国评酒会被评为国家名酒的郎酒，其生产厂四川省古蔺县郎酒厂与茅台镇以赤水河相隔。随着各省同行间的广泛技术交流和相互学习，该香型酒在全国10余个省、市、自治区都有生产。

一、酱香型白酒生产的原料

生产酱香型白酒所用的原料是优质高粱和高温大曲。高温制曲是酱香型白酒特殊的工艺之一,其特点是:①制曲温度高,品温最高可达 65~68℃;②成品曲糖化力较低,用曲量大,与酿酒原料之比为 1:1,如折成制曲小麦用量,则超过高粱;③成品曲的香气是酱香的主要来源之一。

(一)制曲工艺流程

<pre>
                    酒母、水   稻草、稻壳
                       ↓   ↓
小麦 → 润料 → 磨碎 → 粗麦粉 → 拌料 → 装模 → 踏曲 → 曲胚 → 堆积培养 → 成品曲 → 出房 → 贮存
</pre>

(二)操作要点

(1)配料   制曲原料全部使用纯小麦,粉碎要求粗细各半。拌料时加 3%~5% 的母曲粉,用水量为 40%~42%。

(2)堆曲   曲坯进房前,先用稻草铺在曲房靠墙一面,厚约 2 寸,可用旧草垫铺,但要求干燥无霉烂。排放的方式为将曲块侧立,横三块、直三块的交叉堆放。曲块之间塞以稻草,塞草最好新旧搭配。塞草是为了避免曲块之间相互粘连,以便于曲块通气、散热和制曲后期的干燥。当一层曲坯排满后,要在上面铺一层草,厚约 3.3 cm,再排第二层,直至堆放到 4~5 层,这样即为一行,一般每间房可堆六行,留两行作翻曲用。最顶一层亦应盖稻草。

(3)盖草洒水   堆放完毕后,为了增加曲房湿度,减少曲块干皮现象,可在曲堆上面的稻草上洒水。洒水量夏季比冬季要多,以水不流入曲堆为准,随后将门窗关闭或稍留气孔。

(4)翻曲   曲坯进房后,由于条件适宜,微生物大量繁殖,曲坯温度逐渐上升,一般 7 d 后,中间曲块品温可达 60~62℃。翻曲时间夏季 5~6 d,冬季 7~9 d,一般手摸最下层曲块已经发热时,即可第一次翻曲。若翻曲过早,下层的曲块还有生麦子味,太迟则中间曲块升温过猛,大量曲块变黑。翻曲要上下、内外层对调,将内部湿草换出,垫以干草,曲块间仍夹以干草,将湿草留作堆旁盖草;曲块要竖直堆积,不可倾斜。

曲块经一次翻动后,上下倒换了位置。在翻曲过程中,散发了大量的水分和热量,品温可降至 50℃ 以下,但过 1~2 d 后,品温又很快回升,至二次翻曲(一般进曲房 14 d 左右)时品温又升至接近第一次翻曲时的温度。

(5)后期管理   二次翻曲后,曲块温度还能回升,但难以达到一次翻曲时的温度。经 6~7 d,品温开始平稳下降,曲块逐渐干燥,再经 7~8 d,可略开门窗换气。40 d 后,曲温接近室温,曲块已基本干燥,水分降至 15% 左右,可将曲块出房入仓贮存。

二、酱香型白酒的生产工艺

(一)酱香型白酒生产的工艺特点

(1)酱香型大曲酒其风味质量特点是酱香突出,幽雅细腻,酒体醇厚,空杯留香持久。独特的风味来自长期的生产实践所总结的精湛酿酒工艺,其特点为高温大曲,2 次投料,高温堆积,多轮次发酵,高温流酒,再按酱香、醇甜及窖底香 3 种典型体和不同轮次酒分别长期贮存,精心勾兑。

(2)酱香酒生产工艺较为复杂,周期长。原料高粱从投料酿酒开始,需要经 8 轮次,每次

1 个月发酵分层取酒,分别贮存 3 年后才能勾兑成型。它的生产十分强调季节,传统生产是伏天踩曲,重阳下沙。就是说在每年端午节前后开始制大曲,重阳节前结束。因为伏天气温高,湿度大,空气中的微生物种类、数量多而活跃,有利于大曲培养。由于在培养过程中曲温可高达 60℃以上,故称为高温大曲。

(3)在酿酒发酵上还讲究时令,要重阳节(农历九月初九)以后才能投料。这是因为此时正值秋高气爽时节,故酒醅下窖温度低,发酵平缓,酒的质量产量都好。1 年为 1 个生产大周期。

(二)工艺流程及操作要点

酱香型白酒生产工艺较为独特,原料高粱称之为“沙”。用曲量大,曲料比为 1:0.9。1 个生产酒班 1 个条石或碎石发酵窖,窖底及封窖用泥土。分 2 次投料,第 1 次投料占总量的 50%,称为下沙。发酵 1 个月后出窖,在第 2 次投入其余 50% 的粮,称为糙沙。原料仅少部分粉碎。发酵 1 个月后出窖蒸酒,以后每发酵 1 个月蒸酒 1 次,只加大曲不再投料,共发酵 7 轮次,历时 8 个月完成 1 个酿酒发酵周期。

1. 工艺流程(图 3-4)

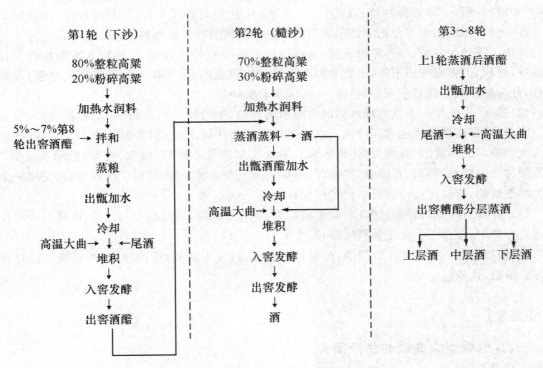

图 3-4　茅台酒生产工艺流程

2. 操作要点

(1)下沙操作

①泼水堆积　下沙的投料量占总投料量的 50%,其中 80% 为整粒,20% 粉碎。下沙时先将粉碎后的高粱泼上原料量 51%～52% 的 90℃以上的热水(发粮水),泼水时边泼边拌,使原料吸水均匀。然后加入上一年最后 1 轮发酵出窖而未蒸酒的母糟 5%～7% 拌匀,发水后润料

10 h左右。

②蒸粮(蒸生沙)　先在甑箅上撒一层稻壳,上甑采用见气撒料,在1h内完成,圆汽后蒸料2~3h,有70%左右的原料蒸熟,即可出甑,不应过熟。出甑后再泼上85℃的热水(称量水),量水为原料量的12%,发粮水和量水的总量为投料量的56%~60%。

③摊晾　泼水后的生沙,经摊晾、散冷,并适量补充因蒸发而散失的水分。当品温低到32℃左右时,加入酒度为30%的尾酒(由上一年生产的丢糟酒和每甑蒸得的酒头稀释而成),约为下沙投料量的2%,拌匀。

④堆积　当生沙料的品温降到32℃左右时,加入大曲粉,加曲量控制在投料量的10%左右,拌匀收拢成堆,温度约30℃,堆积4~5d。待堆顶温度达45~50℃,堆中酒醅有香甜味和酒香味时,即可入窖发酵。

⑤入窖发酵　下窖前先用尾酒喷洒窖壁四周及底部,并在窖底撒些大曲粉。酒醅入窖时同时浇洒尾酒,其总用量约3%,入窖温度为35℃左右,水分42%~43%,酸度0.9,淀粉浓度为32%~33%,酒精含量1.6%~1.7%。然后入窖,待发酵窖加满后,用木板轻轻压平醅面,并撒上一薄层稻壳,最后用泥封窖4cm左右,发酵30~33d,发酵品温变化在35~48℃之间。

(2)糙沙操作　取总投料量的其余50%高粱,其中70%高粱整粒,30%经粉碎,润料同上述下沙一样。然后加入等量的下沙出窖发酵酒醅混合后装甑蒸酒蒸料。

首次蒸得的生沙酒,不作原酒入库,全部泼回出甑冷却后的酒醅中,再加入大曲粉拌匀收拢成堆,堆积、入窖操作同下沙,封窖发酵1个月。出窖蒸馏,量质摘酒即得第1次原酒,入库贮存,此为糙沙酒。此酒甜味好,但味冲,生涩味和酸味重。

(3)第3~8轮操作　蒸完糙沙酒的出甑酒醅摊晾、加酒尾和大曲粉,拌匀堆积,再入窖发酵1个月,出窖蒸得的酒也称回沙酒。以后每轮次的操作同上,分别蒸得第3、4、5次原酒,统称为大回酒。此酒香浓、味醇、酒体较丰满。第6次原酒称小回酒,醇和、糊香好、味长。第7次原酒称为追糟酒,醇和、有糊香,但微苦,糟味较大。经8次发酵,接取7次原酒后,完成一个生产酿造周期,酒醅才能作为扔糟出售作饲料。

(4)入库贮存　蒸馏所得的各种类型的原酒,要分开贮存,通过检测和品尝,按质分等贮存在陶瓷容器中,经过三年陈化使酒味醇和、绵柔。

(5)精心勾兑　贮存三年的原酒,先勾兑出小样,后放大调和,再贮存一年,经理化检验和品评合格后,才能包装出厂。

【知识拓展】

一、其他香型大曲酒的生产简介

其他香型大曲酒的生产简介

二、白酒的异味及有害成分

白酒的异味及有害成分

三、白酒的品评

白酒的品评

任务四　小曲酒生产

【知识前导】

广义上讲,小曲白酒是指以大米、玉米、小麦、高粱等为原料,采用小曲为糖化发酵剂,经固态或半固态糖化、发酵,再经固态或液态蒸馏而得的成品。小曲白酒是我国主要的蒸馏酒种之一,产量约占我国白酒总产量的1/6,在南方地区较为普遍生产。

一、小曲酒的种类

由于各地所采用的原料不同,制曲、糖化发酵工艺有所差异,小曲酒的生产方法也不尽相同。但总的来说大致可分为三大类。

一类是以大米为原料,采用小曲固态培菌糖化,半固态发酵,液态蒸馏的小曲白酒,在广东、广西、湖南、福建、台湾等地盛行。

另一类是以高粱、玉米等为原料,小曲箱式固态培菌,配醅发酵,固态蒸馏的小曲白酒,在四川、云南、贵州等省盛行,以四川产量大、历史悠久,常称川法小曲酒。

还有一类是以小曲产酒,大曲生香,串香蒸馏,采用小曲、大曲混用工艺,有机地利用生香与产酒的优势而制成的小曲白酒。这是在总结大、小曲酒两类工艺的基础上发展起来的白酒生产工艺。20世纪60年代,这种工艺对我国固液结合生产白酒工艺的发展起到了直接的推进作用。

二、小曲和小曲酒生产的特点

(1)采用的原料品种多,如大米、高粱、玉米、稻谷、小麦、荞麦等,有利于当地粮食资源、农副产品的深度加工与综合利用。

(2)大多以整粒原料投料用于酿酒,且原料单独蒸煮。

(3)采用含活性根霉菌和酵母为主的小曲作糖化发酵剂,有很强的糖化、酒化作用,用曲量少,大多为原料量的 0.3%~1.2%。

(4)发酵期较短,大多为 7 d 左右,出酒率高,淀粉利用率可达 80%。

(5)设备简单,操作简便,规模可大可小。

三、小曲的制作

小曲也称酒药、白药、酒饼等,是用米粉或米糠为原料,添加或不添加中草药,自然培养或接种曲母,或接种纯粹根霉和酵母,然后培养而成。因为呈颗粒状或饼状,习惯称之为小曲。

(一)小曲的分类

小曲的种类和名称很多。按主要原料分为粮曲(全部为米粉)和糠曲(全部或多量为米糠);按是否添加中草药可分为药小曲和无药白曲;按用途可分为甜酒曲与白酒曲;按形状分为酒曲丸、酒曲饼及散曲等;按产地分为四川邛崃曲、汕头糠曲、桂林酒曲丸、厦门白曲、绍兴酒药等。另外还有用纯种根霉和酵母制造的纯种无药小曲、纯种根霉麸皮散曲、浓缩甜酒药等。

纯种培养制成的小曲中主要微生物是根霉和酵母。自然培养制成的小曲微生物种类比较复杂,主要有霉菌、酵母菌和细菌三大类群。

(二)小曲制作

简单介绍药小曲、酒曲饼和浓缩甜酒药的制作方法。

1. 药小曲

药小曲是以生米粉为培养基,添加中草药及种曲或曲母经培养而成,桂林酒曲丸就是一种有名的药小曲。

(1)工艺流程

```
大米 → 浸泡 → 磨粉 → 配料 → 接种 → 制坯
中草药 → 干燥 → 磨粉 → 药粉    种曲      │
                                         ↓
成品 → 干燥 → 出曲 → 培曲 → 入曲房 ← 裹粉 ← 种曲、细米粉
```

(2)制作过程　将大米加水浸泡,夏天 2~3 d,冬天约 6 d,沥干或磨成米粉,用 0.216 mm(80 目)细筛筛出约占总量 1/4 的细米粉作裹粉用。每批取米粉 15 kg,添加曲母 2%、水 60%、适量药粉,制成 2~3 cm 大小的圆形曲坯;在 5 kg 细粉中加入 0.2 kg 曲母,先撒小部分于簸箕中,同时在曲坯上洒适量的水,然后将曲坯倒入簸箕中,振摇簸箕使裹粉一层,如此反复,直至裹粉用完;然后将曲坯分装于小竹筛内,扒平后入曲房培养。入房前曲坯含水量在 46%左右。曲房室温控制在 28~31℃,品温可由此温逐渐升高到 33~35℃,以后逐渐有所下降,约经 4 d 培曲,小曲成熟,出房干燥至含水量 12%~14%。

工艺过程中,若只加一种药粉,产品为单一药小曲;若接种物为纯粹培养的菌种,则为纯种药小曲,接种物应包括根霉和酵母两种纯粹培养物。

2. 酒曲饼

酒曲饼又称大酒饼,它是用大米和大豆为原料,添加中草药与填充料(白癣土泥)、接种曲种培养而成。酒曲呈方块状,规格为 20 cm×20 cm×3 cm,其中主要含有根霉和酵母菌等微生物,如广东米酒和"豉味玉冰烧"的酒曲饼。

用大米 100 kg(蒸成米饭)、大豆 20 kg(用前蒸熟)、曲种 1 kg、药粉 10 kg、白癣土泥 40 kg,加大米量 80%~85%的水,在 36℃左右拌料,压成 20 cm×20 cm×3 cm 的正方形酒曲饼,在品温为 29~30℃时入房培养,历时 7 d 左右,然后出曲,于 60℃以下的烘房干燥 3 d,至含水量在 10%以下,即为成品,每块重约 0.5 kg。

3. 浓缩甜酒药

本品是先将纯根霉在发酵罐内进行液体深层培养,然后在米粉中进行二次培养的根霉培养物。

液体培养基配方为,粗玉米粉 7%、30%浓度黄豆饼盐酸水解物 3%,pH 自然,接种量 16%,培养温度(33±1)℃,通气量 1:(0.35~0.4),搅拌 210 r/min,经 18~20 h 培养后,用孔径 0.21 mm(70 目)孔筛收集菌体。洗涤后按重量加入 2 倍米粉,加模压成小方块,散放在竹筛上,在 35~37℃中培养 10~15 h,品温可达 40℃。转入 48~50℃干燥房,至含水量在 10%以下,经包装即为成品。

四、半固态发酵工艺生产小曲酒

半固态发酵工艺生产小曲酒历史悠久,是我国人民创造的一种独特的发酵工艺。它是由我国黄酒演变而来的,在南方各省都有生产,产量很大。半固态发酵可分为先培菌糖化后发酵和边糖化边发酵两种工艺。

(一)先培菌糖化后发酵工艺

先培菌糖化后发酵工艺是小曲酒典型生产工艺之一。其特点是前期为固态培菌糖化,后期为液态发酵,再经液态蒸馏,贮存勾兑为成品。这种工艺的典型代表有广西桂林三花酒、全州湘山酒和广东五华长乐烧等,都曾获国家优质酒称号。

1. 工艺流程

以广西桂林三花酒的生产为例,该产品以上等大米为原料,用当地特产香草药制成的酒药(小曲)为糖化发酵剂,采用漓江上游水为酿造用水,使用陶缸培菌糖化后,再加水发酵,蒸酒入天然岩洞贮存,再精心勾兑为成品。

大米 → 加水浸泡 → 淋干 → 初蒸 → 泼水续蒸 → 2次泼水复蒸 → 摊晾 → 加曲粉 → 下缸培菌

糖化 → 加水 → 入缸发酵 → 蒸酒 → 贮存 → 勾兑 → 成品

2. 操作要点

(1)原料 大米淀粉含量 71%~73%,水分含量≤14%;碎米淀粉含量 71%~72%,水分含量≤14%。

生产用水为中性软水,pH 7.4,总硬度<19.6 mmol/L。

(2)蒸饭 大米用 50~60℃温水浸泡 1 h,淋干后倒入甑内,扒平加盖进行蒸饭,圆汽后蒸 20 min;将饭粒搅松、扒平续蒸,再圆汽蒸 20 min,至饭粒变色;再搅拌饭粒并泼水后续蒸,待米粒熟后泼第 2 次水,并搅拌疏松饭粒,继续蒸至米粒熟透为止。蒸熟的饭粒饱满,含水量为 62%～63%。

(3)拌料加曲　蒸熟的饭料,倒入拌料机中,将饭团搅散扬晾,再鼓风摊冷至 36～37℃后,加入原料量 0.8%～1%的药小曲拌匀。

(4)下缸　将拌匀后的饭料倒入饭缸内,每缸装料 15～20 kg,饭厚 10～13 cm,缸中央挖一空洞,以利于足够的空气进入饭料,进行培菌和糖化,待品温下降到 30～32℃时,盖好缸盖,培菌糖化。随着培菌时间的延长,根霉、酵母等微生物开始生长,代谢产生热量,品温逐渐上升,经 20～22 h 后,品温升至 37℃左右为最好。若品温过高,可采取倒缸或其他降温措施。品温最高不得超过 42℃,糖化总时间为 20～24 h,糖化率达 70%～80%。

(5)发酵　培菌糖化约 24 h 后,结合品温和室温情况,加水拌匀,使品温约为 36℃(夏季一般 34～35℃,冬季 36～37℃),加水量为原料量的 120%～125%,加水后醅的含糖量为 9%～10%,总酸不超过 0.7 g/L,酒精含量 2%～3%。加水拌匀后把醅转入醅缸中,每个饭缸分装 2 个醅缸,室温保持 20℃左右为宜,发酵 6～7 d,并注意发酵温度的调节。成熟酒醅以残糖接近于零,酒精含量为 11%～12%,总酸含量不超过 1.5 g/L 为正常。

(6)蒸馏　传统用土灶蒸馏锅,现在采用蒸馏釜。间歇蒸馏,掐头去尾。

蒸馏釜以不锈钢板制成,容积为 6 m³,成熟醪压入蒸馏釜中采用间接蒸汽加热,掐头去尾,压力初期为 0.4 MPa,流酒时为 0.05～0.15 MPa,流酒温度为 30℃以下,掐酒头量为 5～10 kg,如流出黄色或焦苦味酒液,应立即停止接酒。酒尾另接,转入下一釜蒸馏,中段馏分为成品基酒。

(7)贮存与勾兑　三花酒存放在四季保持较低温度的山洞中,经 1 年以上的贮存方可勾兑装瓶出厂。

3.成品质量

三花酒是米香型酒的典型代表。米香清雅,入口绵甜,落口爽净,回味怡畅。它的主体香气成分为:乳酸乙酯、乙酸乙酯和 β-苯乙醇。酒精含量为 41%～57%(V/V),总酸(以乙酸计) ≥0.3 g/L,总酯(以乙酸乙酯计)≥1.00 g/L,固形物≤0.4 g/L。

(二)边糖化边发酵工艺

豉味玉冰烧酒是边糖化边发酵工艺的典型代表,它是广东地方特产,生产和出口量大,属国家优质酒,其生产特点是没有先期的小曲培菌糖化工序,因此用曲量大,发酵周期较长。

1.工艺流程

大米 → 蒸饭 → 摊晾 → 拌料 → 入坛发酵 → 蒸馏 → 肉埕陈酿 → 沉淀 → 压滤 → 包装 → 成品

2.操作要点

(1)蒸饭　选用淀粉含量 75%以上的优质大米,每锅加清水 100～115 kg,装粮 100 kg,加盖煮沸进行翻拌,并关蒸汽,使米饭吸水饱满,开小量蒸汽焖 20 min,便可出饭。要求饭粒熟透疏松,无白心。

(2)摊晾　蒸熟的饭块进入松饭机打松,勿使成团,摊在饭床上或用传送带鼓风冷却,降低品温。要求夏天在 35℃以下,冬天为 40℃左右。

(3)拌曲　晾至适温后,即加曲拌料,酒曲饼粉用量为原料大米的 18%～22%,拌匀后收集成堆。

（4）入坛发酵　入坛前先将坛洗净，每坛装清水 6.5~7 kg，然后装入 5 kg 大米饭，封闭坛口，入发酵房发酵。控制室温为 26~30℃，前 3 d 的发酵品温控制在 30℃以下，最高品温不得超过 40℃。夏季发酵 15 d，冬季发酵 20 d。

（5）蒸馏　发酵完毕，将酒醅转入蒸馏甑中蒸馏。蒸馏设备为改良式蒸馏甑，每甑进 250kg 大米的发酵醪，掐头去尾，保证初馏酒的醇和，工厂称此为斋酒。

（6）肉埕陈酿　将初馏酒装埕，每埕放酒 20 kg，经酒浸洗过的肥猪肉 2 kg，浸泡陈酿 3 个月，使脂肪缓慢溶解，吸附杂质，并起酯化作用，提高老熟度，使酒味香醇可口，具有独特的豉味。此工序经改革已采用大容器通气陈酿，以缩短陈酿时间。

（7）压滤包装　陈酿后将酒倒入大缸中，肥猪肉仍留在埕中，再次浸泡新酒。大缸中的陈酿酒自然沉淀 20 d 以上，澄清后除去缸面油质及缸底沉淀物，用泵将酒液送入压滤机压滤。取酒样鉴定合格后，勾兑，装瓶即为成品。

3. 成品质量

豉味玉冰烧酒，又称肉冰烧酒，玉洁冰清，豉香独特，醇和甘滑，余味爽净，酒精含量 30%（V/V）左右，是豉香型酒的典型代表酒。

五、固态发酵工艺生产小曲酒

固态法小曲酒所用原料有大米、玉米、高粱及谷壳等，大多以纯种培养的根霉（散曲、浓缩甜酒药、糠曲等）为糖化剂，液态或固态自培酵母为发酵剂，其生产工艺是在箱内（或水泥地上）固态培菌糖化后，再配糟入池进行固态发酵。此种方法主要分布在四川、云南、贵州和湖北等地。在我国年产量为 600~700 t 小曲酒中，四川省约占 50%。

四川小曲酒历史悠久，是小曲酒中的杰出代表，故固态法小曲白酒又称川法小曲白酒。以川法为代表的固态小曲白酒，是以整粒粮食为原料，以固态形式贯穿蒸煮、培菌糖化、发酵、蒸馏整个工艺流程，其简要工艺流程如下。

(一)原料的糊化

1. 浸泡

泡粮要求做到吸水均匀、透心、适量，目的是要使原料吸足水分，在淀粉粒间的空隙被水充满，使淀粉逐渐膨胀。为在蒸粮中蒸透心，使淀粉粒的细胞膜破裂，达到淀粉粒碎裂率高的目的。一般地，高粱（糯高粱）以沸水浸泡，玉米以放出的焖粮水浸泡 8~10 h，小麦以冷凝器放出的 40~60℃的热水浸泡 4~6 h。粮食淹水后翻动刮平，水位淹过粮面 20~25 cm，冬天加木盖保温。在浸泡中途不可搅动，以免产酸。到规定时间后放去泡粮水，在泡粮池中润粮。待初蒸时剖开粮粒检查，透心率在 95%以上为合适。

2.初蒸

待甑底锅水烧开后,将粮装甑初蒸,装粮要轻倒匀撒,逐层装甑,使蒸汽均匀上升。装满甑后,为了避免蒸粮时冷凝水滴入甑边的熟粮中,需用木刀将粮食从甑内壁划一个宽 2.5 cm、深约 1.5 cm 的小沟,并刮平粮面,使全甑串气均匀。然后加盖初蒸,要求火力大而均匀,使粮食骤然膨胀,促进淀粉的细胞膜破裂,在焖水时粮食吸足水分。一般从圆汽到加焖水止的初蒸时间为 15～20 min,要求经初蒸后原料的透心率 95% 左右。

3.焖水

趁粮粒尚未大量破皮时焖水,保持一定水温,形成与粮粒的温差,使淀粉结构松弛并及时补充水分。在温度差的作用下,粮粒皮外收缩,皮内淀粉粒受到挤压,使淀粉粒细胞膜破裂。

先将甑旁焖水筒的木塞取出,将冷凝器中的热水放经焖水筒进入甑底内,焖水加至淹过粮层 20～25 cm。糯高粱、小麦敞盖焖水 20～40 min;粳高粱敞盖焖水 50～55 min;小麦焖水,用温度表插入甑内直到甑箅,水温应升到 70～72℃。应检查粮籽的吸水柔熟状况。用手轻压即破,不顶手,裂口率达 90% 以上,大翻花少之时,才开始放去焖水,在甑内"冷吊"。

玉米放足焖水淹过粮面 20～25 cm,盖上尖盖,尖盖与甑口边衔接处塞好麻布片。在尖盖与甑口交接处选一缝隙,将温度计插入甑内 1/2 处,用大火烧到 95℃,即闭火。焖粮时间为120～140 min。感官检查要求:熟粮裂口率 95% 以上,大翻花少。在粮面撒谷壳 3 kg,以保持粮面水分和温度。随即放出焖水,在甑内"冷吊"。

4.复蒸

经焖水后的物料,可放置至次日凌晨复蒸。在"拔火"复蒸前,选用簸箕 3 个装谷壳 15 kg(够蒸 300 kg 粮食),放于甑内粮面供出熟粮时垫簸箕及箱上培菌用。盖上尖盖,塞好麻布片,待全甑圆汽后计时,高粱、小麦复蒸 60～70 min,玉米复蒸 100～120 min。敞尖盖再蒸10 min,使粮面的"阳水"不断蒸发而收汗。经复蒸的物料,含水分 60% 左右,100 kg 原粮可增重至 215～230 kg。

(二)培菌糖化

培菌糖化的目的是使根霉菌、酵母菌等有益微生物在熟粮上生长繁殖,以提供淀粉变糖、糖变酒所必要的酶量。"谷从秧上起,酒从箱上起",箱上培菌效果好坏,直接影响到产酒效果。

1.出甑摊晾

熟粮出甑前,先将晾堂和簸箕打扫干净,摆好摊晾簸箕,在簸箕内放经蒸过的谷壳少许。在敞尖盖冲"阳水"时,即将簸箕和锨(铁锨、木锨)放入甑内粮面杀菌。用簸箕将熟粮端出,倒入摊晾簸箕中。出粮完毕,用锨拌粮,做到"先倒后翻",拌粮刮平,厚薄和温度基本一致。插温度表 4 支,视温度适宜时下曲。

2.加曲

用曲量根据曲药质量和酿酒原料的不同而定,一般地,纯种培养的根霉酒曲用量为原粮的0.3%～0.5%,传统小曲为原粮的 0.8%～1.0%。夏季用量少,冬季用量稍多。

先预留用曲量的 5% 作箱上底面曲药,其余分 3 次进行加曲。通常采用高温曲法,此时熟粮裂口未闭合,曲药菌丝易深入粮心。在熟粮温度为 40～45℃时,进行第 1 次下曲,用曲量为总量的 1/3。第 2 次下曲时熟粮温度为 37～40℃,用曲量也为总量的 1/3,用手翻匀刮平,厚度应基本一致。当熟粮冷至 33～35℃时,将余下的 1/3 曲进行第 3 次下曲,然后即可入箱培菌。要求摊晾和入箱在 2 h 内完成。其间要防止杂菌感染,以免影响培菌。

3. 入箱培菌

培菌要做到"定时定温"。所谓定时即是在一定时间内,箱内保持一定的温度变化,做到培菌良好。所谓定温,即做到各工序之间的协调。如室温高,进箱温度过高,料层厚,则不易散热,升温就快。为了避免在箱中培养时间过长,就必须使料层厚度适宜和适当缩短出箱时间。一般入箱温度为 24～25℃,出箱温度为 32～34℃;时间视季节冷热而定,在 22～26℃较为适当。这样恰好使上下工序衔接,使生产得以正常进行。保持箱内一定温度,有利于根霉与酵母菌的繁殖,不利于杂菌的生长。根据天气的变化,确定相应的入箱温度和保持一定时间内的箱温变化,可达到定时的目的。总之,要求培菌完成后出甜糟箱,冬季出泡子箱或点子箱;夏季出转甜箱,不能出培菌时间过长的老箱。

严格控制出箱时机是保证下一步发酵的关键。若出箱过早,则醇酶活力低、含糖量不足,使发酵速度缓慢,淀粉发酵不彻底,影响出酒率;若出箱太迟,则霉菌生长过度,消耗淀粉太多,并使发酵时升温过猛。

(三)入池发酵

1. 配糟

配糟的作用是调节入池发酵醅的温度、酸度、淀粉含量和酒精浓度,以利于糖化发酵的正常进行,保证酒质并提高出酒率。配糟用量视具体情况而异,其基本原则是:夏季淀粉易生酸、产热,配糟量宜多些,一般为 4∶5;冬季配糟量可少些,一般为 3.5∶4。

在培菌糖化醅出箱前约 15 min,将蒸馏所得的、已冷却至 26℃左右的配糟置于洁净的晾堂上,与培菌糖化醅混合入池发酵。可将箱周边的培菌糖化醅撒在晾堂中央的配糟表面,箱心的培菌糖化醅撒在晾堂周边的配糟上。通常在冬季,培菌糖化醅的品温比配糟高 2～4℃,夏季高 1～2℃为宜。再将培菌糖化醅用木锨犁成行,以利于散热降温。待培菌糖化醅品温降至 26℃左右时,与配糟拌匀,收拢成堆,准备入池。操作要迅速,并注意不要用脚踩物料。

2. 入池发酵

入池物料成分指标,一般水分 62%～64%,淀粉含量 11%～15%,酸度 0.8～1.0,糖分 1.5%～3.5%。入池温度为 23～26℃,冬季取高值,夏季入池温度应尽量与室温持平。

发酵时升温情况,需在整个发酵过程中加以控制。一般入池发酵 24 h 后(为前期发酵),升温缓慢,为 2～4℃;发酵 48 h 后(为主发酵期),升温猛,为 5～6℃;发酵 72 h 后(为后发酵期),升温慢,为 1～2℃;发酵 96 h 后,温度稳定,不升不降;发酵 120 h 后,温度下降 1～2℃;发酵 144 h 后,降温 3℃。这样的发酵温度变化规律,为正常发酵,出酒率高。发酵期间的最高品温以 38～39℃为最好,发酵温度过高,可通过缩短培菌糖化时间、加大配糟比、降低配糟温度等进行调节;反之,则可采取适当延长培菌糖化时间、减少配糟比、提高配糟温度等措施。

在正常情况下,高粱、小麦冬季发酵 6 d,夏季发酵 5 d;玉米冬季发酵 7 d,夏季发酵 6 d。若由于条件控制不当,发现升温过猛或升温缓慢,则适当调整发酵时间。

(四)蒸馏

蒸馏时要求截头去尾,摘取酒精含量在 63%以上的酒,应不跑汽,不吊尾,损失少。操作中要将黄水早放,底锅水要净,装甑要探汽上甑,均匀疏松,不能装得过满,火力要均匀,摘酒温度要控制在 30℃左右。

　　先放出发酵窖池内的黄水,次日再出池蒸馏。装甑前先洗净底锅,盛水量要合适,水离甑算 17～20 cm,在算上撒一层熟糠。同时揭去封窖泥,刮去面糟留着最后与底糟一并蒸馏,蒸后作丢糟处理,挖出发酵糟 2～3 簸箕,待底锅水煮开后即可上甑,边挖边上甑,要疏松均匀地旋散入甑,探汽上甑,始终保持疏松均匀和上汽平稳。待装满甑时,用木刀刮至四周略高于中间,垫好围边,盖好云盘,安好过气筒,准备接酒。应时刻检查是否漏气跑酒,并掌握好冷凝水温度和注意火力均匀,截头去尾,控制好酒精度,以吊净酒尾。

　　蒸馏后将出甑的糟子堆放在晾堂上,用作下排配糟,囤撮个数和堆放形式,可视室温变化而定。

【知识拓展】

一、大小曲混用工艺生产小曲酒

大小曲混用工艺生产小曲酒

二、大小曲串香工艺

大小曲串香工艺

三、液态发酵白酒生产

液态发酵白酒生产

任务五　麸曲白酒生产

【知识前导】

麸曲白酒是以高粱、薯干、玉米等含淀粉的物质为原料,以纯种培养的麸曲及酒母为糖化发酵剂,经平行复式发酵后蒸馏、贮存、勾兑而成的蒸馏酒。具有出酒率高、生产周期短等特点。但是由于使用的菌种单一,酿制出来的白酒与同类大曲酒相比具有香味淡薄、酒体欠丰满的缺点。不少厂家采用多菌种糖化发酵,并参照使用大曲酒的某些工艺,以加强白酒中香味物质的产生,使得麸曲白酒质量有了大幅度的提高。

一、麸曲白酒生产工艺原则

(1)麸曲酒母　要选择培养好适应性强、繁殖力强、代谢能力强的优良曲霉菌和酵母菌。

(2)合理配料　使微生物作用的基础物质——水、淀粉、糖分、酸度等项目合理搭配,以提供最佳的糖化发酵条件。

(3)低温入窖　酒醅入窖的温度要适宜,尽量做到低温入窖。这样既有利于有益菌类的作用,又能抑制杂菌,从而提高酒质,提高出酒率。

(4)定温蒸烧　确定合理的发酵温度及发酵期,掌握发酵的最佳时机进行蒸馏,以确保丰产丰收。

二、麸曲白酒生产工艺

(一)混蒸老五甑操作法

混蒸续渣法老五甑工艺是传统白酒酿造工艺的科学总结,适合于淀粉含量较高的玉米、高粱、薯干等原料酿酒,更适合原料粉碎较粗的条件,该工艺被广泛应用于麸曲普通白酒和优质白酒的酿造。

1. 工艺流程(图 3-5)

2. 操作要点

(1)原料粉碎　根据原料特性,粉碎的细度要求也不同。高粱、玉米、薯干等原料,通过 20 目的孔筛者应占 60% 以上,取通过 20 目的细粉用于三渣及酒母,其余用于大渣、二渣。

(2)配料　将新料、酒糟、辅料及水配合在一起,为糖化和发酵打基础。配料要根据甑桶、窖池的大小、原料的淀粉量、气温、酸度、曲的质量以及发酵时间等具体情况而定,配料得当与否的具体表现,要看入池的淀粉浓度、醅料的酸度和疏松程度是否适当,一般以淀粉浓度 14%~16%、酸度 0.6~0.8、润料水分 48%~50% 为宜。

(3)蒸馏糊化　采用"混蒸混烧"法,前期以蒸酒为主,甑内温度要求 85~90℃,蒸酒后继续蒸粮,一般常压蒸料 20~30 min。蒸煮的要求为外观蒸透,熟而不黏,内无生心即可。

(4)扬冷、加曲、加酒母、加水　蒸熟的原料,用扬渣或晾渣的方法,使料迅速冷却,使之达到微生物适宜生长的温度,目前大多已采用机械鼓风冷却热料。应注意冷却至适温,一般气温

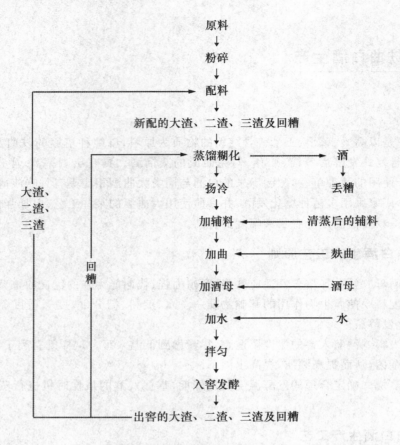

图 3-5　混蒸续渣法老五甑工艺流程

在 5～10℃时,品温应降至 30～32℃ 停止通风;若气温在 10～15℃时,品温应降至 25～28℃,夏季要降至品温不再下降为止。扬渣或晾渣同时还可起到挥发杂味、吸收氧气等作用。

扬渣之后,同时加入曲子和酒母。酒曲的用量视其糖化力的高低而定,一般为酿酒主料的 8%～10%,酒母用量一般为总投料量的 4%～6%(即取 4%～6%的主料作培养酒母用)。为了利于酶促反应的正常进行,在拌醅时应加水(工厂称加浆),控制入池时醅的水分含量为 58%～62%。

(5)入窖发酵　入窖时醅料品温应为 18～20℃(夏季不超过 26℃),入窖的醅料既不能压得过紧,也不能过松,一般掌握在每立方米容积内装醅料 630～640 kg 为宜。装好后,在醅料上盖上一层糠,用窖泥密封,再加上一层糠。发酵过程主要是掌握品温,并随时分析醅料水分、酸度、酒量、淀粉残留量的变化。发酵时间的长短,根据各种因素来确定,有 4～5 d 甚至 30 d 不等。一般当窖内品温上升至 36～37℃时,即可结束发酵。

(二)清蒸混入操作法

与清香型大曲白酒采用的清蒸续渣法、清蒸清渣法相类似。

1. 清蒸混入四大甑操作法

该法适于含淀粉较低的原料及代用原料酿酒;另外,原料与酒醅分别蒸煮和蒸馏,适合于含有不良气味的原料生产白酒,可以减少原料对酒的污染,成品酒味较好。

正常生产时,窖内有大渣、二渣及回糟3甑材料,再蒸1甑新料,每日4甑工作量。具体操作是:第1甑,蒸上次发酵好的二渣,不加新料,加麸曲酒母后作为回糟入窖再发酵;第2甑,蒸原料,蒸好后分成2份;第3甑,蒸上次发酵好的大渣,出甑后也分成2份,与上甑的2份原料混合后加麸曲酒母和水后入窖发酵成为这次的大渣、二渣;第4甑,蒸上次发酵好的回糟为丢糟。这个工艺传统操作的特点是渣子与回糟的淀粉含量相差很多,现代操作中,正在减少这种差距,有时在回糟中也投入一部分新原料。该工艺适合于投料量大、班次多、每班工作时间应缩短的情况下采用。

2.清蒸混入五甑操作法

清蒸混入5甑适合于质量较次的原料,由于原料清蒸,可以减少原料中的杂味带入酒中;另外,原料清蒸,糊化彻底,有助于提高出酒率。其主要操作要点是原料分类、加强粉碎、清蒸混入、掐头去尾。

正常生产时,窖内有大渣、二渣及回糟3甑材料,出窖后,清蒸这3甑酒醅及2甑新料。第1甑蒸馏上排的二渣,出酒后出甑酒醅趁热拌入大渣、二渣的新料,拌匀进行润料。第2甑蒸上述已掺醅润好的新料,出甑后散冷加曲、酒母及水下窖为大渣。第3甑与第2甑相同,下窖为二渣。第4甑蒸馏上排大渣,出甑散冷加曲、酒母和水后,下窖为回糟。第5甑蒸上排回糟,出酒后为丢糟。

(三)清蒸清烧操作法

该工艺适用于糖质原料酿酒,如甜菜、椰枣等。正常生产时,窖内有4甑酒醅,而且基本相同。一次发酵后,都可作为丢糟。一般丢2甑,回2甑,再蒸2甑新原料(甜菜),每日6甑工作量。如用椰枣可直接拌入酒醅入窖发酵,每日4甑工作量。该工艺的最大特点是入窖糖分高、淀粉低、水分大、辅料用量大、发酵温度高、发酵时间短。它很适合低淀粉的代用原料及糖质原料酿酒。

【知识拓展】

提高麸曲白酒质量的技术措施

提高麸曲白酒质量的技术措施

【思考题】

　　1.固态法白酒生产特点是什么?

　　2.白酒大曲主要有哪些特点?

　　3.什么是混烧老五甑法工艺?老五甑操作法的优点?

4. 简述泸州大曲酒生产工艺流程。

5. 简述浓香型大曲酒酿造工艺的基本特点。

6. 根据制曲过程中控制曲坯最高温度的不同,可将大曲分哪几种?

7. 简述浓香型白酒酿造的八秘诀。

8. 什么是清蒸清渣、清蒸续渣、混蒸续渣?

9. 什么是老五甑操作法?画图显示其主要操作过程。

10. 清香型白酒的生产对原料有何要求?

11. 中温大曲生产工艺流程是什么?汾酒生产需要哪三种中温大曲?

12. 简述清香型白酒特点。

13. 简述汾酒酿造的七秘诀。

14. 酱香型白酒的生产对原料有何要求?高温制曲有何特点?

15. 酱香型白酒生产有哪些特点?

16. 简述酱香型白酒的生产操作要点。

17. 清香型白酒与浓香型、酱香型生产工艺有哪些异同?

18. 白酒的勾兑与调味有何作用?勾兑与调味的步骤是什么?

19. 白酒中常见的异杂味有哪些及如何防治?

20. 如何品评白酒?

项目四　酒精的生产

知识目标

1. 了解我国酒精生产的实际情况和当前世界酒精工业发展的趋势。
2. 熟悉生产工艺对设备的要求。
3. 掌握酒精发酵各个生产工艺的理论和生产工艺流程。

技能目标

1. 能够根据原料的特点及工厂的实际情况选择合适的工艺流程和工艺条件。
2. 能够运用所学知识分析生产过程中出现的各种问题，并能给出相应的解决方案，维持生产的正常运转。

项目导入

　　酒精广泛地应用于国民经济的许多部门：在食品工业中，酒精是配制各类白酒、果酒、葡萄酒、露酒、药酒和生产食用醋酸及食用香精的主要原料；它也是许多化工产品不可缺少的基础原料和溶剂，利用酒精可以制造合成橡胶、聚氯乙烯、乙二酸等大量化工产品；它是生产油漆和化妆品不可缺少的溶剂；在医药工业和医疗事业中，酒精用来配制、提取医药制剂和作为消毒剂；染料生产和国防工业等其他部门也需要大量的酒精。

【概述】

一、我国酒精生产概况

　　我国的酒精工业始于 1900 年黑龙江省哈尔滨市，虽经 1900—1949 年约 50 年的演变和设备技术的发展，但全国酒精总产量还不到 1 万 t。1949—2000 年，我国的酒精产量迅速增长到 300 万 t，跃居世界第三位。新中国成立后，历经 50 年的发展，初步形成了企业生产、工程设计、科学研究、人才培养、设备制造、综合利用、环境保护、标准制定、检验检测、成品运输、产品销售等一个完整的酒精工业体系。在近几年国内酒精行业突飞猛进的发展态势中，小规模的单体企业越来越少，企业生产规模在 10 万 t/年以上的不断增多；市场缺乏绝对的领导者，市场中强强对话成为主要声音，加剧了竞争程度。值得注意的是东北和河南地区更加集中，规模在

10 万 t/年以上的企业分别有 6 和 3 个名额。

二、国外酒精生产概况及发展战略

美国、巴西、中国、俄罗斯是世界酒精生产大国。2001 年中国酒精总产量已居世界第三位。随着世界经济的持续增长,全球能源消费能力高涨,一次能源的消费实现了自 1984 年以来的最强劲增长。在此背景下,水涨船高,世界酒精行业也获得前所未有的发展机遇。近年来,国际酒精产量一直处在高速攀升之中。

美国农业部的能源办公室指出乙醇生产工艺的改进和种植效率的提高是净能量值增加的推动力。新技术的采用,遗传改良玉米、缓释化肥、高淀粉品种结合在一起使净能量值提高。美国政府已制定了一个大力发展燃料乙醇的计划,计划到 2011 年,将汽油中(不包括柴油)的燃料乙醇用量由每年 15 亿加仑(约 450 万 t)至少提高到 44 亿加仑(约 1 360 万 t)。

另外,自巴西、美国率先于 20 世纪 70 年代中期大力推行燃料乙醇政策以来,加拿大、法国、西班牙、瑞典等国纷纷效仿,均已形成了规模生产和使用。

三、酒精的主要用途

从世界范围看,酒精的用途按需求量分析,用量最大的将是燃料乙醇,其次是调制蒸馏酒和辅助其他饮料酒用酒精,化工医药用酒精排在第三位。

1. 燃料乙醇

燃料乙醇顾名思义其作用是充当燃料。燃料乙醇施用实施有两种方法。其一是以乙醇为汽油的"含氧添加剂"(oxygenate additive),这是美国施用燃料乙醇的基本方法。通常这种无铅汽油含约 10% 的乙醇,因为水油(汽油)不溶,这里所用的乙醇当是"无水乙醇"。另一种是用乙醇代替汽油,这是 20 年前在巴西普遍采用的方法。这方面的工艺也十分成熟。

2. 调制蒸馏酒

所谓蒸馏酒是在原料酒精发酵后采用蒸馏技术而获得的酒,也就是用发酵酒通过蒸馏将酒度提高后的酒,酒度较高。众所周知的白兰地、威士忌、金酒、伏特加、朗姆酒和中国白酒构成世界六大蒸馏酒。

3. 医药化工等方面的用途

作为一种原料和中间产品,酒精广泛应用于医药、化工等行业。据统计,2006 年化工及医药行业对酒精消耗量仍然达到 170 万 t。

4. 酒精工业的副产物

大型酒精企业除主产品酒精外,还有如下副产物:优质颗粒饲料 DDGS(全价干酒精糟,distillers dried grains with solubles);优质食用级 CO_2,CO_2 是发酵酒精相伴生成的数量最大的副产物,高纯度食用级 CO_2 除用做碳酸饮料外,还在保护焊接、药物萃取、制冷、温室生产等方面有很广的用途;玉米油、玉米胚芽油是优质保健食品;以玉米、小麦等为原料的大型酒精生产企业,还可生产玉米淀粉、葡萄糖浆、果葡糖浆、谷朊粉、玉米蛋白等;杂醇油是某些食用香料的主要原料。

任务一　淀粉质原料酒精生产

【知识前导】

一、淀粉质原料

我国发酵酒精的 80% 是用淀粉质原料生产的,其中以山芋干等薯类为原料的约占 45%,玉米等谷物原料的约占 35%。下面将淀粉质原料的两大组成部分——薯类原料和谷类原料进行介绍。

(一)薯类原料

我国酒精工业的主要原料是甘薯(山芋),南方一些省份有用木薯生产酒精的,马铃薯仅在西北少数地区用作酒精原料,但在东欧,它被广泛地用作酒精生产原料。

1. 甘薯

甘薯属旋花科植物,又称地瓜、白薯、红薯等。我国是甘薯栽培生产最多的国家,日本和美国也曾有较多栽培,印度、东南亚各国、热带美洲、非洲一些国家也普遍栽培。

甘薯为高产作物,一般优良品种的亩产可达 2 000 kg。甘薯食用部分为块茎,鲜甘薯块茎含水 60%~80%,含淀粉 10%~30%,含糖约 5%,还含有少量油脂、纤维素、灰分等。

2. 马铃薯

马铃薯属茄科一年生植物,又称土豆、洋山芋等。可食用部分为块茎。鲜马铃薯含水 68%~85%,含淀粉 9%~25%,粗蛋白 0.7%~3.67%,灰分 0.5%~1.87%。马铃薯的生长期短,在日照不足与无霜期短的地区也能生长;且其含有较多的淀粉以及酵母生长需要的蛋白质,纤维少,结构松脆,容易加工。

3. 木薯

木薯是我国生产淀粉主要原料之一,主要产地为广东、广西、海南岛等热带亚热带地区,其他地方也有种植,但产量不多。中国木薯产量有限,近年开始进口泰国鲜木薯(泰国年产鲜木薯 1 800 万~2 000 万 t),以提高酒精产量。2001 年我国进口泰国木薯约 160 万 t(到岸价 70~75 美元/t)。

(二)谷物原料

国际上最常用的谷物原料是玉米和小麦。我国以往只有当瓜干等原料不足,或谷物受潮发热、霉烂变质的情况下才用谷物原料。今后随着我国粮食生产的发展及经济的对外开放,用于酒精生产的谷物数量将有所增加,特别是玉米,作为酒精和饲料综合生产的原料是最理想的。但是,从整体上来说,谷物是粮食,除玉米外,不应成为酒精生产的基本原料。

二、淀粉质原料酒精生产工艺

(一)原料的预处理

一般来说,淀粉质原料的预处理主要包括除杂与粉碎两个工序。通常,淀粉质原料预处理后,进入蒸煮(糊化)、液化、糖化工序,将淀粉转变成可发酵糖,而后发酵生产酒精。

1. 淀粉质原料的除杂

淀粉质原料在收获过程中,很容易混入泥土、小砂石、短绳头及纤维杂物,甚至铁钉等金属杂物,这些杂质必须除净,否则会影响生产的正常运转,特别是对于大规模系统性非常强的超大型酒精企业,除杂的意义更为重要。

一般除杂工作流程为"二筛、一去石、一磁选"。目前实际生产中选用的平面回转筛(噪声低、运行平稳、清理效率高、卫生条件好)和 TCXT 系列强力永磁筒(磁感应强度可达 $200\sim300$ mT)是除杂的关键设备。5-48-Ⅱ型除尘风网的风机性能很好,去石机应根据原料的特点调整参数,即通过调整风速、鱼鳞孔的高度、偏心距、振动频率等来达到较好的除杂效果。

2. 淀粉质原料的粉碎

把原料进行粉碎后成为粉末原料,其目的是要增加原料受热面积,有利于使包含在原料细胞中的淀粉颗粒能从细胞中游离出来,充分吸水膨胀、糊化乃至溶解,提高处理效率,缩短蒸煮时间,为随后的淀粉酶系统作用,并为淀粉转化成可发酵性糖创造必要和良好的条件。另外,粉末状原料加水混合后也容易流动输送。

对于一些带壳的原料,如高粱、大麦,在粉碎前,则要求先把皮壳破碎,除去皮壳后再进行粉碎。酒精工厂常用的原料粉碎方法有干式粉碎和湿式粉碎两种。

(二)原料的水-热处理

1. 高温高压蒸煮工艺

高温高压蒸煮工艺分为间歇式和连续式两种,这两种工艺都已发展成熟,曾经被许多酒精厂采用。

(1)间歇蒸煮工艺   这种蒸煮方法,目前一些产量较低的小型酒精厂和液体白酒厂中仍在使用。

间歇蒸煮工艺流程:

$$温水$$
$$\downarrow$$
$$原料 \rightarrow 粉碎 \rightarrow 搅拌 \rightarrow 泵 \rightarrow 蒸煮锅 \rightarrow 升温 \rightarrow 蒸煮 \rightarrow 放醪$$

间歇蒸煮的主要优点在于设备简单,操作方便,投资也较少,适宜于生产规模较小的液体酒精厂采用。但与连续蒸煮相比,间歇蒸煮工艺存在一系列严重的缺点:蒸汽消耗量大,而且需要量不均匀,造成锅炉操作的困难和煤耗的增加;辅助操作时间长,设备利用率低;蒸煮质量较差,出酒率也较低;难以实行操作过程的自动化。因此,后来生产规模适宜的工厂都应采用连续蒸煮工艺代替间歇蒸煮工艺。

(2)连续蒸煮工艺   高温高压连续蒸煮工艺,可根据蒸煮设备的不同分为三类:锅式(罐式)、管式以及塔式(柱式)连续蒸煮。

①锅式（罐式）连续蒸煮　锅式连续蒸煮最初是将酒精工厂原有的间歇式蒸煮锅经改装后几个锅串联起来,并增加一个预煮锅和一个汽液分离器而投入酒精生产的。锅式连续蒸煮便于自动化和连续化生产,生产能力扩大,出酒率提高,适合于老厂改造。一般工厂都采取3个蒸煮锅串联的方式进行连续蒸煮。其工艺流程见图4-1。

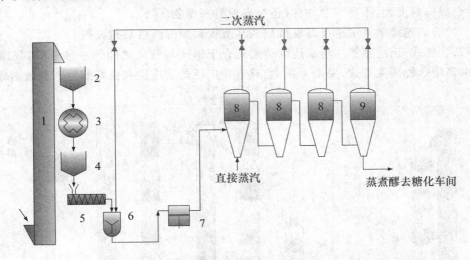

图 4-1　罐式连续蒸煮工艺流程

1. 斗式提升机　2. 贮斗　3. 垂式粉碎机　4. 粉料贮斗　5. 螺旋输送器
6. 搅料桶　7. 往复泵　8. 蒸煮罐组　9. 汽液分离器

控制上述蒸煮工艺操作条件的方法,主要通过调节蒸煮进料的速度和蒸汽量的大小来控制1号锅的蒸煮温度和压力,最后一个锅的压力控制则通过排醪量的大小来调节。表4-1所示是几种原料锅式连续蒸煮的工艺条件。

表 4-1　几种原料锅式连续蒸煮的工艺条件

原料	Ⅰ号锅		Ⅱ号锅		Ⅲ号锅	
	温度/℃	时间/min	温度/℃	时间/min	温度/℃	时间/min
甘薯干粉	135	20	132	20	125	20
玉米粉	150	20	146	20	135	20
元麦粉	145	20	140	20	135	20

锅式连续蒸煮是利用温度渐减曲线来进行蒸煮的操作管理。其优点是中温缓慢蒸煮,操作方便,蒸煮醪质量较好,糖分损失少;由于容器大,后熟时间长,汽液在锅内混合较均匀,减少了原料夹生现象;压力稳定,容易控制;在原料含较多杂质、纤维、皮壳或醪液黏稠的情况下,也不易发生堵塞。缺点是设备占地面积大,蒸煮过程时间较长,蒸煮时还存在醪液滞留和滑漏现象,蒸煮醪质量有时不均匀。

②管式连续蒸煮　管式连续蒸煮工艺是将淀粉质原料在较高的温度和压力下进行蒸煮。

管式连续蒸煮是通过加热器和管道来完成的。物料先通过加热器在较高温度和压力下,使物料和蒸汽在短时间内充分混合,完成热交换。然后混合的高温物料再通过管道转弯处产生压力的间歇上升和下降,使醪液发生收缩膨胀、减压汽化、冲击等使淀粉软化和破碎,进行快速蒸煮。

　　管式连续蒸煮的主要特点是高温快速,糊化均匀,糖分损失少,设备紧凑,易于实现机械化和自动化操作。但由于蒸煮温度高,加热蒸汽消耗量大,并形成较大数量的二次蒸汽,因而只有在充分利用二次蒸汽的条件下,才能提高其经济效益。又由于其蒸煮时间短,蒸煮质量不够稳定,生产操作难度大,不易控制,有时还会出现阻塞现象。

　　成熟的管式连续蒸煮工艺是苏联维尼兹基流程和美国西格莱姆流程。

　　③塔式(柱式)连续蒸煮　塔式连续蒸煮是介于锅式与管式之间的一种流程,我国酒精生产企业也多用这种蒸煮方式,见图 4-2。它具有较广泛的适应性和良好的生产参数指标。

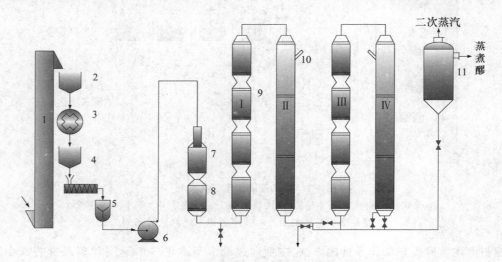

图 4-2　柱式连续蒸煮工艺流程
1.斗式提升机　2.贮料斗　3.锤式粉碎机　4.贮料斗　5.混合桶　6.离心泵
7.加热器　8.缓冲器　9.蒸煮柱　10.后熟器　11.温度计

　　这三种连续蒸煮工艺流程各具特色,要根据生产厂的实际情况而定,如果决定选择高温高压连续蒸煮工艺,那么如要利用原有蒸煮锅改建时可采用锅式(罐式)连续蒸煮;如是新建连续蒸煮装置时应选用塔式(柱式)连续蒸煮工艺;如在有高压锅炉的地方可考虑采用管式连续蒸煮工艺。

　　2.低温低压蒸煮工艺

　　由华南理工大学负责设计和总承包的泰国宝利来酒精厂,采用加 α-淀粉酶的低温蒸煮工艺。

　　木薯干片为原料的低温蒸煮工艺流程:

α-淀粉酶

木薯干片 → 一级粉碎 → 二级粉碎 → 螺旋拌料 → 粉浆预热至55℃ → 喷射液化 → 88℃液化至100 min → 成熟蒸煮醪

55℃热水

　　该工艺要求木薯干片经一级和二级粉碎后,原料的粉碎粒度应达到 1.0～2.0 mm。在螺

旋输送机中加入 α-淀粉酶和 55℃ 热水,使其与粉料混合均匀。在粉浆检验罐中检查原料的加水比是否合适,并进行调整。粉浆在拌料罐中保温 55℃ 左右,按不同来源的 α-淀粉酶控制粉浆的 pH。有些工厂为了操作方便,简化工艺过程,不专门调整粉浆的 pH,而是以粉浆的自然 pH 为准。一般应控制 pH 在 5.0～7.0 之间。

在生产过程中,泰国宝利来酒精厂采用丹麦 NOVO 公司生产的 TERMAMYL 120 L 淀粉酶。这种液化型淀粉酶的加入量,控制在每克原料 1.0～2.5 单位。用往复泵送入喷射加热器,加热至 88℃,在 3 个低温蒸煮罐中维持液化 100 min,即可达到规定的液化要求。

以上蒸煮醪经冷却至 60℃ 后,加入 NOVO 公司生产的糖化酶 AMG 300 L 进行糖化,糖化时间维持 30 min。糖化完毕后,将糖化醪冷却至 30℃,利用耐高温酵母 HY8 进行酒精发酵。图 4-3 为玉米粉为原料的低温低压蒸煮工艺流程图。

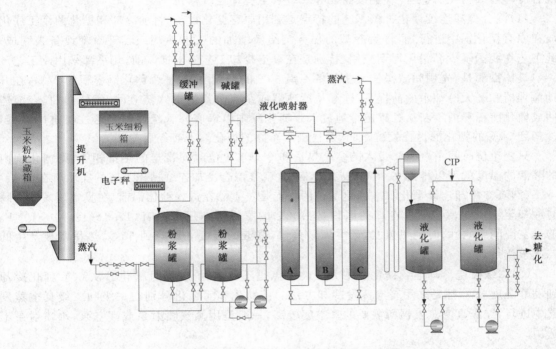

图 4-3　玉米粉为原料的低温低压蒸煮工艺流程图

低温低压蒸煮的主要特点如下:

(1)淀粉出酒率较高,原料耗用率低。采用耐高温酵母可在平均气温 34℃ 条件下,发酵温度 40℃ 左右进行正常发酵,残糖降至 0.45%。加上低温蒸煮减少了可发酵性糖的优化和分解反应,使淀粉利用率提高。

(2)采用蒸煮温度为 88℃,比高温高压蒸煮节约大量的蒸汽。加热蒸汽的压力只需 350 kPa,比高压蒸煮要求的 500 kPa 降低了 150 kPa。由于采用双酶法进行液化和糖化,省去了制曲车间,节约了水、电、汽的消耗量。

(3)由于蒸煮的温度和压力较低,蒸煮醪从 88℃ 冷却至糖化温度 60℃ 时,所用的冷却水量比高温高压蒸煮所用的冷却水量大大减少。

（三）糖化工艺

淀粉（糊精、低聚糖）转变为糖的这一过程，称为糖化。糖化后的醪液称为糖化醪。

1. 间歇糖化工艺

间歇糖化有许多不同的操作方法，我国酒精厂最常用的方法是：在糖化锅内放入一部分水，使水面达搅拌桨叶，然后放入蒸煮醪，边搅拌边开冷却水冷却。蒸煮醪放完并冷却到61～62℃时，加入糖化剂，搅拌均匀后，静止进行糖化30 min，再开冷却水和搅拌器，将糖化醪冷却到30℃，然后用泵送至发酵车间。

2. 连续糖化工艺

根据蒸煮醪冷却（前冷却）和糖化醪液冷却（后冷却）的方法不同，可将连续糖化工艺分成混合冷却连续糖化、真空冷却连续糖化和二级真空冷却连续糖化三类。

（1）混合冷却连续糖化　该工艺的特点是利用原有糖化设备，将前冷却和糖化两个工序仍放在原有糖化锅中进行，而将后冷却的任务交给新增加的喷淋冷却或套管冷却设备去完成。此工艺在我国不少酒精厂得到应用，特别是在真空冷却工艺尚未推广前，几乎都采用此工艺。

具体操作是：先用间歇操作大法制备一锅60℃的糖化醪（占整个糖化锅容积的2/3），在开动搅拌器和开大冷却水的前提下，连续从后熟器或蒸汽分离器送入蒸煮醪，固体曲曲乳、液体曲或糖化酶稀释液不断从贮罐定量地流入。糖化醪则以锅底醪管经往复泵送往喷淋冷却器，冷却到30℃的糖化醪送往发酵车间，送往酒母车间的糖化醪不必经后冷却。

只要单位时间由蒸煮醪带入的多余热量和冷却水单位时间带走的热量相等，则糖化锅内的醪液的温度就可以维持在60℃，持久不变，这就是混合冷却连续糖化工艺的实质所在。

（2）真空冷却连续糖化　本糖化工艺的特点是蒸煮醪在进入糖化锅前，在真空蒸发器内瞬时冷却至60℃。真空蒸发冷却的原理是：102℃的蒸煮醪在压力只有$(17.3～18.7)×10^3$ Pa的真空空间中，会瞬时绝热蒸发，产生大量蒸汽，醪液的温度立即降到60℃，热量则被产生的二次蒸汽带走。

（3）二级真空冷却连续糖化　本方法的特点是不仅前糖化，而且糖化醪从60℃糖化冷却到发酵温度30℃都是采用真空蒸发冷却方法。前糖化和后糖化分别在一级和二级真空蒸发器中进行，二级真空蒸发器所需要的真空度较高，一般是用蒸汽喷射泵或真空泵，水喷射泵不适用。

由于第二级真空冷却需要的真空度很高，对设备的要求高，能耗也大，所以该工艺在我国没有得到广泛应用。但是，在南方夏天或缺少地下水作冷却用水的地方，本工艺也是一种可供选择的途径。

3. 双液流糖化工艺

苏联学者提出了一种适合于连续发酵工艺的双液流糖化工艺。其实质是将蒸煮醪分成相同容量的两部分，一部分配液用的糖化剂量是总量的2/3，另一部分则是1/3。前一部分糖化醪送往发酵槽组的第一只发酵罐（首罐），后一部分糖化醪则送往第二只发酵罐。

采用双液流糖化法可使连续发酵的速度提高40%左右。在缩短发酵周期的同时，成熟发酵液中残余还原糖量也减少。

（四）酒精发酵工艺

根据发酵醪注入发酵罐的方式不同，可以将酒精发酵的方式分为间歇式、半间歇半连续式和连续式三种。

1. 间歇式发酵

间歇操作是发酵工业中广泛采用的方法之一,与连续操作相比,间歇操作的特点是:微生物所处的环境是不断变化的;可进行少量多品种的发酵生产;发生杂菌污染能够很容易中止操作;当运转条件变化或转产新产品时,易改变处理对策;对原料组成要求较粗放等。

2. 半间歇半连续发酵

半连续发酵是指在主发酵阶段采用连续发酵,而后发酵则采用间歇发酵的方式。在半连续发酵中,由于醪液的流加方式不同,又可分为两种:一种是将一组数个发酵罐连接起来,使前三个罐保持连续发酵状态;第二种方法是由7~8个罐组成一组罐,各罐用管道从上部通入下一罐底部相串联。

半连续发酵方式的优点是省去了酒母制作,但无菌操作要求高。

3. 连续式发酵

由于具体操作方法的不同,连续发酵工艺可分循环连续发酵法、多级连续发酵法、双流糖化和连续发酵等。

广西桂平糖厂酒精车间采用全封闭自流式连续发酵如图4-4所示。其连续发酵系统中的发酵罐有15只,其中,前面有一组4只新罐与另一组6只罐并联,然后两组同时流入第7号罐。从第7号罐至第11号罐进行串联,发酵至第10号罐结束。第10号与第11号罐均为发酵成熟醪。

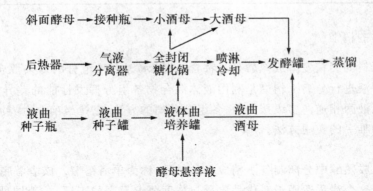

图4-4　桂平糖厂酒精车间发酵流程示意图

流加罐控制温度为30~33℃,外观糖为5~7°Bé,酒精度4%~6%(容量),酵母数0.7亿~1亿/mL,还原糖1.5%~2.5%,pH 3.8~4.0。醪液流至第11号罐结束。其成熟发酵醪外观糖度为1~1.6°Bé,酒精度9%~11%(容量),总糖0.3%~0.5%,还原糖0.2%以下,总酸2.2~3.5,挥发酸0.2。

在上述工艺流程中,各糖化醪流加罐始终处于主发酵状态,在这一阶段中酵母处于增殖阶段,并同时伴随着发酵醪中的淀粉和糊精继续被糖化,而后几个发酵罐则起着后发酵作用。表4-2为不同的酒精发酵方式的优缺点。

表 4-2   不同操作方法的优缺点

方式	优点	缺点	应用场合
间歇式	设备费用低;同一设备可进行多种产品生产;高收率;发生杂菌污染或菌种变异的概率低。	反应器的非生产周期较长;由于频繁杀菌,易使检测装置损伤;每次培养均要接种,增加了生长成本;需要非稳定过程控制费用;人员操作加大了污染的危险。	使用同一种反应器,进行多种产物的生长;易发生杂菌污染或菌种变异。
半连续式	同一套设备可进行多种产品生产;可任意控制反应器中的基质浓度;可确保微生物所需的环境;高收率。	有非生产周期;需要较高的投入;人员操作加大了污染的危险;由于频繁杀菌,易使检测装置损伤。	生产效率低;希望延长反应时间;出现基质抑制;使用缺陷型变异株;一定培养基成分的浓度是菌体收率或代谢产物生产速度的影响因素;需要高菌体浓度。
连续式	易机械化、自动化;节约劳动力;反应器体积小;可确保产品品质稳定;由于机械化操作,减少了操作带来的污染;几乎没有因杀菌使检测装置损伤的可能。	同一套设备不能生产多种产品;需要原料的品质均一;设备投资高;长时间培养,增加了杂菌污染或菌种变异的概率;反应器内保持醪液的恒定,有一定困难。	需生产速率高的场合(对于同一品质,大量生产的产品);基质是气体、液体和可溶性固体,不易发生杂菌污染或菌种变异。

(五)成熟醪的精馏

以玉米为原料的酒精发酵成熟醪是一种含乙醇、水等多种组分的复杂混合液体。欲获乙醇产品则需对醪液进行分离。精馏是利用液体混合物各组分挥发性能的差异,通过液相和气相的回流,使气、液两相逆向多级接触,将各组分分离的方法,它是当前全世界酒精工业从成熟醪中获取酒精的唯一的实用方法。

1. 单塔流程

用一个塔从成熟醪中分离制备酒精成品的过程,称为单塔精馏。该塔塔底排酒精糟液,塔顶引出粗酒精。这个流程适用于对成品质量与浓度要求不高的工厂,一般国外生产浓度88%（V/V）的粗酒精时常用单塔流程。我国酒精工厂一般都不采用这种工艺流程。

2. 双塔流程

若利用单塔流程制造浓度95%（V/V）以上的酒精成品,则塔的塔板数数量很大,结果造成塔身过高,相应的厂房建筑也要很高。这种单塔所得的酒糟数量很大,但其中固形物较少,对酒糟的综合利用和处理也不方便。为此,人们将酒精的蒸馏和精馏两个过程分别在两个塔内进行,这样就产生了由粗馏塔(粗塔、醪塔)和精馏塔两个塔组成的双塔蒸馏工艺流程。

粗馏塔的作用是将酒精和挥发性杂质及一部分水从成熟发酵液中分离出来,并排除由固形物、不挥发性杂质及大部分水组成的酒糟。精馏塔的作用是使酒精增浓和除杂,最后得到符合规格的成品酒精,并排除废水。总体来讲,双塔流程生产的酒精比单塔流程生产的酒精的质量要好得多,但是质量还不够高,一般难以达到食用酒精的标准。

3. 三塔流程

双塔流程的主要缺点是成品酒精的质量不够高,无法生产优质的高纯度精馏酒精或食用级酒精。三塔流程就是为了解决双塔流程的这个问题而提出来的。

常规的三塔流程包括粗馏塔、排醛塔和精馏塔三个塔。排醛塔的作用是排除醛酯类等中头级杂质,由于排醛塔排除头级杂质需要在酒精浓度较低的时候进行(一般排醛塔要用水稀释从粗馏塔得到的粗酒精,以得到较大的精馏系数,因此排醛塔又称水萃取塔),醛酯类头级杂质的精馏系数较大,比精馏塔顶部分离头级杂质的效果要好,另外由于进入精馏塔的脱醛酒已经含有很少头级杂质,所以成品酒精液层的酒精水蒸气中头级杂质已经相应降低,成品酒精的质量当然就相应提高。

我国有一些酒精厂在改建双塔流程时,往往倾向于在精馏塔之后装一只后馏塔(二精塔),也叫脱甲醇塔(将在后面较详细介绍)。脱甲醇塔对降低成品酒相中的甲醇有明显效果,蒸汽的消耗也低于排醛塔,但是由于甲醇塔是在高酒精浓度下运行的,在排除其他头级杂质方面不如排醛塔。

4. 多塔流程

在双塔或三塔流程的基础上,根据需要,可以增添具有专门功能的附加塔,从而构成四塔、五塔乃至六塔流程。通常有三种附加塔。

(1)水萃取塔 水萃取塔是把来自醛塔、精馏塔或含杂馏分处理塔的浓度较高的粗酒精(84%~93%,V/V),通过加水稀释萃取精馏,进一步清除粗酒精中的头级和中级杂质。目前工艺中,水萃取塔多设计为 50 层塔板,物料一般从第 30 层塔板处进入(从塔底数起),同时来自精馏塔塔釜的酸度较低的余馏水(酸度 0.1)从水萃取塔的顶部进入,作为稀释粗酒精用水。经水萃取塔处理,可使粗酒精中大部分醛类和中级杂质进入水萃取塔顶部,水萃取塔顶部的酒精浓度可达 35%(V/V),水萃取塔底部中头级杂质浓度较低,酒精浓度约为 15%(V/V),塔底溶液送至精馏塔精馏浓缩。

(2)脱甲醇塔 从精馏理论可知:甲醇的精馏系数随酒精浓度的增加而变大,所以甲醇的理想分离应该在高酒精浓度时进行。脱甲醇塔的作用就是进一步去除精馏塔来的 95%(V/V)以上的精馏酒精中的甲醇,同时还可以进一步除去其他残余的头级杂质(如乙醛等),使从精馏酒精的质量进一步提高。

通过脱甲醇塔脱除甲醇后酒精中的甲醇含量明显降低;酒精外观、色度、氧化时间都明显提高;酒精头级杂质如乙醛等也有较大幅度降低;酒精的酸度明显降低。这些对于生产高质量的酒精是十分有利的。

(3)含杂馏分处理塔 含杂馏分处理塔的主要作用是将含杂醇油较多的低浓度酒精(30%~60%,V/V)蒸馏浓缩,去除一定量的杂质,生产出工业酒精,该工业酒精还可以送回水萃取塔重新处理以提高优质酒精产率。

杂醇油混合物也主要从该塔采出。采出的杂醇油混合物经冷却器和杂醇油分离器后,得到杂醇油和淡酒,杂醇油进入杂醇油储罐,淡酒可以进入水萃取塔重新处理。

【知识拓展】

酒精发酵新技术

酒精发酵新技术

任务二　糖质原料酒精生产

【知识前导】

一、糖质原料

酒精生产常用的糖质原料，一般是甘蔗废糖蜜和甜菜废糖蜜两种。它们都是糖厂生产的副产物，含有较多的可发酵性糖，是酒精生产的良好原料。糖质原料生产酒精时，不需要像淀粉质原料那样进行蒸煮和糖化，因此，可省去糖化剂的制备，生产工艺比较简单。糖蜜的干物质浓度一般不低于 80 °Bé，全糖分在 45％以上，因此，糖蜜需经过稀释后才能用于酒精发酵。

甘蔗废糖蜜呈微酸性，而甜菜废糖蜜则呈碱性，需调整 pH 后才适合于酵母生长和发酵。糖蜜中含有 5％～12％的胶体，胶体主要是由焦糖、黑色素等组成，对酵母有抑制作用，也易引起发酵液泡沫增多。一般糖蜜中都含有较多的灰分，这会使设备结垢和影响发酵率。其中重金属离子如铜和铅含量较多，在发酵液中铜离子含量如超过$(5～100)×10^{-6}$，就会对酵母生长和发酵产生抑制作用。

1.甘蔗废糖蜜

我国南方各省均建有许多以甘蔗为原料的糖厂。随着制糖工业的不断发展，废糖蜜的产量大幅度增加，给糖蜜酒精生产提供了大量的原料。甘蔗废糖蜜的产量约为甘蔗原料的 3％。甘蔗废糖蜜中含有大量的蔗糖和转化糖，含磷较多，含氮量较少。

2.甜菜废糖蜜

甜菜废糖蜜是以甜菜为原料的糖厂生产糖产品后的副产物。其产量为甜菜量的 3％～4％。甜菜的主要产地在我国黑龙江、辽宁、吉林、内蒙古等省区。甜菜废糖蜜含氮量为1.68％～2.3％，甜菜废糖蜜含氮的组分因其来源不同而有较大的差别。

甜菜废糖蜜是外观黏稠、呈黑褐色、带特殊气味的液体，这种气味是由三甲胺和甲硫醚引起的。甜菜废糖蜜成分较复杂，而且变化大。它与甜菜的生产环境、栽培和收获方法、保藏条件及时间、制糖工艺等因素有关。甜菜废糖蜜的有机非糖分中包括含氮物质、有机酸、糖的分解产物、芳香族化合物等。

在生产过程中，掌握不同浓度的糖蜜在不同温度条件下的黏度变化情况是很重要的。黏度太大对原料输送和酒精发酵均不利,直接影响到酵母菌的生长和繁殖。因此,在糖蜜原料稀释处理过程中,应考虑其黏度的变化情况。

二、糖蜜酒精生产工艺

(一)糖质原料的预处理

糖质原料的共同特点是它所含的发酵性物质是可以直接供酵母进行酒精发酵的各种糖,因此在工艺过程中不需要考虑原料的酶水解或酸水解。这样就大大简化了生产过程,成本也相应降低。

不同的糖质原料生产酒精有各自的特点,由于我国糖类原料目前主要是甘蔗或甜菜的废糖蜜,因此这里主要介绍废糖蜜的预处理。

1. 糖蜜的稀释

目前,国内外糖蜜酒精的生产工艺可以分为单浓度流程与双浓度流程两类。根据工厂采用的工艺流程,可将糖蜜稀释成一种浓度或两种浓度的稀糖液。

采用单浓度流程的工厂制备一种稀糖液,其浓度为 22%～25%;而双浓度流程的工厂制备两种稀糖液的浓度分别为 12%～14%(酒母稀糖液)和 33%～35%(基本稀糖液)。糖蜜稀释的方法可以分为间歇和连续两种方法。

(1)间歇稀释法 这种稀释方法设备较简单,通常可以在一个带搅拌器的稀释罐中进行,也可在工厂原有的糖化罐中进行稀释。

糖蜜间歇稀释法是先将糖蜜由泵送入高位槽,经过磅秤称重后流入稀释罐,同时加入一定量的水,开动搅拌器充分拌匀,得到所需浓度的稀糖液,经过滤后可供酒母培养和发酵用。

(2)连续稀释法 目前我国糖蜜酒精工厂多采用连续稀释法,糖蜜连续稀释是通过连续稀释器进行的。

2. 糖蜜的酸化

糖蜜酸化的主要目的是调节糖液的 pH,以防止发酵时杂菌的繁殖,同时加酸也有利于除去部分灰分和胶体物质。

酸化用酸常用的是硫酸和盐酸,但是近年来已有不少工厂采用盐酸来代替硫酸。盐酸盐不像硫酸盐那么容易在设备中结垢,可以在很大程度上减轻设备除垢的劳动。而且,如果要从发酵醪中回收酵母,则用盐酸酸化工艺所得的酵母色泽也较好。

另外,在用甜菜糖蜜生产酒精的过程中,糖蜜酸化时会释放出棕黄色剧毒的二氧化氮气体,因此需要通风设备将其导出,防止中毒事故发生。

3. 营养盐的添加

(1)甘蔗糖蜜所需添加的营养盐 甘蔗糖蜜中缺乏的营养成分主要是氮素、镁盐以及生长素。我国甘蔗糖蜜酒精厂普遍采用硫酸铵作为氮源,因为铵盐能被酵母很好的利用,用量一般为每吨糖蜜添加 21% 含氮量的硫酸铵 1～1.2 kg,即 0.1%～0.12%。也有一些工厂采用尿素作为氮源,由于它的含氮量为 46%,为此可适当减少用量,只要硫酸铵的一半就足够了。

(2)酒精酵母的自溶液、麸曲等也可以作为氮源 酒精酵母的自溶液可以通过将分离得到的酒精酵母泥于 35～40℃下用酵母自溶的方法得到(即通过菌体自身的蛋白酶将细胞分解)。自溶液中所含的氨基酸和生长素可用来作为氮源和生长素补充剂。

麸曲加水,加热到 50℃,保温维持 6 h,麸曲中的蛋白质在曲霉菌蛋白酶的作用下分解。由于曲霉菌能合成酵母需要的生长素,因此麸曲汁既可以作为氮源,又可以作为生长素添加剂。至于镁盐,常用硫酸镁,用量约为糖蜜质量的 0.04%～0.05%。

(3)甜菜糖蜜所需添加的营养盐 甜菜糖蜜的成分与甘蔗糖蜜不完全相同,因此,营养盐的添加也不尽相同。一般来说,甜菜糖蜜中并不缺乏氮素和生长素,但是磷酸盐的含量不足。不过,甜菜糖蜜中氮的利用率和通风情况密切相关。如果通风培养,则氮素利用效率高,足够供酵母生长。但是如果不通风,氮的利用效率就极为低下,需要添加一定的氮素。一般的用量是每吨糖蜜添加硫酸铵 0.36 kg。

由于甜菜糖蜜缺磷,目前工厂一般是用过磷酸钙作为磷源,其用量为甜菜糖蜜量的 1%。另外,也有利用工业磷酸作为磷源的。在需要同时添加磷和氮时,磷酸二氢铵也是一个选择。

4.糖蜜的灭菌

糖蜜中往往污染有大量的杂菌,主要是野生酵母菌,白念珠菌以及乳酸菌一类的产酸细菌。为了保证稀糖液发酵得以顺利进行,除了加酸提高糖液的酸度外,最好还要进行灭菌。灭菌的方法有两种,一种是加热灭菌,一种是添加防腐剂。

加热灭菌一般需要通蒸汽将稀糖液加热到 80～90℃,维持 1 h,即可达到灭菌的目的。加热灭菌可以在专门的灭菌罐内进行,也可以在酸化槽内加装加热蛇管,使加热和酸化工序在一个设备内进行。由于加热灭菌要消耗大量蒸汽,还要增加相应的设备,不大经济,所以工厂只有在必要时才采用这种方法。

添加防腐剂灭菌无须加热,有利于节能,降低成本,因此许多工厂都采用添加防腐剂的方法来进行灭菌。常用的防腐剂有以下几种:漂白粉、甲醛、氟化钠、五氯苯酚钠以及抗生素。其中漂白粉的价格最低,使用也比较广泛,其用量为每吨糖蜜 200～500 g;甲醛用来灭菌,一般要制成 40% 浓度的水溶液(即福尔马林),用量是每吨糖蜜 600 mL;氟化钠则毒性较大,用量一般为稀糖液量的 0.01%;五氯苯酚钠杀菌效果很好,一般用量仅为糖蜜量的 0.004%。

5.稀糖液的澄清

糖蜜中有很多胶体物质、色素和无机盐等,它们对发酵有害,因此在可能的情况下应采用澄清的方法来除去这些杂质。澄清的方法很多,常用的有加酸通风沉淀法,热酸处理法,加絮凝剂法以及机械分离法。糖蜜澄清对酒母生长和随后的发酵有利,但是任何一种澄清方法的成本均不低,因此,一般只有酒母稀糖液用澄清或酒精联产面包酵母时需要澄清,一般就不一定采用澄清了。

(二)糖蜜酒精发酵工艺流程

糖蜜酒精发酵的模式很多,这里仅介绍在工业生产上已得到应用的工艺流程。主要是间歇法和连续法,半连续法用得不多只作简单介绍。另外还有用两个菌株进行发酵的工艺,同时生产酒精和面包酵母工艺和糖蜜与淀粉质原料混合发酵工艺等流程,这里也将分别予以简单介绍。

1.间歇发酵流程

(1)普通间歇发酵 酒母罐预先用蒸汽加热至 100℃,空罐灭菌 1 h,送入在糖蜜稀释罐中事先配制好的浓度为 12%～15% 的稀糖液,再加热至 100℃,30 min,然后加入硫酸,调节 pH 至 4.5 左右,冷却后接入酒母种子,30℃培养至浓度降到 6%～8% 时,即得成熟酒母醪。

另将已配制好的浓度为 20%的稀糖液送入密闭式的发酵罐,在 30℃时接入 10%的成熟酒母醪,保温 30~35℃发酵,发酵时间为 30~40 h,成熟醪酒度为 6.5%~7%(V/V),发酵效率达 86%~87%。

(2)分割式间歇发酵 在一只发酵罐中按普通间歇发酵法进行间歇发酵,当发酵处在主发酵期时,从该罐抽出一部分主发酵醪(1/3~1/2),送入第二只发酵罐。用稀糖液将两只发酵罐加满。第一只罐的醪液任其发酵完毕,送去蒸馏。第二只罐在进入主发酵期后,又从中抽出 1/3~1/2 的醪液,送入第三只罐,再分别添加稀糖液,如此依次进行下去,即为主发酵醪分割法。

此法可省去大部分酒母的制备时间,其主要缺点是容易染菌。为此,除了应认真进行糖蜜酸化(pH 至 4.0)和添加五氯苯酚钠外,每天还应更换一次新鲜菌种。

酒母稀糖液浓度为 11%~13%,发酵稀糖液则为 18%~20%,发酵时间 30~36 h,成熟醪酒度 6%~7%(V/V)。

(3)分批流加间歇发酵 分批流加法的主要特点是在发酵过程中采用分批流加稀糖液的办法来尽量保持发酵醪中糖分浓度的一致,使酒母在相对稳定的条件下进行发酵。

分批流加法是先在发酵罐中加入 10%~20%的成熟酒母,并且分三次或更多次添加基本稀糖液。第一、第二次分别添加发酵罐有效容积 20%的稀糖液,第三次则添加 40%~50%的稀糖液。为了使酵母很好地增殖,每次流加后要适当通风,但要注意避免酒精的挥发。

当糖度降到 5.5%~6%时,才开始添加基本稀糖液,添加后醪中浓度上升到 7.5%左右,最后一次糖液的添加应保证成熟醪酒度在 8.5%~9%。发酵温度控制在 30~35℃,发酵时间 36~45 h,成熟醪的锤度为 5%~6%。

(4)连续流加间歇发酵 连续流加发酵的特点在于基本稀糖液是按一定的速度连续加入发酵罐,直至满罐。只要选择适当的流加速度,就能保证在流加过程中发酵醪的浓度大致相同,促使酵母保持旺盛的发酵能力,达到缩短发酵时间,提高出酒率的目的。

该法是先将占发酵醪总量 20%~30%的成熟酒母醪送入发酵罐。然后加入数量相同的酒母稀糖液(14%浓度)。通风培养 2 h,使发酵醪浓度降至 7.0%~7.5%。开始连续流加浓度为 33%~35%的基本稀糖液,保持发酵醪的浓度在 10%左右。流加至满罐后,任其发酵至结束。

发酵温度控制在 33~34℃,总发酵时间在 15~20 h,发酵醪酒精含量在 9%(V/V)以上。

(5)美国糖蜜间歇发酵 添加了酵母营养的稀糖液加入发酵罐中,然后从种子罐接入正在迅速生长的酒母醪。发酵过程中最高的发酵强度是在 14~20 h 时达到,以后发酵就在递减的发酵强度下进行,直至 95%的糖被发酵。

为了保证蒸馏过程的连续进行,一般都要有好几只发酵罐在同时运转。整个发酵过程的发酵强度大约是 1.8~2.5 kg/(m³·h)。为了提高发酵强度,在巴西酒精厂里广泛采用一种"Melle Bionot"过程。该过程主要一点是从成熟醪中回收有活性的酵母(通常是总体积的 10%~15%),并将它们倒入另外的发酵罐,以提高酵母的密度。

2.半连续发酵流程

半连续发酵流程主要是指前发酵连续,后发酵间歇的一类发酵方法。由于糖蜜酒精发酵的连续发酵工艺已比较成熟,所以这里只介绍一种苏联报道的半连续发酵工艺流程。

苏联酒精专家 1978 年报道了一种前发酵连续,后发酵间歇的流程。它的实质在于:

制备好的稀糖液和酒母进入第一只发酵罐,满罐后,发酵液从第一只罐溢流进入第二只发酵罐,待它充满后,发酵液改以从第一只罐流入第三只罐。第二只罐中的糖发酵完毕后送去蒸馏。第三只罐流满后,发酵液改流入第四只罐。如此顺次充满所有的发酵罐。原始稀糖液始终只流入第一只发酵罐,而第一发酵罐中发酵醪始终保持主发酵状态。

该流程减轻了酒母制备的工作量,也缩短了发酵时间。

3. 连续发酵流程

糖蜜酒精厂所采用的连续发酵方法较多,但常用是通气搅拌多级连续发酵法。为了使糖蜜酒精连续发酵在均相(或均质)情况下进行,同时保证有足够或较多的酵母数量,我国一些糖蜜酒精厂,在一组发酵罐串联起来的发酵系统中,第一个罐采用连续通气搅拌或间歇通气搅拌措施,在保持足够和较多酵母数量的情况下,通过连续流加基本稀糖液,使酵母迅速处于对数生长期,保持其旺盛的生命力,提高酵母的比生长速度,这是获得高发酵率的关键。在随后的各级发酵罐中,随着糖液浓度的降低,酵母比生长速度也逐渐缓慢降低。所以,设计糖蜜酒精连续发酵方案时,宜采用双流和多流系统,即糖液同时流入前2~3个发酵罐,以便保持酵母一定的比生长速度。间歇通气搅拌对稳定和保证较高的比生长速度更为有利。

4. 双浓度梯级式糖蜜连续发酵流程

这种工艺方法是把浓糖蜜稀释成两种不同浓度,一种供给酒母培养用,另一种则作为发酵的基本糖液。双浓度糖蜜酒精发酵流程如图4-5所示。

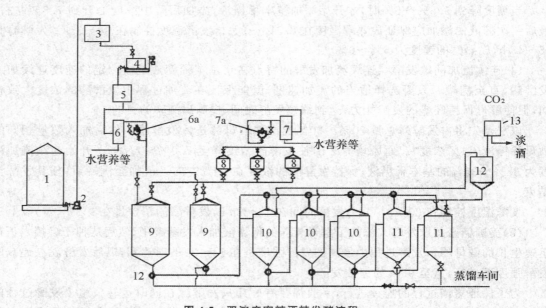

图 4-5　双浓度蜜糖酒精发酵流程

1.原糖蜜贮罐　2.泵　3.高位罐　4.磅秤　5.暂贮罐　6、7.稀释器　6a、7a.糖浓度检验器
8.酒母罐　9.流加罐　10、11.发酵罐　12.CO_2捕集器　13.CO_2洗涤器

5. 单浓度梯级式糖蜜连续发酵流程

单浓度酒精连续发酵工艺比双浓度酒精连续发酵工艺简单。该工艺把1~2发酵罐作为酒母增殖罐。在增殖罐中装有无菌空气管,并和前面3个主发酵罐一样设有蛇管冷却装置。有些厂在酒母罐和主发酵罐顶部设有消泡剂入口,当发酵泡沫多时,可进行消泡处理。单浓度

糖蜜酒精发酵的流程如图 4-6 所示。

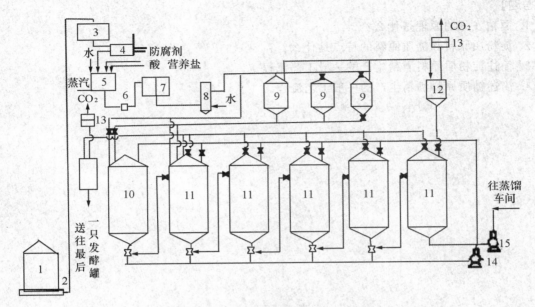

图 4-6 单浓度梯级式糖蜜连续发酵流程
1.糖蜜贮罐 2.泵 3.高位罐 4.磅秤 5.酸化罐 6.除渣器
7.贮罐 8.稀释器 9.酒母罐 10.酒母增殖罐 11.发酵罐
12.CO₂捕集器 13.CO₂洗涤器 14.循环泵 15.成熟醪泵

6.酵母回用糖蜜连续发酵工艺流程

此法是采用高速离心机将发酵醪中的酵母进行回收利用。其优点是发酵周期短,产率高,设备利用率高。

回收酵母的多级连续发酵是在一组四个串联的发酵罐中进行,从发酵醪分离回收的酵母浆,约为发酵醪容积的 15%,此酵母浆送至酒母罐,添加浓度为 110～120 g/L 的稀糖液并添加硫酸,使酸度达 1～1.3,再加过磷酸钙,而不加氮源养料。当糖蜜的体积分数降至 45%～55% 时,即将酒母醪送至发酵罐,在发酵过程中释放的二氧化碳,通过捕集器收集,而洗水则用来稀释糖蜜。发酵醪用泵送入沉降槽,通过高速离心分离器将醪液和酵母分离,醪液送去蒸馏,酵母重回活化罐中,如此反复使用 15 次左右,再重新接种。

【知识拓展】

其他糖质原料的酒精生产

其他糖质原料的酒精生产

【思考题】

1. 酒精发酵的原理是什么？
2. 淀粉质原料和糖质原料的特点是什么？
3. 简述淀粉质原料酒精生产的一般工艺流程。
4. 简述糖质原料酒精生产的一般工艺流程。

项目五 黄酒的生产

知识目标
1. 熟悉黄酒的分类及特点。
2. 熟识喂饭法与摊饭法生产黄酒的工艺过程及工艺要点。

技能目标
1. 能够完成黄酒酿造各个操作环节并能够进行工艺控制。
2. 会操作黄酒酿造过程中的常用设备。
3. 能够进行黄酒质量的基本检验与鉴定。

项目导入

黄酒是我国的民族特产,属于酿造酒,是世界上最古老的酒类之一,源于中国绍兴,且唯中国有之,与啤酒、葡萄酒并称世界三大古酒。在世界三大酿造酒(黄酒、葡萄酒和啤酒)中黄酒占有重要的一席,酿酒技术独树一帜,成为东方酿造界的典型代表和楷模。黄酒是世界上三个最古老的酒种之一,其用曲制酒、复式发酵酿造方法,堪称世界一绝。

【概述】

一、黄酒的历史和发展

中国酿造黄酒的历史非常悠久,有关黄酒的起源,目前有多种说法。黄酒研究专家杨国军比较认同洪光住先生所著《中国酿酒科技发展史》一书:"我国以谷物酿造黄酒的起源,大约始于新石器时代初期,到了夏朝已有较大的发展,但是真正蓬勃发展的时代,应当是始于发明酒曲、块曲之时,即大约始于春秋战国、秦汉时期。"可见,我国较早便掌握了酿酒发酵原理,最早也最被业界认可的是我国晋代学者江统提出的自然发酵学说。在《酒诰》一文中,江统说:"酒之所兴,肇自上皇,或云仪狄,一曰杜康。有饭不尽,委馀空桑,郁积成味,久蓄气芳,本出于此,不由奇方。"

世界上三大古酒——啤酒、葡萄酒、黄酒。唯黄酒源于中国,是中国最古老的酒种,而且最富民族特色,黄酒的黄,不仅仅是指酒的颜色,其内涵也是相当广泛:黄酒的黄是哺育华夏子孙的母亲河——黄河的黄,是生养炎黄子孙的大地——黄土地的黄,是中国人的肤色的黄。可以说,黄酒是伴随中华民族悠悠 5 000 年文明历史发展的,是中华民族自己的酒。

黄酒中最有名的当数绍兴酒,一般人们所说的中国酒,就是黄酒,就是绍兴酒。绍兴酒有悠久的历史,从春秋时的《吕氏春秋》记载起,历史文献中绍兴酒的芳名屡有出现。尤其是清代饮食名著《调鼎集》对绍兴酒的历史演变、品种和优良品质进行了较全面的阐述,在当时绍兴酒已风靡全国,在酒类中独树一帜。绍兴酒之所以闻名于海内外,主要在于其优良的品质。清代袁枚《随园食单》中赞美:"兴酒如清官廉吏,不参一毫假,而其味方真又如名士耆英,长留人间,阅尽世故而其质愈厚"。《调鼎集》中把绍兴酒与其他地方酒相比认为:"像天下酒,有灰者甚多,饮之令人发渴,而绍酒独无;天下酒甜者居多,饮之令人体中满闷,而绍酒之性芳香醇烈,走而不守,故嗜之者为上品,非私评也"。并对绍兴酒的品质作了"味甘、色清、气香、力醇之上品唯陈绍兴酒为第一"的概括。这说明绍兴酒的色香味格四个方面已在酒类中独领风骚。

自清末到民国初年时期,绍兴酒声誉远播中外,1910 年在南京举办的南洋劝业会上,谦豫萃、沈永和酿制的绍兴酒获金奖。1915 年在美国旧金山举行的美国巴拿马太平洋万国博览会上,绍兴云集信记酒坊的绍兴酒获金奖。1929 年在杭州举办的西湖博览会上沈永和酒坊的绍兴酒获金奖。1936 年在浙赣特产展览会上绍兴酒又获金奖。多次获奖,使绍兴酒身价百倍,备受青睐,生产与销售不断发展。

中华人民共和国成立后,三代党和国家领导人都非常关心和喜爱绍兴酒。1952 年,周恩来总理亲自批示拨款,修建绍兴酒中央仓库,并多次向外国友人介绍推荐绍兴酒;邓小平对绍兴酒情有独钟,晚年时每天要喝一杯绍兴酒;1995 年 5 月,江泽民亲临中国黄酒集团,品尝绍兴酒后对随行人员说:"记住,这种酒是最好的酒!"并嘱咐:"中国黄酒天下一绝,这种酿造技术是前辈留下来的宝贵财富,要好好保护,防止被窃取仿制"。

绍兴酒在国家历届评酒会上都有金奖获得,先后被列为国家"八大名酒""十八大名酒"之一,著名"古越龙山"绍兴酒成为中国驰名商标。1988 年,绍兴酒被列为钓鱼台国宾馆唯一国宴专用酒。绍兴酒还先后五次作为国礼馈赠过柬埔寨国王、日本天皇以及美国总统尼克松和克林顿。1997 年绍兴酒成为香港回归庆典特需用酒。

绍兴酒现畅销江、浙、沪、闽等省市,远销日本、东南亚、欧美等 30 多个国家和地区,绍兴酒企业中影响和规模较大的有绍兴黄酒集团、绍兴东风酒厂、绍兴女儿红酒业公司、中粮绍兴酒有限公司、浙江塔牌酒厂等。

二、黄酒的概念和生产特点

在最新的国家标准中,黄酒的定义是:以稻米、黍米、黑米、玉米、小麦等为原料,经过蒸料,拌以麦曲、米曲或酒药,进行糖化和发酵酿制而成的各类黄酒。

黄酒是用谷物为原料,应用霉菌、酵母和细菌等多种微生物共同作用生产的一种酿造酒,其特点:①原料和酒种的多样性。酿酒原料因地而异,酒种有小曲酒、麦曲酒、红曲酒、黍米黄酒、玉米黄酒、青稞黄酒等。②发酵状态的多样性。发酵状态有固体发酵、固液结合发酵、半固体发酵和液体发酵。③采用开放式发酵。④微生物菌群多样性。有多种霉菌、细菌、酵母等。⑤独特的接种方式。有人工接种与自然接种。⑥细菌与酵母协同作用的混合发酵。⑦采用陶坛密封贮存。

三、黄酒的分类

(一)根据黄酒的含糖量划分

干黄酒:"干"表示酒中的含糖量低,糖分在发酵过程中都发酵变成了酒精,故酒中的糖分含量最低。最新的国家标准中,其含糖量小于 1.00 g/100 mL(以葡萄糖计)。这种酒属稀醪发酵,总加水量为原料米的 3 倍左右。发酵温度控制得较低,开耙搅拌的时间间隔较短。酵母生长较为旺盛,故发酵彻底,残糖很低。在绍兴地区,干黄酒的代表是"元红酒"。

半干黄酒:"半干"表示酒中的糖分还未全部发酵成酒精,还保留了一些糖分。在生产上,这种酒的加水量较低,相当于在配料时增加了饭量,故又称为"加饭酒"。酒的含糖量在 1.00%～3.00%之间。在发酵过程中,要求较高,酒质厚浓,风味优良,可以长久贮藏,是黄酒中的上品。我国大多数出口酒,均属此种类型。

半甜黄酒:含糖分 3.00%～10.00%。这种酒采用的工艺独特,是用成品黄酒代水,加入到发酵醪中,使糖化发酵的开始之际,发酵醪中的酒精浓度就达到较高的水平,在一定程度上抑制了酵母菌的生长速度,由于酵母菌数量较少,发酵醪中产生的糖分不能转化成酒精,故成品酒中的糖分较高。这种酒酒香浓郁,酒度适中,味甘甜醇厚,是黄酒中的珍品。但这种酒不宜久存。贮藏时间越长,色泽越深。

甜黄酒:这种酒一般是采用淋饭操作法,拌入酒药,搭窝先酿成甜酒酿,当糖化至一定程度时,加入 40%～50%浓度的米白酒或糟烧酒,以抑制微生物的糖化发酵作用,酒中的糖分含量达到 10.00～20.00 g/100 mL。由于加入了米白酒,酒度也较高。甜型黄酒可常年生产。

浓甜黄酒:糖分大于或等于 20 g/100 mL。

加香黄酒:这是以黄酒为酒基,经浸泡(或复蒸)芳香动、植物或加入芳香动、植物的浸出液而制成的黄酒。

(二)根据原料划分

稻米类黄酒:使用的主要原料为籼米、粳米、糯米、血糯米、黑米等。大部分黄酒都属于稻米类黄酒。

非稻米类黄酒:使用的主要原料为黍米(大黄米)、玉米、青稞、荞麦、甘薯等。主要代表是山东的即墨老酒。

(三)根据生产工艺划分

1.传统工艺黄酒

以传统麦曲或淋饭酒母作为糖化发酵剂,以手工操作为主,生产周期较长,酒风味较好。按米饭冷却及投料方式可分为摊饭法、淋饭法和喂饭法。

淋饭酒:蒸熟的米饭用冷水淋凉,然后拌入酒药粉末,搭窝,糖化,最后加水发酵成酒,如绍兴香雪酒。一般淋饭酒品味较淡薄,不及摊饭酒醇厚,大多数将其醪液作为淋饭酒母用以生产摊饭酒。

摊饭酒:蒸熟的米饭摊在竹箅上摊、翻,是米饭在空气中冷却,然后再加入麦曲、酒母(淋饭酒母)、浸米浆水等,混合后直接进行发酵,如绍兴元红酒、加饭酒、善酿酒、红曲酒等。

喂饭酒:因在前发酵过程中分批加饭而得名。如嘉兴黄酒。

2.新工艺黄酒

基本上采用机械化操作,工艺上采用自然与纯种曲、纯种酒母相结合的糖化发酵剂,并兼用淋饭法、摊饭法、喂饭法操作,产量大,但风味不及传统工艺好。主要是新工艺大罐法。

任务一　喂饭发酵法生产黄酒

【知识前导】

喂饭法类似于现代发酵工艺学中的"递加法",具有出酒率高、成品酒口味醇厚、酒质优良的特点,可适用于陶缸或大缸发酵。

东汉末期,曹操发现家乡已故县令的家酿法(九酝春酒法)新颖独特,所酿的酒醇厚无比,便将此方献给汉献帝。这个方法是酿酒史上,甚至可以说是发酵史上具有重要意义的补料发酵法。这种方法,现代称为"喂饭法",在发酵工程上归为"补料发酵法"。补料发酵法后来成为我国黄酒酿造的最主要的加料方法。《齐民要术》中的酿酒法就普遍采用了这种方法。

一、喂饭发酵法生产黄酒的原料

喂饭发酵法生产黄酒的原料有粳米、糯米、籼米,在嘉兴黄酒的原料中主要以具有代表性的粳米为主的黄酒操作法。

1.粳米

原料来自江、浙、沪等地,要求米色洁白纯净,粒形较阔,一般心白、腹白及背白少,透明度高,淀粉含量70%以上,直链淀粉含量15%～23%,直链淀粉含量高的米粒,蒸饭时饭粒蓬松干燥,色暗,冷却后变硬,熟饭身长度大;另外浸米吸水及蒸饭糊化较为困难,在蒸煮时需要喷淋热水,使米粒充分吸水和糊化彻底,以确保糖化发酵的正常进行。通常要求采用当年新粳米,陈稻新碾,成品酒质欠佳,并带来油哈味。

2.糯米

糯米在北方也称江米,分为粳糯和籼糯两大类。粳糯的淀粉几乎全部是支链淀粉,籼糯含有0.2%～4.6%的直链淀粉。支链淀粉结构疏松,易于蒸煮糊化;直链淀粉结构紧密,蒸煮时需消耗的能量大,吸水多,出饭率高。

糯米蛋白质、灰分、维生素等成分比粳米和籼米少,因此酿成的酒杂味少(蛋白质、灰分、维生素等成分过多会使发酵旺盛,易升温、升酸,并且增加脂肪酸含量,使黄酒产生杂味)。淀粉糖化酶对支链淀粉的分支点(α-1,6-糖苷键)不易完全分解,糖化发酵后酒中残留的糊精和低聚糖较多,酒味香醇。名优黄酒大多都以糯米为原料酿造的,但糯米产量低,为了节约粮食,除了名酒外,普通黄酒大部分用粳米和籼米生产。

3.籼米

籼米米粒呈长椭圆形或细长形,直链淀粉含量较高,一般为23%～28%,有的高达35%。绝大多数为中等硬度,长度为25.5～33 mm,因此,蒸煮时吸水较多,米粒干燥蓬松,冷却后变硬,回生老化现象,影响糖化发酵作用。而饭粒中淀粉糊烂状态比粳米更严重,故出酒率较低,出糟率较多。

4．酒药

酒药是糖化发酵菌制剂。酒药中含有糖化发酵菌,包括根霉、毛霉、酵母及细菌等,在酿制淋饭酒母的过程中,酒药起到接种、扩大培养的作用。酒药制造采用大米为原料,配入当地特产辣蓼草及多种中药材,在一定的温度下培养而成。质量好的酒药,表面白色,质松发脆,并有良好香气,含水分≤12％,糖化率≥90单位以上,发酵率60％,酸度0.4％。

5．麦曲

麦曲中含有米曲霉、根霉、毛霉及黑曲霉、灰绿曲霉、青霉等,生产喂饭酒采用麦曲为2种曲,生麦曲和熟麦曲,麦曲用量前者10％～12％,后者8％左右。制造生麦曲的时间一般在8—9月,此时正当桂花满枝的季节,制成的曲,俗称"桂花曲"或"砖形曲"。熟麦曲制造同样采用小麦为原料,但前者是自然发花培养,后者是指人工接种的方法,把经过纯粹培养的糖化菌菌种接种在小麦原料上,在一定的环境条件下,使其大量繁殖而制成黄酒糖化剂,两者相比,熟麦曲具有酶活力、液化力强,用曲量少,但不足之处不能像生麦曲那样赋予黄酒独有香、醇、鲜、爽风格。

二、嘉兴喂饭酒的生产工艺

喂饭发酵法是将酿酒原料分成几批,第一批做成酒母,在培养成熟阶段,陆续分批加入新料,起扩大培养、连续发酵的作用,使发酵继续进行的一种酿酒方法,类同于近代酿造学上的递加法。嘉兴黄酒是喂饭发酵法的代表酒种,是典型的喂饭酒。

(一)工艺流程

嘉兴喂饭酒操作方法是吸取前人的经验,在淋饭酒基础上改进而成的。在喂饭操作上,1957年开始采用大搭大喂,后来逐步改为半搭半喂,1967年左右改为小搭大喂,直至现在传统操作一直未变。喂饭酒的酿造,是以我国独有酒药为糖化发酵剂,麦曲为糖化剂。在酿酒制作上将第一批原料米经过淋饭搭窝制成酒母,然后在培养成酒母的过程中每批加入新原料米饭,使发酵得以继续进行的一种喂饭酒方法。其传统酿造工艺如图5-1所示。

粳米 → 浸渍 → 冲洗 → 沥干 → 头蒸 → 米饭吃水 → 双蒸 → 搭窝(加酒药) → 米酿 →

翻酿 → 初喂(加麦曲) → 灌醅(后发酵) → 压榨(去糟) → 生酒(加焦糖) → 澄清 →

过滤 → 煎酒 → 封坛 → 成品

图5-1　嘉兴喂饭酒传统酿造工艺流程图

(二)生产配料(以缸为单位)

淋饭酒母用粳米50 kg;第一次喂饭50 kg;第二次喂饭25 kg;黄酒药200～250 g(制50 kg淋饭酒母用量);生麦曲10％～12％(熟麦曲8％);总量165 kg。

$$加水量 = 总量 - (淋饭后平均饭量 + 用曲量)$$

（三）工艺特点

（1）酒药用量少，占淋饭酒母的 0.5％，因此酒药中含有极少的黄酒酵母，在淋饭酒母中得到扩大培养，小搭大喂，使少量的酒母酿成较多量黄酒。

（2）多次喂饭，保证了发酵微生物生长和发酵时产生一定的酸度和酒精，避免了由于大量米饭的投入而减少发酵微生物的相对密度，同时避免了发酵酸度上升及酒精含量下降的缺陷，以利于开放式发酵正常进行。

（3）加入米饭为酵母增加新的养分，使酵母始终占有优势，同时发酵醪的酒精度随着喂饭的次数而逐渐上升，对酵母起到驯养作用。

（4）酒醪的浓度，在均衡的糖化与发酵作用下，糖分不断增加又不断转化，醪液中不至于积累过多糖分而致酸败，又不因糖液浓度太高而影响酵母活力和繁殖，同时又因充分发挥，而可以生成较高的酒精浓度。

（5）发酵温度可在每次喂饭时通过饭与水的温度来控制，以防止酸败，掌握发酵品温。

（6）多次投料连续发酵，使主发酵时间延长，发酵旺盛期长，酒醪翻动均衡，有利于促进自动开耙。

（四）酿造方法

1. 浸米

粳米与糯米相比，质较硬，所以浸渍时间要根据水温、原料米质、精白度适当掌握，如果采用粳米，浸渍时间见表 5-1。

表 5-1　米质浸渍水温与时间的关系

水温/℃	浸渍时间/h
1～5	45～50
10～15	25～30
15～20	20～24

米经浸渍后，捞出盛入竹箩用清水冲洗至无白水沥出为止，原料米吸水率一般为 130％。

2. 蒸煮

头甑饭每甑装粳米 50 kg，待蒸汽全面透出饭层圆汽后，加竹盖 2～3 min 后，在饭面淋洒温水 40～45 kg。套上第 2 只甑桶，等上面甑桶全部透汽，再加竹盖 3～4 min，然后将下面一甑抬出倒入瓦缸中，每 50 kg 粳米饭，缸吃水 18～20 kg，吃水温度 45℃，吃水后将缸中熟饭用木锹翻拌均匀，加上竹盖焖饭，隔 5 min 上下翻拌一次，继续焖饭，又隔 10 min 再上下翻拌一次。头甑饭要求是：外硬内软，用手捻无白心。第 2 次称为 2 甑饭，从缸中取出头甑饭装入蒸饭甑中再蒸，每桶只装粳米 25 kg（即头甑饭吃水膨胀，体积增大以后分成 2 甑再蒸），2 只甑桶上下重叠套蒸，以求稍微增加压力和调节蒸汽，等到上面一甑的饭面蒸汽透汽后，略加盖 0.5 min，拉出下面一甑桶饭淋水，将上面这一甑桶换到下面，如此重复换甑，被称为"双淋双蒸"。

3. 淋水

饭蒸透后，将甑桶放在木车上，然后用淋水桶冷水冲淋。其目的，一则使饭迅速降低品温；

二则使饭粒间分离,以利搭板通气,适应于发酵及糖化菌繁殖,同时要注意淋水温度要根据气温和落缸品温灵活掌握,气温低时,要接取淋饭流出的温水重复淋到饭中,使饭粒内外温度均匀一致,保证拌药入缸所需品温,经称重,粳米经蒸煮及淋水两个操作后,水分含量最终达到120%左右,其变化见表5-2。

表 5-2 蒸饭淋饭过程变化情况

项目	例1	例2
气温/℃	15	15
淋水前饭重/%	194	196
淋水后饭重/%	218.5	220
拌药后饭温/℃	27	28

4. 入缸、拌药、搭窝

将淋冷的米饭略等片刻,沥去余水,倾入瓦缸中,米饭分2次倒入,分批拌入酒药粉末,然后用手反复搓散饭块,拌药品温 26~28℃,按照气温适当调节,搭成 U 字形窝,用竹丝帚将窝面轻轻敲实,不使饭窝下塌为度,然后盖上草缸盖,缸外用稻草席围住,经 18~22 h 开始升温,到 32~38 h,饭面上白色霉菌丝滋生,相互粘结在一起。饭粒表面出现亮晶晶的水珠,饭面下陷,此时整个饭粒均软化,缸中发出特有酒酿香,窝中出现酿液,酒酿温度 30~32℃,酒酿前应翻动一次草盖,可以换进一些新鲜空气,排出二氧化碳。以后根据酒酿进度和温度,逐渐移掉草缸盖,约经 50 h,当窝内溢满酿液时,进行酿缸分析:呈白玉色,有正常酒酿香;酒精度 4%~5%,糖度 24~26,酸度 0.35~0.4,酵母数 1.0 亿~1.2 亿,出芽率 26%~28%。

5. 翻缸、放水

将淋饭酒母转缸放水,加水量按总控制量 330%计算。例如,经淋饭以后称重淋饭率每甑为 220%~225%,用曲量 8%~10%,加水量为 90%~105%,每缸总米量 125 kg,每缸放水量大约控制在 117~125 kg。实际操作中可每天抽有代表性样缸进行淋饭称重的实际数计算加水量。

6. 第一次喂饭

翻缸次日,第一次加曲,其数量为总用曲量的 1/2,喂入原料米 50 kg 米饭,喂饭后一般控制品温在 26~28℃,拌匀,大饭块用手捏碎即可。

7. 开耙

降温第一次喂饭后 12~16 h,根据品温上升情况开第一次耙,此时缸底醪液温度 25~26℃,缸面温度 30~32℃,所以通过开耙,调节上下品温平衡,使发酵成分上下均匀一致,而且排出二氧化碳。增加酵母的活动度及酒醪各部位的接触面,发挥酵母的绝对优势,避免糖液浓度集聚过高,引起生酸,因此开耙也是喂饭法黄酒的关键之一。

8. 第二次喂饭

第一次喂饭后的次日,第二次喂饭和加曲,但两次喂饭的间隔时间不应超过 24 h,喂饭后品温一般控制 28~30℃,总之应随气温的变动和酒醪温度高低,适当调整掌握喂入米饭的温度。

9. 灌醪、堆醪(后发酵)

在第二次喂饭后 6~12 h,酒醪从发酵缸灌入酒坛,灌醪时间可分当天醪和隔夜醪。主要是根据气温、醅中酒精上升情况及糖分消耗情况掌握,一般要求灌醅前酒精度 10% 以上,就可灌醅;如达不到要适当延长缸醅时间,防止酒精度达不到,移到室外酒坛中温度过低,酵母活力减弱,糖化发酵不平衡。酒醅从发酵缸灌入酒坛,每缸总醅量为 410～415 kg,灌坛数为 18～19 坛。最后堆放在露天场地,上面用荷叶封面,小坛盖压紧,进行缓慢后发酵,后发酵时间一般根据气温,秋 25～30 d,冬 60～70 d,春 28～35 d。表 5-3 为 30 d 半成品酒精度、酸度变化情况。

表 5-3　酒醅半成品酒精与酸度变化情况

原料名称	灌醅时		10 d		20 d		30 d	
	酒精(V/V)/%	酸度/(g/100 mL)	酒精(V/V)/%	酸度/(g/100 mL)	酒精(V/V)/%	酸度/(g/100 mL)	酒精(V/V)/%	酸度/(g/100 mL)
粳米①	10.2	0.376 5	13.5	0.384	14.8	0.355	15.2	0.356
粳米②	10.5	0.378	13.2	0.392	14.5	0.384	14.8	0.402

10. 出酒率和质量情况

酒醅成熟后要及时压榨,喂饭酒出酒率和质量视采用生、熟麦曲有一定差别。熟麦曲的优点是减少用曲量,提高出酒率,一般在实际使用中控制在 8% 就够了,单位出酒率提高到 20%,但熟麦曲黄酒和生曲黄酒比较,熟曲风味稍差,口味淡薄,醇香欠佳。

【知识拓展】

其他著名黄酒生产工艺简介

其他著名黄酒生产工艺简介

任务二　摊饭发酵法生产黄酒

【知识前导】

摊饭发酵法简称摊饭法,系酿制黄酒的一种工艺操作方法。在酿制黄酒时,将蒸好的米饭放在竹帘上摊开,进行自然冷却。利用摊饭法酿制黄酒,米饭中的可溶性物质不会流失,酿成的酒产品质量好。但此法冷却时间长,占用面积较大,易污染杂菌,劳动强度大。此外,也容易使糊化的淀粉老化或回生,特别是粳米和籼米原料,因其直链淀粉含量较多,较易发生老化现象。现已改用机械鼓风冷却法,并实现了蒸饭的冷却连续化操作。用摊饭法酿成的酒称为摊饭酒。我国元红酒、善酿酒、红曲酒、乌衣红曲酒都用此法生产。

一、摊饭发酵法生产黄酒的原料

利用摊饭法生产黄酒是指将蒸熟的米饭摊在竹箅上，使米饭在空气中冷却，然后再加入麦曲、酒母（淋饭酒母）、浸米浆水等，混合后直接摊饭，又称"摊饭酒"或"大饭酒"。现在又称绍兴酒，也是中国名牌黄酒。

绍兴是风景迷人的江南水乡，境内河湖纵横。绍兴酒的用水，就是古今文人墨士反复吟唱的鉴湖佳水。鉴湖水来自林木葱郁的会稽山麓，有大小36条溪流，由南向北蜿蜒流入，沿途经沙砾岩石层层过滤净化注入湖中，澄清一碧。水质甘洌，密度大，呈中性，硬度适中，有微量有益于酿酒微生物繁育的矿物质，一到隆冬浮游生物下沉，水质尤为稳定，绍兴酒酿季就选在农历10月至次年3月。

每到酿季，绍兴的酒厂用船取水于湖心载回酿酒。水质具有鲜、嫩、甜的特点，"鉴湖名酒"的盛名即由此而来。

绍兴酒的主要酿造原料为得天独厚的鉴湖佳水，上等精白糯米和优良黄皮小麦，人们称这三者为"酒中血""酒中肉""酒中骨"。特点：①营养成分高于稻米，因蛋白质含量较高，适应酿酒微生物的生长繁殖，是产生鲜味的来源之一。②成分复杂，在酵母菌作用下，能生成各种香气成分，赋予酒的浓香。③小麦麦皮富含纤维质，有较好的透气性，在麦块发酵时因滞留较多的空气供微生物互不干扰地生长繁育，能获得更多各种有益的酶，有利于酿酒发酵的完善。所以绍兴酒的酒曲选用优质带皮小麦为原料也是有科学道理的。

二、绍兴元红酒的生产工艺

绍兴酒需在每年低温的冬季酿造，其发酵期长达70 d，目前仍按原有习惯于每年小雪（相当公历11月22日）开始浸米，大雪（12月7日）蒸饭发酵，至立春（翌年2月5日）便停止蒸饭酿造。

（一）工艺流程（图5-2）

（二）配料（以缸为单位）（表5-4）

表5-4 元红酒配料量 kg

名　称	用　量	名　称	用　量
糯米	144	浆水	84
麦曲	22.5	水	112
酒母	5～8		

酒母必须由有经验的老技工品尝选择，其用量视存放时间及发酵性能决定。

（三）操作方法

1. 浸渍及浆水制备

（1）浸米的目的　摊饭的操作法中，浸米期达16～26 d，它不仅使糯米吸水后便于蒸煮，更是为了要汲取底层较酸浸渍水，俗称"浆水"作为酿酒的一种配料。

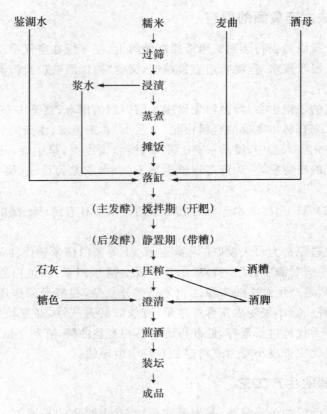

图 5-2   绍兴元红酒工艺流程图

(2)操作过程   每缸浸米 288 kg,浸渍水高出米层 6 cm 左右,经浸渍数天后,水面常生长着一层乳白色的菌醭,且有小气泡不断地冒出液面,使水面形成一朵朵小菊花似的。经镜检,系皮膜酵母,它常由工人用竹篾编结的撩斗除去,或用水冲出缸外。浸米以手捏米粒能成粉状者为适度。如在浸米期间发现浆水发黏、发臭、发稠等情况则用清水淋洗浸米。

取用时,先在蒸煮的前一天,用水管将表面浸渍水冲除,然后用尖头的圆木棍将浸米轻轻撬松,再用一个高 85 cm、顶部口径 35 cm、底部口径 25 cm 的圆柱形无底木桶,俗称"米抽",慢慢摇动插入米层中,汲取浆水。先取出米抽表面的带浆水,放在缸面的一旁,至米抽中大部分米已挖出,才将浆水倾入缸边的竹箩内,箩下托一竹制经油漆而不会漏水的漏斗,此漏斗挂在缸边,浆水由竹箩经漏斗而滤入下接木桶中。接出的浆水,然后再移入清洁的大瓦缸中。普通一缸浸米约可得 160 kg 原浆水,每缸原浆水再掺入清水 50 kg,调节酸度不超过 0.5%;如果天气严寒,酸度未超过标准,或稍许超过一点,也就不再掺水,然后让其澄清一夜,隔日备用,但也不能放置过久,否则容易引起臭味而不能使用。使用前撇取上层清净浆水作配料,缸脚出售作饲料。

(3)浸米期间的变化   在浸米过程中,由观察及分析结果得知,当浸米后的第 2 天从缸中取样时,浆水便有甜味。此后由缸底不断冒出小气泡,浆水便逐步变酸,主要是浆中乳酸链球菌。同时谷物本身及微生物所含的蛋白质分解酶的作用,将米表层蛋白质分解成氨基酸。从浸米开始用长吸管逐日插入缸心汲取浆水样品,测定其总酸及氨基酸的变化情况:经 16～

20 d,总酸由原来 0.024％逐日上升,最后达 0.79％～0.93％(挥发酸仅 0.024％);氨基酸从开始时的 0.4％左右上升到 4.2％～5.4％。

(4)浆水对酿造绍兴酒的作用 产生大量的有机酸,可调发酵醪的酸度,有利糖化发酵。并因含有多量氨基酸和生长素,是酵母良好的营养成分。

浆水中尚含有一种受热易变的物质,能促进酵母繁殖,从而使酒精浓度迅速增长,抑制了杂菌的繁殖。

浆水对绍兴酒特殊风味的形成具有重要作用,并有待进一步研究与理论提高。

2. 蒸煮

用米抽沥去浆水的糯米,用挽斗将米取出盛入竹箩内,称重均匀,每缸米平均分装 4 个木甑内蒸煮,每两个甑的原料酿造一缸酒。蒸煮操作与酒母中蒸煮相同。为适当提高出酒率而提高出饭率,即在蒸煮过程中,用花壶盛温水约 505 kg 均匀地浇在饭面上,如米质过黏,则不浇水。

3. 摊饭

蒸熟的糯米饭,立即由两人抬至室外铺就的竹箩上,每张竹箩共摊两甑米饭。竹箩须事先洗净晒干,摊放在通风阴凉处所。在倒饭入箩前,须酒少量水,以免饭粒黏着干竹箩上。饭倒入后,即用木楫(俗称大划脚)摊开,并加翻动拌碎,使饭温迅速下降,使达到落缸品温的要求。气温与摊饭要求散冷温度间关系见表 5-5,蒸煮与摊饭过程的测定结果见表 5-6。

表 5-5 气温与摊饭要求散冷温度间关系　　　　　　　℃

气温	摊冷后饭温	气温	摊冷后饭温
0～5	75～80	11～15	50～65
6～10	65～75		

表 5-6 蒸煮与摊饭过程的测定结果

项　目	例1	例2	项　目	例1	例2
浸渍米重/kg	198	201	摊冷后饭重/kg	218.50	222.25
蒸汽透面所需时间/min	11.5	12.0	蒸煮后饭含水分/％	49.42	50.54
浇水量/kg	11.0	11.0	气温/℃	11.0	8.0
蒸饭时间/min	23.5	20.0	摊冷后饭温/℃	60.0	65.0
摊饭时间/min	35	30	下缸后品温/℃	24.5	25.0

4. 落缸

在下缸的隔日,预先将洁净的鉴湖水 112 kg 盛于发酵缸内。次日将蒸熟摊晾的糯米饭,每份盛两大箩,分两次投入缸中。第一箩倒入缸中时,先用木划脚搅碎饭团,至第二箩倒入时依次投入麦曲 22.5 kg、酒母 5～8 kg,最后冲入浆水 84 kg,充分搅拌。因下缸时发酵醪甚厚,不易翻拌,必须由 2～3 人配合操作。在绍兴酒技工中,历史上有东西两帮之分,东帮下缸时,有 3 人,各人手执木耙,加以翻拌。西帮仅 2 人,一人一手执大划脚,另一人执一小木构,钩住大划脚,来回往复搅拌。落缸温度根据气温灵活掌握,其关系见表 5-7。

表 5-7   气温与落缸要求温度

气温/℃	落缸后要求品温/℃	备注
0～5	25～26	
6～10	24～25	每缸原料落缸时间总共不超过 1 h，每缸需加草
11～15	23～24	盖保温

一般早上落缸，品温减 1℃；中午为标准；下午提高 1℃。酒母用量在上午少 0.5 kg，下午多加 0.5 kg，以求减少落缸先后所造成发酵品温的参差不齐，使能在同一时间内统一开耙。

5. 糖化发酵

在绍兴酒原料下缸 8～12 h，便可听到嘶嘶的发酵响声，此时发酵醪已呈鲜甜略带酒味，即注意品温变化情况，做到及时开耙。这是绍兴酒酿造成败的关键技术，应十分重视。历史祖传，有高温及低温两种不同的开耙方式，绍兴市区的技工习惯采用高温开耙，而县区技工习惯采用低温开耙。由于开耙品温的高低不同，因而直接影响到成品酒的风味，故前者称热作酒，后者称冷作酒。今将两种操作方法分别叙述比较于下：

（1）热作酒   因为绍兴酒配料中，每缸糯米 144 kg，而成饭后增加水分加上落缸时的水分，共仅 274 kg 左右，固液比还不到两倍，所以下缸后经 0.5 h，饭粒便吸水膨胀，使发酵醪形成一个凸起的大饭团。热作酒当物料下缸到开耙为止，不加搅拌，因此发酵产生的热量不易散发，形成品温上下不一，缸底与缸心品温相差达 10℃以上。缸心品温以饭面往下 10～20 cm 处为最高，一般开耙以此深度所测得品温为依据。当品温达 37℃左右，才开始用木耙插入缸底上下搅动。第一次搅动，称头耙。头耙后品温便显著下降，缸底已有液体，经搅拌后醪液已开始稀薄。此后各次开耙后的品温下降变减少。正常情况下的开耙品温及各耙前后的品温变化见表 5-8。

表 5-8   热作酒开耙品温控制情况

耙　次	品温/℃		间隔时间/h
	耙前	耙后	
头耙	35～(36～37)～39	22～26	下缸后起算，经 11～13
二耙	29～(30～32)～33	26～29	3～4
三耙	27～30	26～27	3～4
四耙	24～25	22～23	5～6

注：括弧内数字为最适宜品温。

经 5～7 d 的发酵，待品温与室温相近，糟粕下沉，即可停止搅拌，进行灌坛或缸养，让其长期静置后发酵。

（2）冷作酒   当每批开始的第六缸饭落缸以后，前三缸饭粒经此间隔时间，已吸水膨胀成饭团，乃用划脚插入缸底，将饭撬松。以后每落三缸，即将前面落缸的三缸饭加以撬松，依此类推。自早晨 6 时开始，至下午 3～4 时，全部落缸完毕，再将本批所落缸的饭撬松一遍。撬松的目的是有利于通气散热、品温均匀。现将冷作酒开耙品温控制情况列于表 5-9。

表 5-9 冷作酒开耙品温控制情况

温度/℃	耙次	品温/℃		相隔时间/h	保温及掺耙①
		耙前	耙后		
0～10	头耙	23.0～24.0 25.0～30.0	19.0～20.0 22.0～25.0	10～20②	耙后 19.0～20.0℃ 双缸盖;22.0～23.0℃ 单缸盖;23.0～25.0℃ 不加盖
	二耙	24.0～27.0 28.0～31.0	19.0～22.0 22.0～27.0	6～7	耙后 19.0～20.0℃ 双缸盖;21.0～22.0℃ 单缸盖;23.0℃ 以上不加盖;24.5℃ 以上者掺耙
	三耙	21.0～23.0 24.0～28.0	20.0～21.0 22.0～27.0	4～5	耙后 21℃ 以下者单缸盖;其余不加盖;25.0℃ 以上者掺耙
	四耙	21.5～23.0 23.5～27.0	19.0～23.0 23.0～27.0	4～5	全部不保温
11～15	头耙	25.0～27.0 28.0～31.0	22.5～24.0 24.0～28.0	10～20②	耙后全部不加保温物
	二耙	26.0～27.0 28.0～31.0	23.0～26.0 26.5～27.5	4～5	耙后 26.5℃ 以上,经 1 h 后掺耙;25.0℃ 以下单缸盖;其余不加盖
	三耙	27.0～29.0 30.0～31.0	25.0～26.0 27.0～28.0	7	全部不保温;27.5℃ 以上者掺耙
	四耙	26.0～28.0 28.0～29.0	25.0～26.0 26.0～27.5	5	全部不保温
15 以上	开耙相隔时间与室温 11～15℃ 者相似。但头耙后便全部除去保温物。二耙后品温在 27.5℃ 以上者,隔 1 h 掺一耙,且需开窗通风。三耙后,因品温不易下降,便采取数缸轮流不断地搅拌措施,至品温降至 25.0℃ 以下为止。如还不能降温,则需要分缸分罐等措施,并不断搅拌至品温不在上升为止				

注:①掺耙系指在两耙间插入一次搅拌,因同一批中有某几缸品温太高,需多搅拌以调节之。
　②下缸后起算时间。

冷作酒头耙至四耙时,可以定时开耙,但因各缸温有差异,所以技工采用鼻闻酒气、观醪液厚薄表现、品温高低及保温物的多寡及掺耙等方法,相互调节。在四耙后,进行冷耙搅拌,此时对酒味的控制,比热作酒反而显得更为重要,必须由老技工亲自尝味掌握,指导开耙。

冷耙的第 1 天,有捣至 5～6 次之多,两天后可减少至每日捣 1～2 次。其控制方法,如发酵快、糖分低、酒度高,则须多开耙。反之则尽可能少开耙,以保持品温,加快发酵。

热作酒与冷作酒的区别是:前者发酵品温高,必须达到一定的温度才能开头耙、二耙,其品温变化逐耙递减。而冷作酒,发酵品温最高不超过 30℃,由于发酵品温较低,并注意松饭通气,品温比较均匀,酿成的酒酸度较低,出酒率高,糟粕少,发酵比较透彻。而热作酒就非要有经验丰富的技工掌握不可,否则容易酸败,酿成的酒,即使酸度不高,也要加入少量石灰。据经验,加适量石灰后,口味老、爽口,煎酒后易于澄清。据市场反应,绍兴本地及上海喜饮老口酒(热作酒),杭州地区喜欢嫩口酒(冷作酒)。

6. 带糟或缸养

在落缸 5～7 d 以后,品温已与室温相近,酒醪下沉,主发酵阶段告结束。此时已搅拌期转入静置期,可将数缸合并于一缸中,名曰"缸养"。如将酒醪搅匀后,分盛于酒坛中后酵,称为"带糟"。缸养可提前 5～10 d,但因缸和发酵室所限,故绝大部分是采用带糟方式。

每缸酒醪可分盛于 16～18 个酒坛中,每坛盛酒醪 25 kg 左右,将其堆置室外,先用木槌将泥土敲实,每三坛堆一列,下面二只盖上一张荷叶,就直接接触上面酒坛底部。最上面酒坛的坛口,用一张荷叶或草纸盖好,然后罩以瓦盖,可防止雨水进入。

7. 压榨

每日早晨开始榨酒,先取出上一日榨干的滤饼,置于另外一只大瓦缸中,再将前一日倾于 3 只大瓦缸中的成熟酒醪,用木楫搅匀,然后通过竹制漏斗,将醪液灌满绸袋,袋口用箬壳细丝扎紧,用缸面预先取出的清酒液淋去附着绸袋外面糟粕,下接木挽斗,将盛有醪液的绸袋轻轻移入压榨机的木框内,排列整齐,每榨共安放绸袋 120～130 只。绸袋安就后,先由其本身重力使酒液自流,由底板木槽流入缸内。至流速缓慢时,乃加放盖板、木杠及质量约 40 kg 的石块逐渐加压,经过 8～10 h,袋内醪已压成饼状,此时便打开榨机,取出绸袋,解去扎口的箬壳丝,然后在绸袋的 1/3 处折叠起来,亦有在两端 1/5 处增加总压力。元红酒压榨一昼夜。

8. 澄清

榨出的酒液称生酒。将此酒移入大瓦缸内,每 100 kg 生酒加糖色 0.1～0.3 kg。搅拌均匀后静置 2～3 d,使固形物自然沉淀缸底。再用圆形锡板,缚以竹丝轻轻沉入缸底。然后小心地取出锡板上部的酒液,灌入锡壶中煎酒,沉渣重新压滤。

9. 煎酒、装坛、封口

过去是用大铁锅煎酒,酒精挥发量大,酒损耗多。新中国成立后改用煎壶煎酒,如图 5-3 所示。

壶中心装有通气锡管,以增加受热面积。壶口盖一小型锡制冷却器。壶的容量 80～90 kg,为盛酒器容量的 3/4 左右。为防止加热后酒液起泡溢出,在加热前加入松香 10～20 g,每壶前后操作历时 20～30 min,当沸腾时,酒精蒸汽从冷凝器的小孔内逸出,产生尖锐的叫声,因此有叫"叫壶"之称。沸腾后,取去冷却器、锅盖,换以壶盖,用手将锡壶摇动,并观察泡沫之形状,决定煎酒程度。煎酒毕,迅速将锡壶用杠杆吊起,灌入已杀菌的瓦坛中,坛口立即用煮沸杀菌的荷叶覆盖,称重后,用小瓦盖盖住,再包以沸水杀菌的箬壳,用细丝扎坛口,将酒坛挑至室外,用黏土做成平顶泥头封固泥头,俗"坛头泥",系用黏土、盐卤及糟糠三者捣成。再标明酒类品种、酒重等。待泥头干燥后,即可作为成品酒,进仓库贮存陈酿。

后来创造了连续压榨煎酒的方法,如图 5-4 所示。

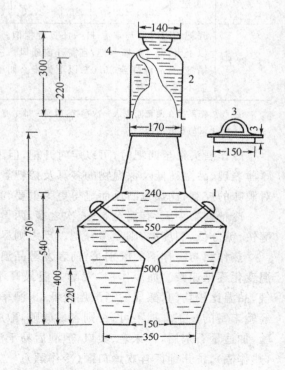

图 5-3 煎壶(单位:mm)
1.壶身 2.冷却器 3.壶盖 4.叫口

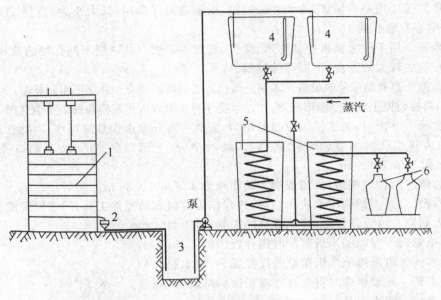

图 5-4　绍兴酒连续压榨煎酒流程
1.螺旋压榨机　2.接酒器　3.贮酒池　4.贮酒桶　5.盘肠管煎酒　6.酒坛(成品)

盘肠管煎酒器如图 5-5 所示,它利用沸水流经盘肠管使酒加热,已达到灭菌的目的。盘肠管煎酒器外层是木桶,盛水,桶底有蒸汽管道通入蒸汽,出酒口有两个,可以输出酒,出口处插有温度计,以检查控制煎酒温度,灌坛时熟酒品温一般应掌握在 89~90℃,酒精消耗 0.2%~0.3%。

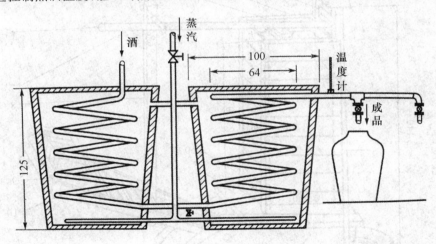

图 5-5　盘肠管煎酒器(单位:mm)

10. 绍兴酒酿造设备工具

绍兴酒传统工艺的手工操作,主要有下列设备和工具。

(1)瓦缸　绍兴酒酿造时浸米和发酵容器,陶土制造,均涂有釉质。

(2)酒坛　盛后酵酒醅和成品酒的陶制容器。使用前刷石灰水一层。每坛可贮酒 23~28 kg,其大小为:坛口直径 8 cm、中腰最宽直径 34.5 cm、底部直径 24 cm、高 49 cm。

（3）草缸盖　用稻草编成，为大瓦缸缸盖，供酿造时保温用，其大小为：直径110～120 cm、厚5 cm，中心有圆孔约10 cm。

（4）米筛　用于除去糯米中的碎米、糠秕、石粒等杂质。共两层不同孔径的铁丝筛，上层能通过米粒，除去较大的杂质，下层筛除糠秕、碎米。

（5）蒸桶　蒸煮糯米原料设备。木制。蒸桶近底的腰部装有一井字形木制托架，上面垫一个圆形的竹匾，再在竹匾上放一个圆形衬垫，用此承受原料。但淋饭用蒸桶与摊饭蒸饭蒸桶不同。

（6）底桶　淋饭时，为了使饭粒品温均匀，盛取一部分温水作复淋用水，因此在淋饭桶下放置一个一边开小孔的木盆，俗称"底桶"。其大小为：上部口径94 cm、下部口径91 cm、高20 cm。小孔5 cm×15 cm。

（7）竹簟　为竹篾编结，供摊饭用。其面积为4.8 m×2.86 m。

（8）木耙　为一竹柄，用木块作耙身，竹片作齿等组成的搅拌工具，用于发酵醪搅拌。

（9）大划脚　摊饭操作时，翻凉饭块的工具，檀木制。

（10）小划脚　摊晾的米饭落缸时搅拌饭团的工具。

（11）木钩　也是摊晾米饭落缸时搅拌工具，檀木制。

（12）木铲　复制糟烧时将蒸过的糟粕散场降温工具。

（13）挽斗　取水工具。

（14）漏斗　竹篾编结而成，有两种，一种是用于灌酒醪等用，另一种是灌水入酒坛清洗用。

（15）木榨　榨酒工具，檀木制，如图5-6所示。

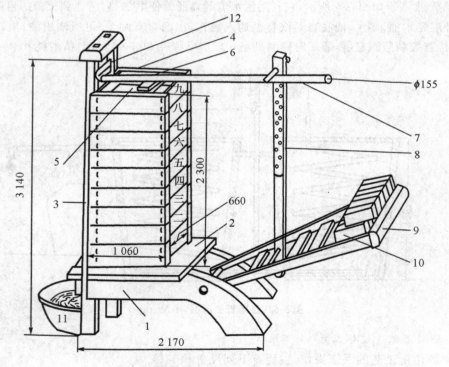

图5-6　木榨（单位：mm）

1.支脚　2.底板　3.支架　4.榨框　5.盖板　6.枕木　7.压缸　8.拉杆
9.加压架　10.加压石块　11.酒缸　12.横木

【知识拓展】

一、玉米黄酒的生产

玉米黄酒的生产

二、黄酒的病害及其防治

黄酒的病害及其防治

三、黄酒的品评

黄酒的品评

任务三　新工艺大罐发酵法生产黄酒

【知识前导】

　　黄酒生产的新工艺是在对传统工艺的总结提高上发展起来的,它与传统工艺比较采用了纯种发酵(即采用纯种的麦曲、红曲、纯种酒母和黄酒活性干酵母等)。新工艺生产黄酒采用大罐浸米、蒸饭机蒸饭、利用发酵罐进行前发酵和后发酵、压榨机榨酒、板式换热器灭菌、不锈钢罐贮酒、自动化包装灌装等。相对于传统黄酒生产工艺节省了劳动力,提高了生产效率,保证了黄酒质量,提高了出酒率,同时节约了工厂的占地面积,便于管理,实现了黄酒生产的自动化。是目前黄酒生产的发展方向。

　　新工艺与传统工艺生产黄酒各有特点,在实际生产中各取所长。比如在一些名优黄酒的生产中,为了改善黄酒的质量,在使用纯种熟麦曲的同时也添加适量的传统工艺中的生麦曲。而在传统生产工艺中为了提高糖化发酵力,也添加一些酶制剂和黄酒活性干酵母。

目前在我国绍兴、无锡等地已出现了一些万吨以上的新工艺黄酒厂。为我国的黄酒工业树立了模范。在本部分就以麦曲黄酒生产新工艺为例进行黄酒大罐发酵生产技术的学习。

一、麦曲黄酒大罐发酵生产的原料

粳米:100%;生块曲:9%;纯种熟块曲:1%;酒母醪:10%;清水:209%(包括浸米吸水、蒸饭吸水、落罐配料水);总质量:330%。

二、麦曲黄酒大罐发酵生产新工艺

(一)新工艺流程(图5-7)

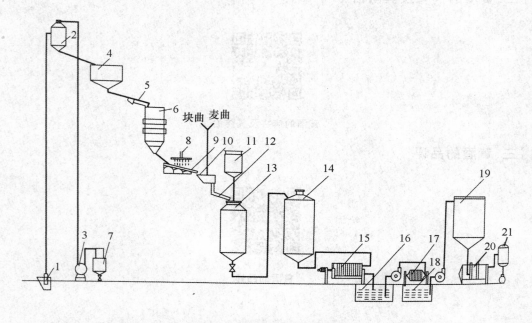

图5-7　黄酒新工艺流程图
1.集料　2.高位米罐　3.水环式真空泵　4.浸米槽　5.溜槽　6.蒸饭机　7.水箱　8.喷水装置　9.淋饭落饭装置　10.加曲斗　11.酒母罐　12.淌槽　13.前发酵罐　14.后发酵罐　15.压滤机　16.清酒池　17.棉饼过滤机　18.清酒池　19.清酒高位罐　20.热交换杀菌器　21.贮热酒罐

(二)新工艺中的主要设备

1. 精米机
3号碾米机或金刚砂碾米机。

2. 大米气力输送装置
其工作原理是利用气流的动能使散粒物料呈悬浮状态随气流沿管道输送。抽风机启动后,整个系统呈一定的真空度,在压差作用下空气流使大米进入吸嘴,并沿输料管送至浸米罐。整个系统由大米料斗、输米管、高位贮米罐、抽气管、水环式真空泵及排气水箱组成,形成一个密闭的输米系统。如图5-8所示。

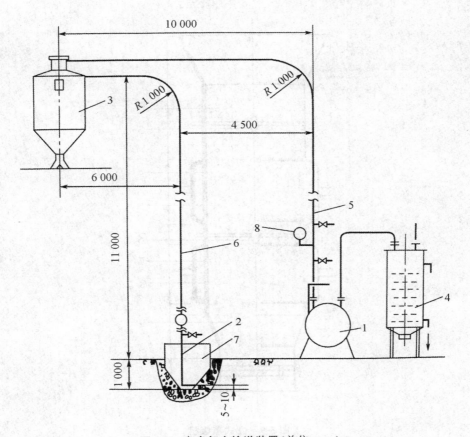

图 5-8　大米气力输送装置(单位:mm)

1.水环式真空泵　2.吸嘴　3.高位料罐　4.水箱　5.抽气管　6.输料管　7.料斗　8.真空表

3. 浸米罐

浸米罐一般采用敞口短胖形的圆筒或锥形罐。用 Q235(A3)钢板,4 mm 厚,每只浸米 4 t,容积为 7.7 m³,直径 2 500 mm,高 1 200 mm,锥高 1 100 mm。安装有加热蒸汽管,以调节浸米水温。

4. 蒸饭机

蒸饭机有立式蒸饭机和卧式蒸饭机。

(1)立式蒸饭机　结构简单,容易制造,投资少,节约能源,维修方便。适合糯米和粳米的蒸煮。适用于中小型酒厂使用。其结构如图 5-9 所示。

(2)卧式蒸饭机　卧式蒸饭机因有喷水、翻拌等,因此对各种米质原料的适用性较好。其形式为钢质履带摩擦传动型,被多数大中型厂家采用,如图 5-10 所示。

5. 前酵罐

前酵罐可分为瘦长形和矮胖形两种。瘦长形罐,直径与高度之比一般为 1:2.5 左右,它有利于液体上下对流,使发酵醪自动翻动,目前大多数厂家采用此形。

按罐口形可分为直筒敞口式和焊接封头小口密闭式两种。如果用压缩空气输送醪液必须采用后者。

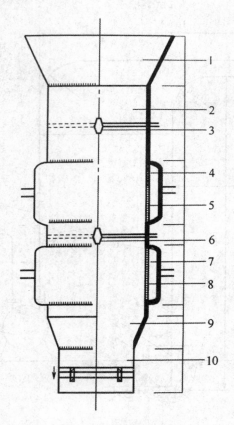

图 5-9　立式蒸饭机

1.接米口　2.筒体　3,6.菱形预热器　4.汽室　5,8.汽眼　7.下汽室　9.锥形出口　10.出料口

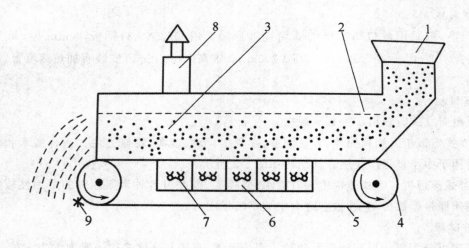

图 5-10　卧式蒸饭机示意图

1.进料口　2.米层高度调节板　3.米层　4.鼓轮　5.不锈钢履带

6.蒸汽室　7.蒸汽管　8.排气筒　9.刷子

按冷却方式可分为内列管冷却式、外夹套冷却式及外围导向槽钢冷却式三种。外夹套冷却式冷却面积大，冷却的速率较高，但冷却水利用率不高。可采用三段夹套式，分段进水与出水管，按照罐体的上、中、下三段不同控温要求，使用冷却水。目前趋向采用外围导向冷却，能合理使用冷却水，但冷却面积比夹套冷却减少。前酵罐示意如图 5-11 所示。

6. 后酵罐

后酵罐一般采用碳钢制造，钢板厚度为 6～8 mm（15 m³ 罐为 6 mm，30 m³ 罐为 8 mm）。形式都采用瘦长形。分前酵罐和后酵罐，以前酵罐∶后酵罐＝1∶1为宜。目前前、后酵罐有 40 t 以上的。

后酵罐成熟醪的排放，可采用泥浆输送，也有的采用压缩空气压至一个过渡贮酒罐，然后进入板框气膜压滤机。

7. 板框式气膜压滤机

板框式气膜压滤机系榨酒设备。

该设备是由机体和液压两部分组成。机体两端由支架和固定封头定位，由滑杆和拉杆连为一体，滑杆上承放 59 片压滤板和一个活动封头。由油泵、换向阀和油箱管道等组成的油压系统启动作用。其示意图如图 5-12 所示。

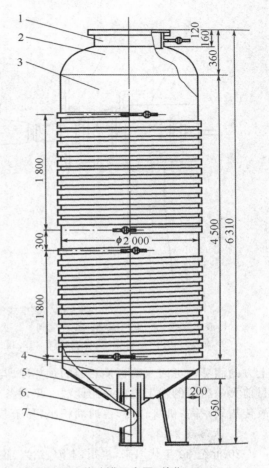

图 5-11　前酵罐示意图（单位：mm）
1. 进料口法兰　2. 上封头　3. 筒体　4. 下封头
5. 加强封头　6. 出料口法兰　7. 支架

使用单机 12 h，产酒 1.35～1.4 t，压滤后酒糟残酒率不高于 50%。近几年来，又有改进如滑杆、拉杆、滤板等都采用无毒塑料制成，以达到机体轻、清洁卫生和操作的目的。

8. 煎酒设备

（1）列管式热交换器　采用 20 K 钢板卷焊成 4～5 个圆筒体，每个筒体内均设置 10～12 根流酒管（不锈钢管或紫铜管）。由花板、封头筒体、流酒管束各自串联，组成一个密封的容器。管内流酒管外与筒体内通蒸汽，酒液和蒸汽方向反方向进入，达到灭菌的目的。其优点是酒温稳定、效果好，根据生产需要可自制。

（2）薄板式热交换器　此设备为专业制造厂产品。整个黄酒灭菌装置是由板式热交换器、热水器及热水管路、贮生酒桶、物料泵和热水泵组成。其工作原理为：板式换热器由几十片两面带波纹的沟纹板和薄片板组成，交替排列，片与片边缘的密封采用橡皮圈，酒液和热水以泵送压力，循着沟纹板两面的沟纹相向流动而进行热交换。如热交换后尚未达到预定杀菌温度要求，可通过转向流入回流桶，再进入热交换器加热。达到要求酒温的酒流入灌酒桶，灌酒桶

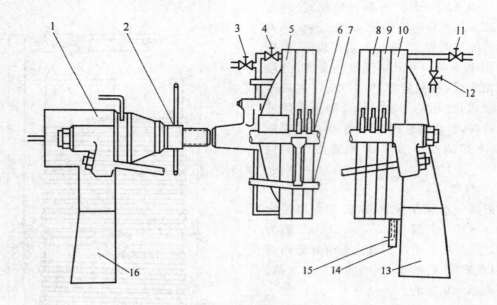

图 5-12　板框式气膜压滤机结构示意图

1.液压支架　2.手柄螺母　3.排气阀　4.吹料管　5.活动封头　6.滑杆　7.拉杆　8.压板
9.滤板　10.固定封头　11.进料阀　12.排渣管　13,16.机体支架　14.流酒管　15.进气管

上方的酒蒸汽可回入薄板换热器的预热段,与冷酒液进行热交换,酒蒸汽被冷凝,作酒汗回收。目前大中型厂的新工艺都采用此法。该设备主要特点是板间间隙小,冷热流体以薄膜状流动,故传热效率高;机身轻巧,占地面积小,易于装卸和清洗;节约能源等。

9. 大容器贮酒

20 世纪 80 年代以来,福州、上海、绍兴、陕西等都曾研究与应用大罐贮酒,容量在 10～30 t,用碳钢材料,采用生漆涂料和环氧树脂涂料等。经过十几年的实践证明,以不锈钢材料的容器为最佳,并已推广应用。

大罐贮酒的成败,除大罐的材料原因外,还有灭菌温度、冷却速度及大罐灭菌等问题,由于酒的品种不多,都要根据自己的情况通过试验确定。

10. 不锈钢硅藻土过滤机

它替代了棉饼过滤机,与棉饼过滤机比较,其优点有:可节约能源 92%,酒损失减少 90%,生产工人减少 3/4,设备成本减少 2/3。

(三)操作方法

下面以杭州酒厂万吨车间生产粳米麦曲黄酒新工艺操作为例进行介绍。

1. 输米

将精白米输送至高位贮米罐,以便放入浸米罐。气力输送的操作如下:

(1)水箱放入水,转动几下联轴器,视真空泵正常,即可准备操作。

(2)将大米运到料斗旁,在空料内,先放入 400 kg 大米。

(3)管好排料、充气、吸料三阀门,保持管路密封。

(4)打开进水阀,打开抽气阀。

（5）开动电动机，读真空表数字，当真空度达到 79 993.2 Pa（600 mmHg）以上时，开吸料阀，开始输米。

（6）调节二次进风，使真空度 53 328.8～59 994.9 Pa（400～500 mmHg），使输米平稳。

（7）按贮米罐容积，每输送 16 包米（1 600 kg），即停机，待贮米罐内米放尽后再行第二次输米，直到把本班原料全部输完为止。

（8）吸料完后续吸 1 min，使余米吸净。

（9）关闭进水阀，打开充气阀，停机。

2. 浸米

（1）浸米要求

①米浆水酸度，大于 0.3 g/100 mL（以琥珀酸计）。

②米浆水略调，水面出现白色薄膜。

③浸米水温 25～30℃，一般浸渍 48 h，吸水率 30% 以上。

（2）浸米操作

①将浸米罐冲洗后，关好阀门，吸取老的米浆水约 250 kg，再放清水至高出米面 10～15 cm。

②浸米间室温尽可能保持在 20～25℃，浸米水温控制在 23℃左右。室温低于 20℃，用提高浸米水温的方法。

3. 洗米、淋米

（1）洗米的要求　清除黏稠液体，使浸米不结团块；要将浆水淋清、沥干。

（2）操作

①从浸米罐表面，用皮管吸出部分老浆水，供下次浸米用。

②把浸米罐出口阀套上食用橡胶软管，软管头部搁置在振动筛上。

③打开浸米罐底部出口的自来水阀，让自来水冲动罐锥底部的米层，使米流出。

④打开浸米罐出口阀门，米流入振动筛槽。打开淋米用的自来水阀，放水冲洗至浆水淋净，并在振动筛槽中沥干，方能蒸饭。不准带浆水进入蒸饭机。

4. 蒸饭

（1）蒸饭要求　米饭颗粒分明，外硬内软，内无白心，疏松不糊，熟而不烂，均匀一致。米饭出饭率：淋饭 168%～170%，风冷饭 140%～142%。

（2）立式蒸饭机蒸饭操作

①蒸饭前，需将淌饭机（振动式淋饭、落饭装置）、加曲机、落饭溜槽等各种器具，用沸水消毒灭菌。

②要求蒸饭机蒸汽总管的蒸汽压力为 0.441 MPa。打开蒸汽阀门，空排一次蒸汽，以提高机体温度。

③米落入蒸饭机，当落下约为 300 kg 时，打开下层中心汽管和下汽室蒸汽阀门，继续落米。

④落米后需闷蒸 10～15 min，待米熟透，达到蒸饭要求，再打开上中心管和上汽室的蒸汽阀门，按正常操作，即下面从唇形口出饭，上面继续落米。

⑤蒸饭操作时要控制蒸汽压力,一般中心管气压为 0.118 MPa,夹层气压为 0.059 MPa,并根据米质的软、硬来调节用汽量。

⑥每隔 10 min 左右,从唇形出饭口勾取饭样,进行外观和指碾检查,如成熟程度不够,应放慢出饭速度。投米 2 000 kg,蒸饭时间需 1 h 左右。

5. 淋饭落缸

(1)控制指标

①淋饭品温 应随不同室温进行控制,见表 5-10。

表 5-10 不同室温的淋饭品温 ℃

室温	0～5	5～10	10～15	15～20	20 以上
饭温	27～28	26～27	25～26	24～25	尽可能接近 24

②落罐品温 亦因室温而定,见表 5-11。

表 5-11 不同室温的落罐品温 ℃

室温	0～5	5～10	10～15	15～20	20 以上
饭温	27.0 ± 0.5	26.0 ± 0.5	25.0 ± 0.5	24.0 ± 0.5	尽可能接近 24.0

(2)准备工作

①前酵罐的灭菌可采取以下两种中的一种方法:

漂白粉法,用 2%～4% 的漂白粉水溶液进行灭菌,约 1 h 后再用清水冲洗干净;甲醛法,一只 15 m³ 前酵罐需用高锰酸钾 50 g 与甲醛 100 mL 混合冒烟进行灭菌,密封 12～24 h 后,打开罐盖,排除甲醛气体,然后再放清水,作投料用罐。

②制备好酒母,酒母罐出料口用食用软管接入投料罐。

③粉碎生麦曲,搓碎纯种熟麦曲,按配方计重,运至加曲斗旁。

④用水计量,罐中放好定量水,调节温度及落罐品温。

⑤在投料的前酵罐中,先放入温度符合要求的配料用水 1 t,再放块曲粉 50 kg,酒母醪 120 kg,这样可使米饭落缸后立即进行糖化发酵。

6. 冷却、落饭

(1)随着熟饭从蒸饭机中出来,应同时进行以下操作:打开淋水阀,将饭淋水冷却;开动振动落饭装置,让冷却后的饭通过接饭口,溜槽进入前酵罐;打开定温、定量水罐的阀门,让配料水随着饭均匀的落罐;又从加曲机中加入块曲粉和纯种熟曲,开动绞龙,让曲散在饭上,随之落罐;打开酒母罐出料阀门,让酒母缓缓地流入前酵罐。要做到落饭品温要匀,加水要匀,加曲加酒母要匀,同时要求饭团要捣碎。

(2)投料完毕后,即用少量清水冲下黏糊在罐口和壁的饭粒等。加上安全网罩,进行敞口发酵。

7. 前发酵

经 96 h 的主发酵后,酒精含量要达 14% 以上,总酸在 0.35% 以下。

(1)以无菌压缩空气进行开耙,控制发酵品温,其控制关系见表 5-12。

表 5-12 开耙温度控制

落罐时间/h	8～10	10～13	13～18	18～24	24～36
品温/℃	28～30	30～32	32～33	31～33	30～31
耙次	头耙	二耙	三耙	必要时进行通气翻腾	

（2）前酵品温管理见表 5-13，其酒精度、酸度变化情况见表 5-14。

表 5-13 前酵品温管理

时间/h	0～10	10～24	24～36	36～48	48～60	60～72	72～84	84～96	输醪前
品温/℃	25～30	30～33	30～33	25～30	23～25	21～23	20～21	<20	12～15

表 5-14 前酵酒精度与酸度变化情况 ℃

发酵时间/h	24	48	72	96
酒精含量/%	7.5 以上	9.6 以上	12.0 以上	14.5 以上
总酸/(g/100 mL)	0.25 以下	0.25 以下	0.25 以下	0.35 以下

（3）开耙操作根据开耙温度控制表，适时开耙，开头耙要中心开通，以助自然对流翻腾，二耙开始，需要使之上下四周全面搅拌，使罐底饭团也翻起来，达到全面翻腾。除开耙控制品温外，必须同时进行外围冷水（6℃左右）降温。96 h 主发酵后，应将品温降到 12～15℃之间，输入后发酵罐进行后酵。输醪的压力一般为 0.118 MPa，最大不超过 0.147 MPa。

8. 后发酵

转入后发酵罐后，第 1 天，需隔 8 h 通气搅拌一次，第 2 天至第 5 天，每天通气搅拌一次，第 5 天以后，每隔 3～4 d 搅拌一次，15 d 以后就不搅拌了。醪温控制在（14±2）℃，发酵成熟后酒醪酒精达≥15.5%、总酸≤0.4% 为标准。后酵时间经 16～20 d 即可压滤。

9. 压滤

压滤工具采用板框式气膜压滤机。

(1)检查和开动输醪泵，认为运转正常方可操作。

(2)安装和衔接好输醪管道后，开启压滤机进醪开关和发酵罐出醪开关，开动输醪泵将酒醪逐渐压入压滤机（有的将酒醪打入高位槽，自流入压滤机，直至酒液流量减少，再加压压滤）。

(3)进醪压力为 0.196～0.49 MPa（2～5 kg/cm²），进醪时间为 3 h（进醪时，必须将酒醪搅拌均匀）。

(4)进醪完毕，关闭输醪泵、进醪开关和发酵罐开关。

(5)打开进气开关，前期气压为 0.392～0.686 MPa（4～7 kg/cm²），后期压力 0.588～0.686 MPa（6～7 kg/cm²）。

(6)进酒醪时，应检查混酒片号，发现漏片即用容器接出，并做好标记，以便出槽时更换。

(7)进气 4 h 以后，酒已榨尽，即可关闭进气开关，排气松榨，准备出槽，出槽时必将酒糟除去，以防止糟堵塞流酒孔。

单机使用 12 h，产酒 1.35～1.4 t，滤饼残酒率不高于 50%。

10. 煎酒

煎酒设备可采用 BP2-d-HJ11 黄酒杀菌成套设备,技术参数如下:

生产能力:5 t/h;

黄酒进口温度:10～15℃;

黄酒出口温度:(90±2)℃;

热水进口温度:95℃;

蒸汽压力(进入减压阀前):490.33 kPa(5 kg/m²);

蒸汽消耗量:0.8 t/h;

热水用量:15 t/h;

热水泵电动机功率:2.8 kW;

热水泵电动机转速:2 880 r/min;

物料泵电动机功率:2.2 kW;

物料泵电动机转速:2 880 r/min。

11. 黄酒灌装生产线

东风酒厂引进国外进口全套灌装设备。1992 年后我国广东研制成功 8 000 瓶/h 的黄酒灌装线,该灌装线由洗瓶机、装瓶压盖机、杀菌机、贴标机、装箱机、输瓶系统等设备组成。经检测,损酒率 0.22%,破瓶率 0.53%。填补了国内的空白,达到 20 世纪 80 年代国际同类产品水平。

【知识拓展】

日本清酒的生产

日本清酒的生产

【思考题】

1. 黄酒的主要生产原料有哪些?

2. 黄酒的主要特点是什么?

3. 黄酒如何进行分类?

4. 喂饭酒的工艺特点是什么?

5. 摊饭酒的主要生产原料有哪些?

6. 新工艺生产黄酒较传统工艺有哪些特点?

学习模块二　调味品生产

项目六　醋类的生产

知识目标

1. 知道食醋的定义及分类。
2. 了解食醋酿造的基本原理和工艺条件。
3. 掌握食醋的酿造方法。

技能目标

1. 熟悉酿醋工艺操作规程及成品质量要求。
2. 能够诊断、排除食醋生产中出现的问题。

项目导入

食醋是人们生活中不可缺少的用品,是一种国际性的重要调味品。它是各种原料发酵后产生的酸味调味剂。酿醋主要是用大米或高粱为原料,适当的发酵可使含碳化合物(糖、淀粉)的液体转化成酒精和二氧化碳,酒精再受醋酸杆菌的作用与空气中氧结合即生成醋酸和水。所以说,酿醋的过程就是使酒精进一步氧化成醋酸的过程。

【概述】

醋,古汉字为"酢",又作"醯"。《周礼》有"醯"人掌共醯物的记载,可以确认,我国食醋西周已有。晋阳(今太原)是我食醋的发祥地之一,史称公元前 8 世纪晋阳已有醋坊,春秋时期遍及城乡。至北魏时《齐民要术》共记述了大酢、秫米神酢等 22 种制醋方法。唐宋以来,由于微生物和制曲技术的进步和发展,至明代已有大曲、小曲和红曲之分,山西醋以红心大曲为优质醋用大曲,该曲集大曲、小曲、红曲等多种有益微生物种群于一体。

最早的醋纪录出现在西亚,底格里斯河与幼发拉底河之间,美索不达米亚的南端,相当于现今伊拉克首都巴格达周围到波斯湾的地区。这个地区在公元前 5 000 年已经进入铜器时代,使用阴历,开始筑坝拦洪,灌溉农业,并以大麦、双粒小麦生产面包,以芝麻榨油。据说在公元前 5 000 年,巴比伦尼亚有最为古老的醋纪录,用椰枣的果汁和树液以及葡萄干酿酒,再以酒、啤酒生产醋。椰枣是椰子科树木的果实,以椰枣果汁可以生产优质的醋。

我国酿造醋有 2 000 多年的悠久历史,品种繁多,由于酿造的地理环境、原料与工艺不同,也就出现许多不同地区及不同风味的食醋。随着人们对醋的认识,醋已从单纯的调味品发展成为烹调型、佐餐型、保健型和饮料型等系列。

食醋由于酿制原料和工艺条件不同,风味各异,没有统一的分类方法。若按制醋工艺流程来分,可分为酿造醋和人工合成醋。酿造醋又可分为谷物醋(用粮食等原料制成)、糖醋(用饴糖、蔗糖、糖类原料制成)、酒醋(用食用酒精、酒尾制成)。谷物醋根据加工方法的不同,可再分为熏醋、特醋、香醋、麸醋等。人工合成醋又可分为色醋和白醋(白醋可再分为普通白醋和醋精)。醋以酿造醋为佳,其中又以谷物醋为佳。

若按原料处理方法分类,粮食原料不经过蒸煮糊化处理,直接用来制醋,称为生料醋;经过蒸煮糊化处理后酿制的醋,称为熟料醋。若按制醋用糖化曲分类,则有麸曲醋、老法曲醋之分。若按醋酸发酵方式分类,则有固态发酵醋、液态发酵醋和固稀发酵醋之分。若按食醋的颜色分类,则有浓色醋、淡色醋、白醋之分。若按风味分类,陈醋的醋香味较浓;熏醋具有特殊的焦香味;甜醋则添加有中药材、植物性香料等。按产地命名分类,有山西老陈醋、镇江香醋、四川保宁醋、上海香醋等。

一、食醋生产的原辅料及预处理

(一)食醋生产的原辅料

制醋原料按工艺要求一般可以分为主料、辅料、填充料和添加剂四大类。

1.主料
主料是指能通过微生物发酵被转化而生成醋酸的物料,如谷物、薯类、果蔬、糖蜜、酒精、酒糟以及野生植物等,一般都是含有糖、淀粉或酒精三种主要化学成分的物质。

2.辅料
酿醋的辅料要求含有一定量的碳水化合物和丰富的蛋白质与矿物质,为酿醋用微生物提供丰富的营养物质,增加成醋的糖分和氨基酸含量,形成食醋的色、香、味、体。常用的辅料有谷糠、麸皮、玉米皮或豆粕等。

3.填充料
填充料主要作用是疏松醋醅,积存和流通空气,有利于醋酸菌的好氧发酵。填充料要求是:无异味、疏松、表面积大、有适当的硬度和惰性。常用的填充料有粗谷糠(即砻糠)、小米壳、高粱壳、玉米芯等。

4.添加剂
添加剂能不同程度地提高固形物在食醋中的含量,改进食醋的色泽和风味,改善食醋的体态。常用的添加剂有以下几种:

(1)食盐　在醋醅发酵成熟后,需加入食盐抑制醋酸菌,防止醋酸菌将醋酸分解。同时,食盐还起到调和食醋风味的作用。

(2)砂糖、香辛料　砂糖、香辛料能增加成醋的甜味,并赋予食醋特殊的风味。

(3)炒米色　炒米色能增加成醋色泽及香气。

(4)酱色　增加色泽,改善体态。

(5)防腐剂　苯甲酸钠、山梨酸钾等,防止食醋长醭霉变。

(二)原料处理

1. 除去杂质

谷物原料多采用分选机处理,通过分选机将原料中的尘土和轻质夹杂物吹出,再经过几层筛网把谷粒筛选出来。薯类用搅拌棒式洗涤机将表面附着的沙土洗涤除去。

2. 粉碎与水磨

为了扩大原料同微生物酶的接触面积,使之充分糖化,应将原料粉碎。生料制醋时原料粉碎应不小于 50 目,酶法液化制醋则用水磨法粉碎原料。

原料粉碎的常用设备是:锤式粉碎机、刀片轧碎机、钢板磨。

3. 原料蒸煮

粉碎后的淀粉质原料,润水后在高温条件下蒸煮,使植物组织和细胞破裂,细胞中淀粉被释放出来,淀粉由颗粒状转变为溶胶状态,糖化时更易被淀粉酶水解。同时,高温蒸煮能杀灭原料中的杂菌,减少酿醋过程中杂菌污染的机会。原料蒸煮温度在 100℃或者 100℃以上。

二、食醋酿造用微生物

食醋生产的微生物主要有曲霉菌、酵母菌、醋酸菌及乳酸菌等。

(一)曲霉菌

曲霉菌种类很多,主要有黑曲霉、米曲霉、红曲霉、黄曲霉、白曲霉、乌沙米曲霉等,它们在食醋生产中主要作用是糖化,其中黑曲霉的糖化能力较强,应用最为广泛。常用糖化菌及其特性如下:

(1)甘薯曲霉　培养最适温度为 37℃。含有较强活力的单宁酶与糖化酶,有生成有机酸的能力。适宜于甘薯及野生植物酿醋时作糖化菌用。常用的菌株为 As3.324。

(2)邬氏曲霉　邬氏曲霉是由黑曲霉中选育出来的。该菌能同化亚硝酸盐,淀粉糖化能力很强,α-淀粉酶和β-淀粉酶活力都很高,并有较强的单宁酶与耐酸能力,适用于甘薯及代用原料生产食醋。常用的菌株为 As3.758。

(3)河内曲霉　又称白曲霉,是邬氏曲霉的变异菌株。其主要性能和邬氏曲霉大体相似,但生长条件粗放,适应性强。生长适温为 34℃左右,该菌主要在东北地区广泛使用。另外,酶系也较母株邬氏曲霉单纯,用于酿醋,风味较好。

(4)泡盛曲霉　最适生长温度 30～35℃,能生成曲酸和柠檬酸,淀粉酶活力较强。

(二)酵母菌

酵母菌在食醋酿造中的作用是将葡萄糖分解为酒精、CO_2 及其他成分,为醋酸发酵创造条件。要求酵母菌有强的酒化酶系,耐酒精、耐酸、耐高温及繁殖力强,生产性能稳定,变异性小,产生香味。酵母菌最适宜的培养温度为 28～32℃,最适宜 pH 为 4.5～5.5,酵母菌为兼性厌氧菌,只有无氧条件下才能进行酒精发酵。常用酵母菌及其特性如下:

(1)拉斯 2 号酵母（Rase Ⅱ）　可发酵葡萄糖、蔗糖、麦芽糖,不发酵乳糖。25～27℃下液体培养 3 d,稍浑浊,有白色沉淀。

(2)拉斯 12 号酵母（Rase Ⅻ）　细胞呈圆形、近卵圆形。常用于酒精、白酒、食醋的生产。

(3)南洋混合酵母(1308)　可发酵葡萄糖、蔗糖、麦芽糖,不发酵乳糖、菊糖和蜜二糖。

（4）南洋 5 号酵母（1300）　可发酵葡萄糖、蔗糖、麦芽糖和 1/3 棉籽糖，不发酵乳糖、菊糖、蜜二糖。

（5）K 字酵母　细胞呈卵圆形，细胞较小，生长迅速。适于高粱、大米、薯干原料生产酒精、食醋。

（6）活性干酵母（Active Dry Yeast，ADY）　活性干酵母的特点是操作简便，起发速度快，出品率高。

（三）醋酸菌

醋酸菌是能把酒精氧化为醋酸的一类细菌的总称。因此要求醋酸菌耐酒精，氧化酒精能力强，分解醋酸产生 CO_2 和水的能力弱。常用醋酸菌及其特性如下：

（1）As1.41　该菌的细胞呈杆形，常呈链锁状，革兰氏阴性。该菌专性好气，最适培养温度为 28～30℃，最适产酸温度为 28～33℃，耐酒精度在 8％以下，最高产酸量达 7％～9％（醋酸计）。该菌转化蔗糖力很弱，产葡萄糖酸力也很弱；能氧化醋酸为 CO_2 和 H_2O，也能同化铵盐。

（2）沪酿 1.01　该菌有好气性，能将酒精氧化成醋酸，也能将葡萄糖氧化成葡萄糖酸；并能将醋酸氧化成 CO_2 和 H_2O。最适培养温度为 30℃，最适产酸温度为 32～35℃。

（3）许氏醋酸菌　许氏醋酸菌为国外有名的速酿醋菌种，产酸率高达 11.5％（以醋酸计）。最适培养温度 25～27.5℃；在 37℃时不能将酒精氧化成醋酸，对醋酸不能进一步氧化。

（4）纹膜醋酸菌　纹膜醋酸杆菌是日本酿醋的主要生产菌株。在高浓度酒精（14％～15％）溶液中也能缓慢地进行发酵，产醋酸最大可达 8.75％（以醋酸计），能将醋酸进一步分解成 CO_2 和 H_2O，耐高糖，在 40％～50％葡萄糖溶液中仍能生长。

三、食醋酿造原理

酿醋是以含有淀粉、糖或两者均有的农作物，经由微生物作用产生乙醇发酵与醋酸发酵等，两阶段发酵过程生产而成，成品中含有一定量的醋酸可食用液体。这个定义说明了三个重点，即天然的原料、两阶段的发酵与含有一定量的醋酸。

所谓两阶段发酵是指第一阶段：糖化与酒精化，由糖化菌与酵母菌把原料里的淀粉分解成糖，产生麦芽糖和葡萄糖，糖再转化为酒精（乙醇）与二氧化碳。此阶段的糖化、酒精化是交互进行的，所以又称为复式发酵。第二阶段：醋酸菌会再把酒精（乙醇）氧化成醋酸。两阶段发酵完成后就生成醋，而色、香、味多在后熟过程中产生。色素的产生是通过美拉德反应，香气主要是些酯类，综合味道包括各种酸、醇、氨基酸等。醋酸含量的多寡与第一阶段生成的酒精有关，酒精含量越高，转换出来的醋酸越高。醋的质量标准是醋酸含量，但是醋酸含量的测定并不能区分醋是纯酿还是合成的，而是醋液必须含有一定比例的醋酸才能达到抑菌的能力。

任务一　食醋的生产

【知识前导】

我国的传统食醋大多数采用固态生产，即醋酸发酵时物料呈固态的酿醋工艺。以粮食为原料,加入小曲、块曲、麸曲、酒母等为发酵剂,再加入稻壳为疏松剂酿造食醋。随着发酵技术和机械设备的发展,出现了如酶法液化通风回流制醋、液态法制醋工艺、喷淋塔法制醋等新的酿醋技术和工艺,大大提高了食醋的生产效率,促进了食醋酿造技术的发展。

一、一般固态发酵法酿醋

(一)糖化发酵剂

把淀粉转变为发酵性糖所用的催化剂称为糖化剂,糖化剂主要有大曲、小曲、麸曲、红曲、液体曲等几种。

1.大曲的制备与管理

大曲是以根霉、毛霉、曲霉和酵母菌等微生物为主,并混杂大量的其他野生菌,具有很强的酒精发酵和产酯能力。大曲制作的季节一般以春末夏初到中秋节前后最合适。

根据制曲过程中控制的最高温度不同,可将大曲分为高温曲(制曲过程中最高温度达到60℃以上)和中温曲(最高品温不超过50℃)两种类型。高温曲和中温曲区别是,前者含水量低、淀粉含量低、糖化力和液化力也较低。

(1)高温曲制备与管理

①工艺流程

曲母、水
↓

小麦 → 润料 → 磨碎 → 粗麦粉 → 拌曲料 → 踩曲 → 曲坯 → 堆积培养 → 出室贮存 → 成品曲

②生产操作

a.在原料小麦中加入 5%~10% 的水润料 3~4 h 后,进行粉碎,要求成片状,能通过 0.95 mm(20 目)筛的细粉占 40%~50%,未通过的粗粒及麦皮占 50%~60%。

b.加入麦粉重量 37%~40% 的水和 4%~5%(夏季)或 5%~8%(冬季)的曲母进行均匀拌料。

c.将曲料用踩曲机(或人工踩曲)压成砖块状的曲坯,要求松而不散。

d.将曲坯移入有 15 cm 高度垫草的曲房内,三横三竖相间排列,坯之间隔留 2 cm,用草隔开。排满一层后,在曲上铺 7 cm 稻草后再排第二层曲坯,以 4~5 层为宜。在最后一层曲坯上盖上乱稻草,以利保温保湿,并常对盖草洒水。经 5~6 d(夏季)或 7~9 d(冬季)培养,曲坯内部温度可达 60℃以上,表面长出霉衣,进行关键的第一次翻曲。第一次翻曲后再经 7 d 培养,进行第二次翻曲。第一次翻曲后 15 d 左右可略开门窗,促进换气。40~50 d 后,曲温降至室温,曲块接近干燥,即可拆曲出房。

e.成品曲有黄、白、黑三种颜色,以黄色最佳,它酱香浓郁,再贮存 3~4 月后成陈曲,备用。

(2)中温曲制备与管理

①工艺流程

水
↓

小麦60% + 豌豆40% → 磨碎 → 润料 → 踩曲 → 曲坯 → 入室排列 → 长霉 → 晾霉 →
潮火阶段 →大火阶段 → 后火阶段 → 养曲阶段 → 出房 → 贮存 → 成品曲

②生产操作

a. 将大麦 60% 和豌豆 40%（按重量）混合后粉碎，能通过 20 目筛孔占 20%（冬季）或 30%（夏季）。

b. 将混合粉加水拌料，使含水量达 36%～38%，用踩曲机将其压成每块重 3.2～3.5 kg 的曲坯。

c. 将曲坯移入铺有垫草的曲房，排列成行。每层曲坯上放置竹竿，其上再放一层曲坯，共放 3 层，成"品"字形，便于空气流通。曲房室温以 15～20℃ 为宜。经 1 d 左右，曲坯表面长满白色菌丝斑点，即开始"生衣"。约经 36 h（夏季）或 72 h（冬季），品温可升至 38～39℃，此时须打开门窗，并揭盖翻曲，每天一次，以降低曲坯的水分和温度，称为"晾霉"。经 2～3 d 后，封闭门窗，进入"潮火阶段"。当品温又上升到 36～38℃ 时，再次翻曲，并每日开窗放潮两次，需时 4～5 d。当品温继续上升至 45～46℃ 时，即进入"大火阶段"，在 45～46℃ 条件下维持 7～8 d，最高品温不得超过 48℃，每天翻曲 1 次。当有 50%～70% 的曲块成熟时，大火阶段结束，进入"后火阶段"。曲坯日渐干燥，品温降至 32～33℃，经 3～5 d 后进行"养曲"，品温在 28～30℃ 左右，使曲心水分蒸发，待基本干燥后即可出房使用。如图 6-1 所示。

图 6-1　大曲生产

2. 小曲的制备与管理

小曲以米粉、碎米或米糠为主要原料，添加或不添加中草药，接入纯种酵母、根霉或接入曲母培养而成。小曲分为药小曲、无药白曲、无药糠曲、酒曲饼等。小曲中的主要微生物是根霉和酵母菌，对原料的选择性强，适合用糯米、大米、高粱等作酿醋原料，薯类及野生植物等不宜作为酿醋原料。

（1）工艺流程

```
        水          香药草粉 曲母        细米粉曲母
        ↓            ↓     ↓              ↓
大米 → 润料 → 磨碎 → 配料 → 接种 → 制坯 → 裹粉 → 入室培养 → 出曲 → 干燥 → 成品曲
```

（2）生产操作

①取 20 kg 米粉(含裹粉用米粉 5 kg)，药粉用量为米粉量的 10%，使用的曲母为上次制备的酒药。制坯时曲母用量为米粉量的 2%，裹粉时曲母用量为米粉量的 4%，用水量为米粉量的 60%。

②先将大米浸泡 3～6 h，以不粘、无白心为标准。浸泡结束，滤去水分，粉碎，过 180 目筛，筛出 5 kg 细粉留作裹粉用。

③将 15 kg 米粉和 2 kg 香药草粉、0.3 kg 曲粉、9 kg 水混合，制成饼块，然后切成小块，再在竹匾上筛成圆粒。

④将 5 kg 细米粉和 0.2 kg 曲母粉拌匀，作为裹粉材料，裹粉时，先在圆药坯上均匀洒上少许水，然后将药坯倒入盛有少量裹粉材料的竹匾中滚动，让裹粉材料均匀地沾在药坯上，如此反复操作，直到裹粉材料用完。

⑤在培曲用的木格底部铺一层稻草，然后将药坯装格入室培养。前期培养 0～20 h，曲室温度控制在 28～31℃，最高品温不得超过 37℃；中期培养 21～45 h，最高品温不得超过 35℃；后期培养 46～90 h，在此过程中品温逐渐下降，曲子渐渐成熟。

⑥曲子成熟后即取出，放入烘房烘干，备用。

成品曲的质量要求为外观呈淡黄色，无黑点，质松，具有酒药芳香。成曲含水量在 12%～14%，每 100 g 曲粉的总酸不超过 0.6 g。如图 6-2 所示。

图 6-2　成品小曲

3.麸曲的制备与管理

麸曲是以麸皮为主要制曲原料，以优质曲霉菌为制曲菌种，采用固态培养法制得的。麸曲的生产方法有曲盘制曲、帘子制曲和机械通风制曲。

（1）工艺流程

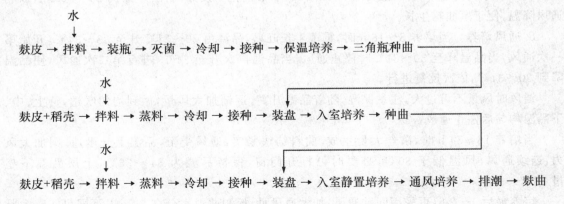

（2）生产操作

①试管菌种培养

a.培养基配方　6 °Bé 米曲汁 100 mL，琼脂 2～3 g，pH 6.0 左右。

b.操作　接种后置于 30℃ 左右恒温箱内培养 3 d，长满黑褐色孢子后取出，放入 4℃ 冰箱中保存,每 3 个月移接一次,使用 5～6 代后,须分离、纯化,防止菌种退化。

②三角瓶菌种培养

a.将 100 g 麸皮与 90～100 mL 的水混合均匀,用纱布包好,在 0.1 MPa 压力下蒸汽蒸 30 min,冷却后装入 250 mL 干热灭菌的三角瓶中,料厚为 1 cm 左右,塞上棉塞,在 0.1 MPa 压力下灭菌 30 min,趁热将瓶内曲料摇松。

b.冷却到 30～32℃接种,每瓶接种 6 环,拌匀,呈堆积状,在 30～32℃恒温箱内保温培养。每 8 h 摇瓶一次,36～40 h,曲料结块,应扣瓶摇碎结块,继续恒温培养至全部长满黑褐色孢子即可使用,总培养时间为 4～5 d。

③种曲制备及管理

a.原料及原料处理　将 90%麸皮、10%稻皮与 100%水混合均匀后堆积 1 h,入锅常压蒸料,圆汽后蒸蒸 1 h,关汽后焖 15～20 min。熟料出锅过筛,装筛要快、松、匀。

b.冷却接种　熟料冷却至品温为 30～32℃,接入 0.2%左右的三角瓶菌种,拌匀,装入经消毒灭菌的竹帘上堆积培养。装帘后品温为 30～31℃,室温在品温为 30～33℃。6 h 左右,孢子发芽并有菌丝生长,品温升至 33～34℃时,翻堆一次,降温至 30～31℃,再堆积培养。当品温再升至 34～34.5℃,将料摊平,曲层厚度 1 cm,品温控制在 32～35℃之间,这是前期操作管理。

中期菌丝生长旺盛,呼吸作用强,品温上升迅速,品温控制在 34～35℃,室温在 28～30℃,可采用划曲或调换帘子位置等方法控制温度。曲块大小约为 2 cm,保温保湿培养 36 h 后,开始生成孢子。此时品温为 35～37℃,室温为 30～34℃,曲料水分要充足,以满足孢子生长的需求。

后期菌丝生长缓慢直至停止,并结成大量孢子,曲料变色停止保湿,开窗通风排潮干燥,室温为 34～35℃,品温为 36～38℃,种曲颜色完全变黑,即可出曲,整个过程为 48～50 h。

c.厚层通风制曲　将麸皮 85%～90%,稻壳 10%～15%,水 65%～70%混合,拌匀。然后进行蒸料、冷却(同种曲制备)。最后将蒸料冷却到 33～35℃,接入 0.3%～0.4%的种曲,曲料入池堆积厚度为 50 cm,品温为 30～32℃,4～5 h 内孢子发芽,料层厚减到 25～30 cm,以利通风降温,便于黑曲霉生长。

d.通风培养　当培养 8～16 h 时,霉菌生长旺盛,品温由 30～31℃升至 33～34℃,开始第一次通风,当品温降至 30～31℃时停止通风,当品温再次升至 34℃,进行第二次通风,使品温降到 30～31℃,依次反复进行。

通风时风量不可过大,注意保湿,随着品温升高,逐渐加大风量,做到均匀吹透,待上、中、下品温均匀后停止通风。

当培养 16～34 h 时,菌丝大量生成,曲料结块紧实,通风受阻,品温上升迅速,则加大风力,连续通风,风温低于 30℃,必要时可打开门窗,保持品温为 34～36℃,上层品温不超过 38℃。

培养最后 1～2 h,可采用间歇通风,加大通风量,控制曲料水分在 25%以下即可。整个厚层通风制曲培养时间为 22～24 h。

厚层通风制曲工艺必须严格掌握配料、料层和通风之间的关系,控制好通风条件,特别要注意保风压、保风温、保风量和保风净,只有如此,才能制得符合质量要求的麸曲(图 6-3)。

图 6-3 麸曲制作

(二)酒母

酒母就是选择性能优良经逐级扩大培养后用于糖化醪的酒精发酵的酵母菌。

1. 酒母实验室培养

(1)培养基制备 实验室培养多采用米曲汁或麦芽汁作为培养基。

①米曲汁制备 将米曲加 4 倍水,置 55~60℃下恒温糖化 3~4 h,米曲汁浓度一般为 10~12 °Bx。

②麦芽汁制备 将麦芽磨碎加水混合,在 55~60℃糖化 4 h 后过滤,将滤液浓度调整为 10~12 °Bx,即得麦芽汁。

(2)小三角瓶培养 将米曲汁(或麦芽汁)调整浓度为 7 °Bx,pH 为 4.1~4.4,取 150 mL 装入 250 mL 小三角瓶内,用 0.1 MPa 压力,灭菌 30 min,冷却至常温。无菌条件下,从试管菌种中挑取 1~2 接种环投入小三角瓶培养液内,摇匀。置于 28~30℃保温培养 24 h 左右,瓶内有 CO_2 气泡,瓶底有白色酵母沉淀,即培养成熟。

(3)大三角瓶培养 将 500 mL 米曲汁(或麦芽汁)装入 1 000 mL 大三角瓶内,在无菌条件下取小三角瓶中酵母液 250 mL 移入大三角瓶,摇匀,在 28~30℃保温培养 10~20 h 即可。

2. 生产车间阶段培养

(1)酒母糖化醪的制备

①酒母糖化醪原料的选择 制作酒母糖化醪的原料以玉米为最好。因为玉米中含有大量淀粉、蛋白质、无机盐和维生素,所以用玉米为原料制作酒母培养基时不需补加其他营养物质。使用薯干粉时应补充氮源。

②酒母糖化醪的制作 酒母糖化醪原料蒸煮采用间歇蒸煮方法,加水量为原料的 4~5 倍。蒸煮后将醪液打入糖化锅,冷却到 68℃左右,加入糖化曲搅拌均匀进行糖化,糖化时间控制在 3~4 h。酒母糖化醪糖化完毕后,要加温至 85~90℃,杀菌 15~30 min,确保酒母在培养过程中不被杂菌污染。

(2)卡氏罐培养 卡氏罐是用锡或不锈钢制成,容量一般为 15 L。

将酒母糖化醪稀释至 8 °Bx,调节 pH 为 4.1~4.4,取 7.5 L 装入卡氏罐内,然后灭菌。接种时,先将卡氏罐及大三角瓶口用 70％酒精消毒,然后把培养好的大三角瓶酵母 500 mL,迅速倒入卡氏罐内,摇匀。接种后将卡氏罐放于酒母室内,室温培养 8～18 h,待液面冒出大量 CO_2 泡沫即培养成熟。

(3)酒母罐培养   酒母培养方法可分为间歇培养和半连续培养两种,主要介绍酒母间歇培养法。

①将酒母罐洗刷干净,并对罐体、管道进行杀菌。

②将酒母糖化醪打入小酒母罐内,调整糖化醪浓度为 8～9 °Bx,接入 10％卡氏罐酒母,通入无菌空气或用机械搅拌,使酒母与醪液混合均匀,并能溶解部分氧气,供酵母繁殖所需。然后控制温度 28～30℃进行培养 8～10 h,待醪液糖分降低,并且液面有大量 CO_2 气体冒出,即培养成熟。

③将培养成熟的酒母再接入已装好糖化醪的大酒母罐内,接种量为 10％,用同样方法于 28～30℃培养 8～10 h,待醪液糖分降低 50％,液面冒出大量 CO_2 气体时,即可供生产用。

(三)醋母

醋母在制醋生产过程中能氧化酒精为醋酸,是醋酸发酵中极重要的菌。

1.醋母的选择

醋酸菌是能把酒精氧化为醋酸的一类细菌的总称,一般要求醋酸菌耐酒精,氧化酒精能力强,分解醋酸生成 CO_2 和水的能力弱。现多采用中国科学院微生物研究所 1.41 号醋酸菌及沪酿 1.01 号醋酸菌。

2.醋母生产及管理

醋母生产工艺流程:醋母原菌→实验室培养阶段→生产车间阶段培养→醋母

(1)实验室阶段培养

①醋酸菌试管斜面培养

a.试管斜面培养基   6 度酒液 100 mL,葡萄糖 3 g,酵母膏 1 g,琼脂 2.5 g,碳酸钙 1 g,水 100 mL。

b.培养   加热溶化琼脂,分装试管,灭菌冷却后做成斜面试管。在无菌箱内将原菌接入斜面试管,置于 30～32℃恒温箱内培养 48 h 即成熟。

c.保藏   醋酸菌没有芽孢,易被自己所产生的酸杀灭,特别是能产生酯香的菌种很容易死亡。因此,宜保藏在 0～4℃冰箱内备用。

②三角瓶培养

a.培养基制备   称取酵母膏 1 g、葡萄糖 0.3 g、加水 100 mL,溶解后分别装入 1 000 mL 的三角瓶内,每瓶装入量为 100 mL,采用 0.1 MPa 蒸汽压力灭菌 30 min。冷却后,在无菌室内加入 95 度酒精 40％。

b.接种   在三角瓶内接入刚培养 48 h 的试管斜面菌种,每支试管可接种 2～3 瓶,摇匀。

c.培养   接种后置于恒温箱内静置培养 5～7 d,液面生长出薄膜,嗅之有醋酸的清香味,即为醋酸菌成熟。如果利用摇瓶振荡培养,三角瓶内装入量可加至 120～150 mL,于 30℃培养 24 h,镜检菌体正常,无杂菌即可使用。测定酸度一般达 1.5～2 g/100 mL(以醋酸计)。

(2)生产车间阶段培养

①固态大缸培养   取生产上配制的新鲜酒醪放置于设有假底、下面开洞加塞的大缸内,把

培养菌种拌入酒醅表面,使之均匀,接种量为原料的 2%～3%。然后将缸口盖好,使醋酸菌在醅内生长繁殖。1～2 d 后品温升高,采用回流法降温,即将缸底塞子拔出,放出醋汁回浇在醅面上,控制品温不超过 38℃。培养至醋汁酸度(以醋酸汁)达到 4 g/100 mL 以上,则说明醋酸菌已大量繁殖,即可将固态培养的醋酸菌种接种到生产酒醅中。

菌种培养期间,要防止杂菌污染,如果醋醅中有白花或异味,要进行镜检。污染严重的大缸醋种不能用于大生产,否则会影响正常的醋酸发酵。

②种子罐培养 种子罐内盛酒度为 4%～5%的酒精醪,填入量为容器的 70%～75%,用夹层蒸汽加热至 80℃,再用直接蒸汽加热至压力为 0.1 MPa,维持 30 min,冷却至 32℃,接入三角瓶种子,接种量在 10%,于 30～31℃通风培养 22～24 h,即成熟。

3. 醋母质量

(1)醋母质量要求 优质醋母的醋酸菌细胞形态整齐、健壮、没有杂菌,革兰氏染色为阴性。成熟醋母的醪液总酸(以醋酸计)为 1.5～1.8 g/100 mL。

(2)影响醋母质量的因素

①培养基质 醋酸菌好糖厌氮,因此生产中应选六碳糖含量丰富的原料作为醋母培养基质。

②培养温度 醋酸菌没有芽孢,对热抵抗力弱。醋酸菌最适生长温度在 30℃左右,此时醋酸菌生长繁殖快,细胞形态整齐、健壮。

③通风培养 醋酸菌是好氧菌,通入适量空气对醋酸菌生长十分有利。

④酸度和酒精度 醋酸菌对酸的抵抗性较弱,一般在含醋酸 1.5%～2.5%时,则完全停止繁殖,但也有个别菌种在含醋酸 6%～7%浓度中尚能繁殖。

醋酸菌一般耐酒精度为 5%～12%,在含酒精 6%(体积分数)浓度的溶液中尚能制醋。

⑤耐盐力 醋酸菌耐盐力为 1%～1.5%之间。食盐浓度一旦高于此浓度范围,醋酸菌就被抑制,生长缓慢。

⑥杂菌污染 醋酸菌培养时,要防止杂菌污染,加强灭菌工作,注意卫生。

(四)传统酿造工艺

传统酿造工艺就是固态发酵法,整个生产过程都是在固态下条件下进行。制醋时需拌入大量的谷糠、小米壳、高粱壳及麸皮等,使醋醅疏松,能容纳一定量的空气。糖化、酒化、醋化三边发酵同步进行,缓和了淀粉、乙醇对酵母菌、醋酸菌的干扰,促进有益微生物的生长,提高其发酵性能,为食醋色、香、味、体的协调奠定了基础。用此法酿制的醋有山西老陈醋、镇江香醋等。

1. 山西老陈醋工艺流程

大曲 → 粉碎 → 大曲粉
↓
高粱 → 磨碎 → 浸泡 → 蒸熟 → 第二次加水 → 冷却 → 混合 → 第三次加水 → 糖化及酒精发酵 →
                    →50%醋醅熏醅 → 浸泡 → 淋醋 → 新醋 → 露晒 → 过滤 → 装瓶 → 成品
制醋醅 → 醋酸发酵 → 加盐 ─┤   ↑
                    →50%醋醅淋醋 → 醋液 → 加热

2. 生产操作及管理

(1)原料及原料处理

①原料配比(kg) 高粱 100,大曲 62.5,麸皮 73,谷糠 73,食盐 5,香辛料(花椒、茴香、桂皮、丁香等)0.05,水 340(蒸前水 50、蒸后水 225、入缸前水 65)。

②将高粱磨碎成每粒 4~6 瓣,粉末要尽量少。粉碎的高粱按每 100 kg 加入 30~40℃温水 60 kg,拌匀,润水 4~6 h,使高粱充分吸收水分。

③将润水后的高粱打散,均匀装锅用常压蒸料,上汽后蒸 1.5 h,要求熟料无生心、不黏手。

④取出熟料放入池中,再加 215 kg 沸水,拌匀后焖 20 min,待高粱粒吸足水分呈软饭状。

⑤将软饭状高粱放在晾场上迅速冷却至 25~26℃。再加冷开水 65 kg,搅匀。

(2)糖化及酒精发酵

①将大曲磨成曲糁,大小 1~3 mm 之间。

②将冷却至 25~26℃高粱软饭加入磨细的大曲粉 30%~35%拌匀,再加入水,使入缸水分达 60%左右,料温控制在 20~25℃,入缸发酵。

③入缸后物料边糖化边发酵,品温缓慢上升。最初 3 d 每天上、下午各打耙 1 次。

④进入第 3 天品温可上升到 30℃,第 4 天时可升至 34℃,这是发酵最高峰,此时要增加打耙次数。发酵 2~4 d,控制品温在 33℃,不超过 35℃。

⑤高峰过后品温逐渐下降,用塑料薄膜封住缸口,上盖草垫,进行后发酵,品温在 20℃左右,发酵时间为 16 d。

(3)醋酸发酵

①向酒醅中加入麸皮 73 kg、谷糠 73 kg,制成醋醅,分装入十几个浅缸中。

②经 3~4 d 发酵,品温在 43~44℃的新鲜醋醅作为醋酸菌菌种,将它埋入盛有醋醅的浅缸中心,接种量为 10%,缸口盖上草盖,进行醋酸发酵。

③接种 12 h 后醅温升至 41~42℃,自此日起每天早晚用手翻醅 1 次。

④第 4 天醅温达到 43~45℃,上午取"火醅"作为下一批新醅的火种。剩余的翻均匀,顶部仍呈尖形,盖好草盖。

⑤第 5 天醅温开始下降,通过翻醅温度控制在 38℃左右,中醅及大火阶段持续 3~4 d 左右。

⑥发酵第 7 天开始退火,第 8 天已降至 25~26℃,第 9 天醋酸发酵结束。

⑦醋醅成熟后,酸度可达到 8 g/100 mL 以上,加入 5%的食盐,这样做既能调味,又能抑制醋酸菌的过度氧化,加盐后醅温持续下降。醋醅出缸进入下一工序。

(4)熏醅、淋醋与后加工

①选择三套循环法和淋醋设备,如缸、池等。

②取成熟醋醅的 1/2 入熏醅缸内,缸口加盖,用文火加热,醅温 70~80℃,每天倒缸翻拌 1 次,共 4 d,出缸为熏醅。

③甲组醋缸放入剩余 1/2 的熟醋醅,用二醋浸泡 12~24 h,淋出的醋称为头醋(即半成品);乙组缸内的醋醅是淋过头醋的头渣,用三醋浸泡 12~24 h,淋出的醋是二醋;丙组缸的醋醅是二渣,用清水浸泡 12~24 h,淋出的醋称为三醋。淋醋结束,醋渣残酸仅 0.1 g/100 mL,出缸可直接或加工后作为饲料。如图 6-4 所示。

④在淋出的醋液中加入香料,加热至 80℃,加入熏醅中浸泡 10 h 后再淋醋,淋出的醋叫原醋(新醋),是老陈醋的半成品,每 100 kg 高粱可出原醋 400 kg。原醋的总酸为 6~7 g/100 mL,浓

度为 7 °Bé。

⑤陈酿:将新醋储放于室外缸内,除刮风下雨需盖上缸盖外,一年四季日晒夜露,冬季醋缸中液面结冰,把冰取出弃去,称为"夏日晒,冬捞冰"。

⑥经过三伏一冬的陈酿,醋变得色浓而体重,一般浓度可达到 18 °Bé,总酸含量为 10 g/100 mL 以上。陈酿期为 9~12 月,每 100 kg 高粱得到的 400 kg 原醋,经陈酿后只剩下 120~140 kg 老陈醋。

⑦采用热交换器,在 80℃ 以上进行杀菌,不需加苯甲酸钠防腐。

图 6-4 淋醋

⑧按照工艺要求、食醋卫生标准以及食醋标签等要求,严格进行食醋的包贮存和出库管理。

二、酶法液化通风回流制醋

酶法液化通风回流酿醋工艺是利用酶制剂将原料液化处理,加快原料糖化速度,同时,采用自然通风和醋汁回流代替倒醅操作,使醋醅发酵均匀,提高原料的利用率。

1. 工艺流程

α-淀粉酶、$CaCl_2$、Na_2CO_3　　　　麸曲　　　　酒母、水　麸皮+砻糠+醋酸菌
　　　↓　　　　　　　　　　　　　↓　　　　　　↓　　　　↓
碎米 → 浸泡 → 磨浆 → 调浆 → 加热 → 液化 → 糖化 → 液态酒精发酵 → 拌匀入池 →
固态醋酸发酵 → 加盐陈酿 → 淋醋 → 加热灭菌 → 灌装 → 成品

2. 主要生产设备

(1)液化及糖化罐　一般容积为 2 m³ 左右不锈钢罐,罐内设搅拌装置及蛇形冷却管,蒸汽管至中心部位。

(2)酒精发酵罐　容积为 30 m³ 左右不锈钢罐,容量为 7 000 kg,内设冷却装置。

(3)醋酸发酵池　容积为 30 m³ 左右,距池底 15~20 cm 处设一竹篦假底,其上装料发酵,假底下盛醋汁,紧靠假底四周设直径 10 cm 风洞 12 个,喷淋管上开小孔,回流液体用泵打入喷淋管,在旋转过程中把醋汁均匀淋浇在醋醅表面。如图 6-5 所示。

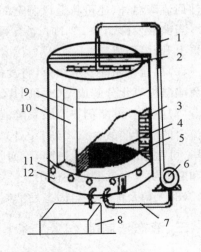

图 6-5 醋酸发酵水泥池
1.回流管 2.喷淋管 3.水泥池壁
4.木架 5.竹篦假底 6.水泵
7.醋汁管 8.储醋池 9.温度计
10.出渣门 11.通风洞 12.醋汁存留处

3. 生产操作及管理

(1)主要原料及辅料　同固态发酵酿醋法的主要原料及辅料。

(2)原料处理

①原料配比(kg)　碎米 1 200,麸皮 400,砻糠 1 650,水 3 250,食盐 100,酒母 500,醋酸菌种子 200,

麸曲 60，α-淀粉酶 3.9，氯化钙 2.4，碳酸钠 1.2。

②水磨和调浆　碎米用水浸泡无白心，将米与水按 1∶1.5 比例送入磨粉机，磨成细度为 70 目以上粉浆，送入调浆桶，用碳酸钠调 pH 6.2～6.4，加入 0.1% 氯化钙和每克碎米 5 单位的 α-淀粉酶，充分搅拌。

（3）液化与糖化

①液化　将浆料送入液化桶内，加热升温至 85～92℃，保持 10～15 min，用碘液检测显棕黄色表示已达到液化终点，然后升温至 100℃，保持 10 min，达到灭菌和使酶失活的目的。

②糖化　将液化醪冷却至 63℃，加入麸曲，糖化 3 h，碘液无颜色反应，糖化完毕。

（4）酒精发酵

①糖化醪在糖化锅里冷却到 27℃后，将 3 000 kg 糖化醪泵入酒精发酵罐，再加水 3 250 kg，调节 pH 4.2～4.4，接入酒母 500 kg。控制醪液温度 33℃左右，使发酵醪总数在 6 750 kg。

②开始发酵，品温逐渐上升，当达到 33℃左右，在夹套内通入冷却水冷却降温，控制酒精发酵品温在 30～37℃之间。

③发酵 5 d 左右，酒醪的酒精含量达到 8.5% 左右，酸度 0.3%～0.4%，发酵结束。

（5）醋酸发酵

①进池　将酒醪、麸皮、砻糠和醋酸菌种子用制醅机充分混合，装入醋酸发酵池内。温度控制在 35～38℃最宜，盖上塑料布，开始发酵。

②松醅　上层醋醅的醋酸细菌繁殖快，升温快，24 h 可升到 40℃，而中层醋醅温度较低，所以要进行松醅，将上面和中间的醋醅尽可能疏松均匀，使温度一致。

③回流　松醅后，每当醋醅温度升至 40℃以上即可进行醋汁回流，使醅温降低。每天可进行 6 次回流，每次放出醋汁 100～200 kg，一般回流 120～130 次醋醅即可成熟。

④醋酸发酵温度　前期可控制在 42～44℃，后期控制在 36～38℃，如果温度升高过快，除醋汁回流降温外，还可将通风洞全部或部分塞住，进行控制和调节。

当醋酸发酵 20～25 d 时，测定醋醅中酒精含量已微，醋汁酸度达 6.5～7 g/100 mL，酸度不再上升，醋醅成熟。

（6）加盐　醋酸发酵结束，将食盐置于醋醅面层，用醋汁回流溶解食盐使其渗入醋醅中，为避免醋酸被氧化分解成 CO_2 和 H_2O。

（7）淋醋　淋醋仍在醋酸发酵池内进行。把二醋浇淋在成熟醋醅面层，从池底收集头醋，当流出的醋汁醋酸含量降到 5 g/100 mL 时停止收集，得到的头醋可配制为成品醋。头醋收集完毕，再在醋醅上面浇入三醋，下面收集到的是二醋。最后在醋醅上加水，下面收集三醋。二醋和三醋供下批淋醋循环使用。

（8）灭菌及配制　与固态发酵制醋相同。

三、液态法制醋

在液体状态下进行的醋酸发酵称为液态发酵法制醋。常见的有表面发酵法、淋浇发酵法、液态深层发酵法（图 6-6）、固定化菌体连续发酵法。液态发酵法不用辅料，可节约大量麸皮和谷糠，使环境卫生得到改善，减轻劳动强度，有利于实现管道输送，提高了机械化程度，生产周期较固态法缩短。但其风味、色泽及稠厚度较固态法相比要差，需采取其他方法改善。

图 6-6　液态深层发酵

1. 工艺流程

α-淀粉酶、CaCl$_2$　　　Na$_2$CO$_3$、糖化曲　酒母　　　　麸皮+砻糠+醋酸菌
　　↓　　　　　　　↓　　　　　↓　　　　　　　↓

淀粉质原料 → 调浆 → 液化 → 糖化 → 酒精发酵 → 酒醪 → 醋酸发酵 →醋醪 → 配兑 →
灭菌 → 成品

2. 生产操作及管理

(1)原料处理　液态深层发酵酿醋法是一种先进的生产工艺,一般用谷类、薯类为生产原料。

①粉碎　原料可用干法粉碎或湿法粉碎,干法粉碎细度在 60 目以上,湿法粉碎细度在 50 目以上。

②调浆　原料粉碎后加水,加入原料质量 0.1％的 CaCl$_2$ 和 10％的 Na$_2$CO$_3$,调整粉浆 pH 为 6.2～6.4,并按 60～80 U/g 原料加入细菌 α-淀粉酶制剂,充分搅拌,调成 18～20 °Bé 粉浆。

(2)液化与糖化　用泵将粉浆打入糖化罐,升温至 85～90℃,维持 15 min,用碘液检查呈棕黄色,液化完成。再升温至 100℃灭菌,维持 20 min。然后将醪液迅速冷却至 63～65℃,加入原料量 10％的麸曲或按 1 g 淀粉加入 100 U 糖化酶,糖化 1～1.5 h。然后加水使糖化醪浓度为 8.5 °Bé,并使醪液降温至 32℃。

糖化醪质量要求为:糖度 13～15 °Bx,还原糖 3.5 g/mL 左右,总酸(以醋酸计)含量 0.39 g/100 mL 左右。

(3)酒精发酵　将糖化醪泵入酒精发酵罐中,向罐中接入 10％的酒母,定容至 85％～90％,温度为 30～34℃,发酵 3～5 d。当醪液的酒精含量为 6％～7％,糖度 0.5 °Bx 以下,总酸(以醋酸计)含量 0.5 g/100 mL 左右,酒精发酵结束。

(4)醋酸发酵　醋酸发酵罐为自吸式发酵罐。用清水洗净发酵罐,用蒸汽在 150 kPa 下对发酵罐和管道灭菌 30 min。将酒醪泵入发酵罐中,当醪液淹没自吸式发酵罐转子时,开机自吸通风搅拌,装液量为罐容积的 70％。接入醋酸菌种子液 10％(体积分数)。发酵条件:料液酸度 2％,温度 33～35℃,发酵通风比为控制在发酵醪液体积与通入空气体积比为 1:(0.08～0.1)/min,发酵时间为 40～60 h。当酒精含量(以容量计)降至 0.3％左右,总酸不再增加时,发酵结束,升温至 80℃灭菌,维持 10 min。成熟的醋酸发酵醪液酒精含量为 0.3％左右,总酸(以醋酸计)含量 6 g/100 mL 左右。

(5)过滤　将板框过滤机进料阀门打开,使贮存罐内的成熟发酵醪自然压进板框中。等待一定时间后,打开料泵将醋醪压进框内,最高压力为 0.2 MPa。要注意观察滤液的流量和澄清度,并作适当调整。醋醪打完后,通风压滤,然后进水洗渣。洗渣完毕,将板框松开清渣,滤布洗净晾干备用。

(6)配制与加热　取半成品醋进行化验,按质量标准进行配兑,并加入食盐 2％,通过列管式换热器加热至 75～80℃进行灭菌,然后输送至成品醋贮存罐。

(7)产品后处理　为了改善液态发酵的风味,可以用熏醅增香、增色,即将液态发酵的生醋用以浸泡固态发酵工艺中的熏醅,然后淋醋,使之具有熏醅的焦香、悦目的黑褐色。也有把液态发酵醋和固态发酵醋勾兑,以弥补液态发酵醋不足之处。

四、喷淋塔法制醋

喷淋塔法制醋也称浇淋法、醋塔法、速酿法等,是液态制醋的一种。其特点是用稀酒或酒精发酵醪为原料,在塔内自上而下地流经附着大量醋酸菌的填充料,使酒精很快氧化成醋酸。用这种生产方法又分为浇淋法和速酿法两种类型。

(一)浇淋法

淀粉质原料加水、加热糊化后,用糖化剂糖化,再接种酵母菌进行酒精发酵,待发酵完毕后接种醋酸菌,通过回旋喷洒器反复淋浇于醋化池内的填充物上。淋浇发酵法不同于前面的固态发酵法,固态发酵法是以酒醪拌麸皮,发酵一批出渣一批,需要消耗大量的辅料;而淋浇发酵法是以谷糠和麸皮等为填充料,酒醪回流喷洒于上,可以连续回流,麸皮等可连续使用。

1. 工艺流程

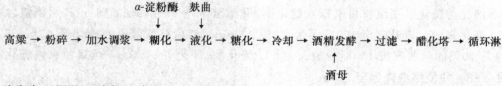

2. 生产操作

(1)酒液制备　碎米经浸泡、磨浆、液化、糖化及液态发酵,酒精浓度以 7～8 度为好。

(2)醋酸发酵　将酒液一次加入醋塔内,再接入醋酸菌液 10％,然后定时,定温循环回淋,约每隔 90 min 回淋一次。品温控制 35～42℃之间。根据品温变化情况控制回淋次数及空气入口,经 50 多小时,酒精耗尽,测定淋出液酸度不再上升,即为成品。

(3)原料出品率　约 7.5 kg(醋酸含量 5 g/100 mL)/kg 主粮。

(二)速酿法

速酿法也称醋塔法,是以稀酒液为原料,在塔内流经附着大量醋酸菌的填充料,使酒精很快氧化成为醋酸。丹东白醋就是用这种工艺生产的。

1. 工艺流程

循环醋液、酵母液、水

白酒 → 混合配制 → 喷淋 → 发酵 → 调配 → 勾兑 → 化验 → 包装 → 成品

2. 生产操作

(1)酵母液制备　20 mL、400 mL、10 L、125 L 四级扩大,培养基采用糖化液,其含糖量为10％～14％,26～27℃静止培养,一般 6～10 h。经灭菌、冷却、过滤备用。

(2)混合液配制　醋液(总酸 9.0％～9.5％)、50 度大曲酒、酵母液、温水(温度为 32～34℃)、醋酸(含量 7％～7.2％)、酒精(含量 2.2％～2.5％)、酵母浸汁(1％),总量 720 kg。

(3)喷淋及其操作　每天喷洒 16 次:早 3 点一次,8 点至 22 点 15 次,每次喷洒量为混合液 45 kg,其余时间静止发酵。

(4)发酵　室温 28～32℃,塔内温度 34～36℃,流出液酸度:9％～9.5％,一部分循环使用流出液。

(5)成品　加水调到规定酸度,加入 2.5％食盐。50 度大曲酒每千克可产 5％白醋 8 kg。

【知识拓展】

食醋生产新工艺

食醋生产新工艺

任务二　果醋的生产

【知识前导】

果醋是以水果,包括苹果、山楂、葡萄、柿子、梨、杏、柑橘、猕猴桃、西瓜等,或果品加工下脚料为主要原料,利用现代生物技术酿制而成的一种营养丰富、风味优良的酸味调味品。它兼有水果和食醋的营养保健功能,是集营养、保健、食疗等功能为一体的新型饮品。

一、果醋生产的原料

果醋是以水果或残次果为主要原料,加入适量的麸皮,固态发酵酿制的。

1. 主料

主料是指能通过微生物发酵被转化而生成醋酸的物料,如苹果、山楂、葡萄、柿子、梨、杏、柑橘、猕猴桃、西瓜等。

2. 辅料

酿果醋的辅料要求含有一定量的碳水化合物和丰富的蛋白质与矿物质,为酿果醋用微生物提供丰富的营养物质,增加成醋的糖分和氨基酸含量,形成食醋的色、香、味、体。常用的辅料有谷糠、麸皮、玉米皮或豆粕等。

3. 添加剂

添加剂能不同程度地改进果醋的色泽和风味,改善果醋的体态。常用的添加剂有以下几种:

(1)食盐　在醋醅发酵成熟后,需加入食盐抑制醋酸菌,防止醋酸菌将醋酸分解。同时,食盐还起到调和果醋风味的作用。

(2)砂糖　砂糖能增加成醋的甜味。

(3)防腐剂　苯甲酸钠、山梨酸钾等,防止果醋霉变。

二、果醋的生产工艺及操作要点

1. 工艺流程

原料水果 → 预处理 → 洗净 → 破碎 → 榨汁 → 果胶酶处理 → 过滤 → 加热 → 酒精发酵

(加酵母培养液) → 醋酸发酵(加醋酸菌培养液) → 过滤 → 后熟 → 杀菌(调配) → 成品

2. 生产操作

(1)发酵　用果品加工中的果皮、果核以及残次果作为原料,取料 125 kg,洗净,放入锅中煮沸 40~50 min,煮烂捣碎,用筛过滤的果泥,冷却至 30℃,加入酒酵母液 12 kg,每日搅拌 2~3 次,几天之后,再加入酒酵母 4 kg,第 6 天发酵完毕。

(2)制醋坯　将发酵好的果泥,加入麸皮 27 kg,放入缸内,缸上用席盖好,使其自然发热。一般经 24~36 h 后,缸中温度就会升到 40℃。即用铲子将缸中物料翻拌散热。这样继续 4~5 d,并随时注意缸中温度变化,每隔 4~5 h 翻拌散热,不使温度超过 40℃,4~5 d 后温度开始下降,这时取食盐 4 kg,放入缸内,拌匀,即成醋坯。将醋坯倒入另一缸中压实,缸上撒一层谷糠或稻壳,再用泥封严,经 5~6 d 后,即可淋醋。

(3)淋醋　在陶瓷缸靠近底部的侧面,开一直径为 3 cm 的小孔,距缸底 4~6 cm 处放水架,架上铺席或细布,将成熟的醋坯倒入缸中,从上面徐徐加煮沸过的冷水 250 kg,醋液即从缸底小孔冒出,淋过的醋坯,再加水淋一次,作为下次淋醋之用。

(4)果醋的陈酿　给醋中留有少量残余酒精,将醋装入坛中,装满、密封、静置 1~2 个月,即完成陈酿过程。

(5)装瓶、杀菌、保藏

【知识拓展】

果醋生产新工艺

果醋生产新工艺

【思考题】

1.酿造食醋与配制食醋有何区别?

2.食醋的传统生产工艺与现代生产工艺相比,各有哪些优缺点? 如何改善液态深层发酵醋口味淡薄之不足?

3.简述食醋生产过程中的主要生物化学变化。

4.果醋与果醋饮料有什么区别?

项目七　酱类的生产

学习目标

◆ 能独立完成酱类食品生产前的准备工作。

◆ 能够完成制曲工作。

◆ 熟悉常见酱类食品的生产过程,掌握其关键控制点。

技能目标

1. 能够进行酱类食品的生产。

2. 能够运用所学知识分析生产过程中出现的各种问题,并能给出相应的解决方案。

项目导入

酱和酱油是以蛋白质原料和淀粉质原料为主料经微生物发酵酿制而成的调味品,是人们生活中必不可少的咸、酸、鲜、甜、苦五味调和,色香具备的调味佳品。

【概述】

富含氨基酸并赋予多样风味的中国酱油、酱类调味品以及包括日本在内的其他东方国家酱油和酱类食品,是传统发酵食品。酱和酱油是以蛋白质原料和淀粉质原料为主料经微生物发酵酿制而成的调味品。该类产品不仅有丰富的营养价值,还由于酶解作用产生许多呈味物质,第一次使从植物性蛋白质和脂肪中产生肉样风味成为可能,酱类酿造的发明在食品科学领域是一个国际性的伟大发明。我国是酱油及酱类酿造的故乡。远在周朝时期就有酱的记载(至今已有 3 000 多年的历史),直到唐朝才由鉴真和尚将酱油的制法传到日本。经过几千年的实践,我国劳动人民积累了丰富的制曲和发酵经验。大约东魏年间(533~544 年),由贾思勰撰写的《齐民要术》是世界上现存最早的、系统而全面的农学典籍,书中记述了包括曲、酱、醋、豉等酿造调味品的生产技术,并一直影响到现在。例如日本现代生产的味噌(豆酱)至今尚保留着《齐民要术》中叙述的制酱工艺。

任务一　酱油生产

【知识前导】

酱油又称"清酱"或"酱汁"，是以植物蛋白及碳水化合物为主要原料，经过微生物酶的作用，发酵水解生成多种氨基酸及各种糖类，并以这些物质为基础，再经过复杂的生物化学变化，形成具有特殊色泽、香气、滋味和体态的调味液。酱油中不仅含有丰富的营养物质，研究表明，其中还含有多种生理活性物质，且有抗氧化、抗菌、降血压、促进胃液分泌、增强食欲、促进消化及其他多种保健功能，是人们日常生活中深受欢迎的调味品之一。

随着科学技术的发展，酱油生产的机械化程度有了很大的提高，蒸料普遍采用了旋转式蒸料罐，制曲采用了厚层通风制曲，并大量采用翻曲机、抓酱机、拌曲机、扬散机等先进的机械设备。工艺上低盐固态发酵法已经被普遍采用，稀发酵法和固稀发酵法也有了长足的进步。设备的机械化、自动化，加上工艺的进步和生产管理的加强，酱油生产的原料蛋白质利用率有了较大提高，一般的企业利用率可以达到70％～75％，较好的企业可达到80％以上，目前酱油的品种和质量基本上满足了广大消费者的需求。

根据酿造酱油的国家标准（GB 18186—2000）和配制酱油的行业标准（SB 10336—2000），酱油的分类如下：

1.酿造酱油

酿造酱油是以大豆或豆粕等植物蛋白为主要原料，辅以面粉、小麦粉或麸皮等淀粉质原料，经微生物的发酵作用，成为一种含有多种氨基酸和适量食盐，具有特殊色泽、香气、滋味和体态的调味液。

酿造酱油按发酵工艺分为两类：高盐稀态发酵酱油和低盐固态发酵酱油。

（1）高盐稀态发酵酱油

①高盐稀态发酵酱油　以大豆或脱脂大豆、小麦或小麦粉为原料，经蒸煮、曲霉菌制曲后与盐水混合成稀醪，再经发酵制成的酱油。

②固稀发酵酱油　以大豆或脱脂大豆、小麦或小麦粉为原料，经蒸煮、曲霉菌制曲后，在发酵阶段先以高盐度、小水量固态制醅，然后在适当条件下再稀释成醪，再经发酵制成的酱油。

（2）低盐固态发酵酱油　以脱脂大豆及麦麸为原料，经蒸煮、曲霉菌制曲后与盐水混合成固态酱醅，再经发酵制成的酱油。

2.配制酱油

配制酱油是以酿造酱油为主体，与酸水解植物蛋白调味液、食品添加剂等配制成的液体调味品。

配制酱油中酿造酱油比例（以全氮计）不得小于50％；配制酱油中不得添加味精废液、胱氨酸废液和用非食品原料生产的氨基酸液。

3.再配制酱油

再配制酱油是酱油经过浓缩、喷雾等工艺制成的其他形式的酱油，如酱油粉、酱油膏等。这是为了满足酱油的贮存、运输以及适于边疆、山区、勘探、部队等野外生活的需要。

一、酱油生产的原料

不同地区甚至同一地区不同生产厂家酿造酱油使用原料均有所不同。这些原料依据其性质及对酱油成分的贡献,一般分为蛋白质原料、淀粉质原料以及食盐和水。

(一)蛋白质原料

酱油酿造一般选择大豆、脱脂大豆作为蛋白质原料,也可以选用其他蛋白质含量高的代用原料。

1. 大豆

大豆是黄豆、青豆、黑豆的统称。豆科,一年生草本植物。原产于我国,各地均有栽培,尤以东北大豆数量最多,质量最好,平均千粒重约为165 g,最大者千粒重在200 g以上。种子呈椭圆形至近球形,有黄、青、褐、黑、双色等。种子富含蛋白质和脂肪,主要用于榨油供食用,或生产副食品。

大豆氮素成分中95%是蛋白质氮,其中水溶性蛋白质占90%。大豆蛋白质以大豆球蛋白为主,约占84%,乳清蛋白占5%左右。

酿造酱油时大豆原料的选择:以颗粒饱满、干燥、杂质少、皮薄新鲜、蛋白质含量高者为好。大豆是一种重要的油料作物,用于酿造酱油,脂肪没有得到合理的利用。目前除一些高档酱油仍用大豆作为原料外,大多用脱脂大豆作为酱油生产的蛋白质原料。

2. 脱脂大豆

脱脂大豆按生产方法的不同可分为豆粕和豆饼两种。

(1)豆粕　豆粕又叫豆片,为片状颗粒。豆粕蛋白质含量高,水分含量低,而且不必粉碎,因而适宜用作酱油生产原料。豆粕是大豆先经适当加热处理(一般低于100℃),调节其水分至11.5%~14%,再经轧坯机压扁,然后加入有机溶剂,使其中油脂被提取,除去豆粕中溶剂(或用烘干)后的产物。一般呈颗粒片状,质地疏松,有利于制曲和淋油,有时部分也结成团块状。豆粕中蛋白质含量高,脂肪含量极低(仅1%左右),水分也少,容易粉碎,是酱油生产理想的原料。

(2)豆饼　豆饼是用机榨法从大豆中提取油脂后的产物,由于压榨工艺条件不同可以分为冷榨豆饼和热榨豆饼。

和大豆相比,豆饼和豆粕的脂肪含量减少了很多,而蛋白质含量大幅度提高,高出20%~25%。经过压榨处理,破坏了大豆的细胞壁膜结构,豆饼(粕)的组织结构和大豆相比,有了显著改变,润水和蒸煮时间缩短;酶解速度大大加快,缩短了发酵周期,原料全氮利用率提高。豆饼(粕)的价格比大豆便宜,生产成本有所下降,又避免了食用豆油的浪费。而另一方面,豆饼(粕)对酱油酿造也有某些不利影响。热榨豆饼由于在加热蒸炒时,受高温长时间处理,部分蛋白质过度变性成为不溶性蛋白质,用于生产酱油时,原料全氮利用率降低。然而由于热榨豆饼质地较松,比较容易破碎,所以也常常用于生产酱油。豆粕和冷榨豆饼因在生产时没有受到高温处理,蛋白质变性少,不溶性氮含量低,和大豆蛋白质性质差异较小。但需要注意的是豆饼(粕)比大豆容易吸潮发生霉变,必须加强原料的管理。

3. 其他蛋白质原料

蛋白质原料的选择利用要因地制宜,凡是蛋白质含量高且不含有毒物质、无异味的原料均可选为酿造酱油的代用原料,如蚕豆、豌豆、绿豆、花生饼、葵花籽饼、棉籽饼、脱脂蚕豆粉、鱼粉、糖糟及玉米黄粉、椰子饼等野生资源。

(二)淀粉质原料

淀粉在酱油酿造过程中分解为糊精、葡萄糖,除提供微生物生长所需的碳源外,葡萄糖经酵母菌发酵生成的酒精、甘油、丁二醇等物质是形成酱油香气的前体物和酱油的甜味成分;葡萄糖经某些细菌发酵生成各种有机酸可进一步形成酯类物质,增加酱油香味;残留于酱油中的葡萄糖和糊精可增加甜味和黏稠感,对形成酱油良好的体态有利。另外,酱油色素的生成与葡萄糖密切相关,因此,淀粉质原料也是酱油酿造的重要原料。淀粉质原料是酱油酿造的辅助原料,是酿造红酱油及改善酱油风味的必要原料。酿造酱油用的淀粉质原料过去曾长期以面粉或麦粉为主,为了节约粮食,经一系列试验证明,小麦和麸皮是比较理想的淀粉质原料。20世纪70年代,酶法糖化在酱油生产上应用后,更增加了麸皮在制曲时作为主要淀粉原料的现实性。当然也可因地制宜选用其他淀粉质原料,但个别酱油酿造厂仍用小麦。

1. 小麦

小麦是传统方法酿造酱油使用的主要淀粉质原料,除含有丰富的淀粉外,还含有一定量的蛋白质。酱油中的氮素成分约有 3/4 来自大豆蛋白质,1/4 来自小麦蛋白质,小麦蛋白质主要由麦胶蛋白质和麦谷蛋白质组成,这两种蛋白质中的谷氨酸含量分别达到 38.9% 和 33.1%,是产生酱油鲜味的主要来源。

2. 麸皮

麸皮又称麦麸或麦皮,是小麦制面粉的副产品。麸皮的化学成分因小麦品种、产地和出粉率的不同而异。麸皮除含有蛋白质和淀粉外,还含有多种维生素、钙、铁等无机盐,这对促进米曲霉生长和产酶非常有利。而且还由于其表面积较大,相对密度小,质地疏松,既有利于制曲,又有利于淋油,对提高酱油的原料利用率和出品率非常有利。

由于麸皮来源广泛,价格低廉,使用方便,又有上述多种优点,所以国内酱油酿造厂均以麸皮作为酱油生产的主要淀粉质原料。但是,为了提高酱油的品质,尤其是要改善风味,当麸皮中的淀粉含量不足时,要适当补充些含淀粉较多的原料,否则会因为糊精和糖分的减少影响酒精发酵,而造成酱油香气差和口味淡薄。

3. 其他淀粉质原料

含有淀粉较多而又无毒无异味的物质,如薯干、碎米、大麦、玉米等,都可以作酿制酱油的淀粉质原料。

酱油生产所用的蛋白质原料和淀粉质原料,除了含有丰富的蛋白质和淀粉以外,还含有许多微生物生长和代谢所必需的无机盐、维生素和氨基酸等营养物质,这些物质对酱油品质也有一定的影响。

(三)食盐

食盐也是酱油酿造的重要原料之一,它使酱油具有咸味,与氨基酸共同赋予酱油鲜味,在发酵过程及成品中有良好的防腐作用,所以可在一定程度上减少酱油发酵过程中污染杂菌的机会,在成品贮存过程中有防止腐败的作用。酱油一般含食盐 18% 左右。

酿造酱油时,选择食盐应注意以下几点:水分和夹杂物少,颜色洁白,氯化钠含量高,卤汁

(氯化钾、氯化镁、硫酸钙、硫酸镁、硫酸钠等混合物)宜少。含卤汁过多的食盐使酱油带有苦味,去除卤汁的办法是,将食盐存放于盐库中,让卤汁自然吸收水分,使其潮解后流出,自然脱苦。

(四)水

凡是符合卫生标准能供饮用的水如自来水、深井水、清洁的江水、河水、湖水等均可使用。

酿造酱油用水量很大,一般生产1 t酱油需用6~7 t水,包括蒸料用水、制曲用水、发酵用水、淋油用水、设备容器洗刷用水、锅炉用水以及卫生用水等。就产品而言,水的消耗量也是很大的,酱油成分中水分占70%左右,发酵生成的全部调味成分都要溶于水才能成为酱油。

二、酱油酿造微生物

酱油是利用有关的微生物及其酶发酵基质,分解蛋白质和碳水化合物所得到的酿造产品,除富含营养外,还含有许多小分子的呈味物质和香气成分。在影响酱油质量的诸多因素中,参与发酵的微生物是至关重要的。

(一)曲霉

1. 米曲霉(Aspergillus oryzae)

米曲霉是曲霉属的一个种,它的变种很多,是酱油的主发酵菌,与黄曲霉(Aspergillus flavus)十分相似,但米曲霉不产生黄曲霉毒素和其他真菌毒素。

(1)米曲霉中含有的酶　米曲霉有复杂的酶系统,主要有蛋白酶,分解原料中的蛋白质;谷氨酰胺酶,分解谷氨酰胺直接生成谷氨酸,增强酱油的鲜味;淀粉酶,分解淀粉生成糊精和葡萄糖。此外还分泌果胶酶、半纤维素酶和酯酶等,但最重要的还是蛋白酶、淀粉酶和谷氨酰胺酶。它们决定了原料的利用率、酱醪发酵成熟的时间及产品的风味和色泽。

(2)常用的米曲霉菌株

①As3.863:蛋白酶、糖化酶活力强,生长繁殖快速,制曲后生产的酱油香气好。②As3.951(沪酿3.042):蛋白酶活力比As3.863高,用于酱油生产蛋白质利用率可达75%。生长繁殖快,对杂菌抵抗力强,制曲时间短。生产的酱油香气好。但该菌株的酸性蛋白酶活力偏低。③UE328、UE336:酶活力是As3.951的170%~180%。UE328适用于液体培养,UE336适用于固体培养。UE336的蛋白质利用率为79%,但制曲时孢子发芽较慢,制曲时间延长4~6 h。④渝3.811:孢子发芽率高,菌丝生长快速旺盛、孢子多,适应性强,制曲易管理,酶活力高。此外,用于酱油制曲的米曲霉还有961、珲辣一号、WS$_2$、3.860等。

2. 酱油曲霉

酱油曲霉最早是日本学者坂口在20世纪30年代从酱油中分离出来的,并应用于酱油生产,酱油曲霉分生孢子表面有小突起,米曲霉α-淀粉酶活性较高,而酱油曲霉的多聚半乳糖醛酸酶活性较高。

目前,日本制曲使用的是混合曲霉,其中米曲霉占79%,酱油曲霉占21%。我国则还多用纯米曲霉菌种制曲,也有一些单位用混合曲。

3. As3.350黑曲霉(Aspergillus niger)

As3.350黑曲霉在察氏培养基上生长10~14 d后,菌落直径达2.5~3 cm,菌丝初为白色,常常出现鲜黄色区域,厚绒状,逐渐转为黑色。As3.350能高产酸性蛋白酶,上海市酿造科学研究所利用这一特点,在酱醪发酵时,添加一定量的As3.50黑曲霉成曲,能使酱油氨基酸提高30%以上。在沪酿3.042米曲霉固体制曲中,添加一定量As3.350黑曲霉种曲混合制曲,所得的酱油鲜味增加,谷氨酸含量提高20%以上。

4. As3.4309黑曲霉

As3.4309黑曲霉俗称UV-11,是黑曲霉中的优良菌株。它的特点是酶系较纯,糖化酶活力很强,且能耐酸。但液化能力不高。它不仅适于制造固体曲,也适合于制液体曲。

5. As3.758宇佐美曲霉(*Aspergillus usamii*)

As3.758宇佐美曲霉又称乌沙米曲霉或邬氏曲霉,是日本学者从数千种黑曲霉中选育出来糖化力强的菌。它在培养基上生长3 d以后,菌丛疏松,颜色淡褐,菌丝短密,顶囊较大,培养基颜色淡黄,并有皱褶。As3.758的生酸能力较强,它富含糖化型淀粉酶,糖化能力较强,耐酸性也较强,还有较强的单宁酶,对生产原料的适应性也较强。

(二)酱油生产中的酵母

从酱醪中分离出的酵母有7个属23个种,其中有的对酱油风味和香气的形成有重要作用,它们多属于鲁氏酵母(*Saccharomyces rouxii*)和球拟酵母属(*Torulopsis*)。其基本形态是圆形、亚圆形、柠檬形、腊肠形等。最适生长温度28～30℃,合适pH 4.5～5.6。

(三)酱醪发酵中的乳酸菌

从酱醪中分离出的细菌有6个属18个种,和酱油发酵关系最密切的是乳酸菌,包括嗜盐片球菌(*Pediococcus halophilus*)、酱油四联球菌(*Tetracoccus soyae*)和植质乳杆菌(*Lactobacillus pantarum*)等,一般酱醪发酵前期嗜盐片球菌多,后期微球菌多些。它们都能在高浓度酱醪中生长并发酵糖产生乳酸,和乙醇作用生成乳酸乙酯,香气很浓。由于产生乳酸,使酱醪pH降至5.5以下,这又促进了鲁氏酵母的繁殖,乳酸菌与酵母菌联合作用赋予酱油特殊的香气,根据经验,乳酸菌与酵母菌之比为10∶1时效果最好。

三、酱油的生产工艺及操作要点

酱油酿造工艺一般可分为五个阶段:原料处理、制曲、发酵、浸提和加热与配制。

(一)原料处理

1. 豆饼(豆粕)轧碎

(1)轧碎的作用和要求 豆饼坚硬而块大,必须予以轧碎。豆粕颗粒虽不太大,但不符合要求,也要适当进行破碎。

①轧碎的作用 轧碎为豆饼(豆粕)润水、蒸熟创造条件,使原料充分地润水、蒸熟,使蛋白质一次变性,从而增加米曲霉生长繁殖及分泌酶的总面积,提高酶的活力。

②轧碎的要求 豆饼(豆粕)轧碎程度以细而均匀为宜,颗粒大小为2～3 mm,粉末量小于20%。

(2)粉碎度与制曲、发酵、原料利用率的关系 原料粉碎度对制曲、发酵、原料利用率乃至酱油质量关系很大。颗粒太大,不但不易吸水和蒸熟,减少曲霉生长繁殖的总面积,降低酶活力,而且影响发酵时酶对原料的作用程度,导致发酵不良,影响酱油的产量和质量。但粉碎过细,麸皮比例又少,则润水时易结块,蒸后难免产生夹心,制曲时曲料太实,会造成通风不畅,发酵时酱醅发黏,给控温和淋油带来一定困难,反而影响酱油质量和原料利用率。因此,原料粉碎细度要适当,特别要注意颗粒均匀。

2.加水及润水

豆粕或豆饼由于其原形已被破坏,加水浸泡就会将其中的成分浸出而损失,因此必须有润水的工序,使需要加入的水分充分而均匀地吸入原料内部,以利于进一步加工处理。润水需要一定的时间。

(1)润水的目的 润水的目的是使原料中蛋白质含有适量的水分,以便在蒸料时受热均匀,迅速达到蛋白质的一次变性;使原料中的淀粉吸水膨胀,易于糊化,以便溶解出米曲霉生长所需要的营养物质;供给米曲霉生长繁殖所需要的水分。

(2)加水量的确定 加水量的确定必须考虑到诸多因素。

①原料含水量 原料不同,其含水量不同,即使同一种原料因加工方法不同,含水量也不一样。

②原料配比 目前各厂生产酱油,豆饼与麸皮的配比不同,有7:3、6:4或5:5者,麸皮用量越大,加水量越大;反之,则可减少加水量。

③季节和地区 夏季,风大,温度相对高,应多加水;一些地区气候干燥,加水量也应该相应增加;反之,则应减少加水量。

④蒸料方法 一般常压蒸料蒸汽流畅,原料增加水分较少;而加压蒸料,水分较多。

⑤冷却和送料方式 在夏季有时为了使蒸料迅速冷却,要大力翻扬或用风扇吹,水分散发较快、较多,应注意加水量的调节。

⑥曲室保温及通风情况 当曲室保温及通风设备良好,可以自由控制室温时,加水量应该适当增加。

生产上应严格控制加水量。生产实践证明,以豆粕数量计算加水量在80%～100%较为合适。但加水量的多少主要依据曲料水分为基准,一般冬天掌握在47%～48%,春天、秋天要求48%～49%,夏天以49%～51%为宜。

3.蒸料

蒸料在原料处理中是个重要的工序。蒸煮是否适度,对酱油质量和原料利用率影响极为明显。

(1)蒸煮的目的

①蒸煮可使原料中的蛋白质完成适度的变性,便于被米曲霉生长繁殖所利用,并为以后酶分解提供基础。

②蒸煮可使原料中的淀粉吸水膨胀而糊化,并产生少量糖类,这些成分是米曲霉生长繁殖适合的营养物,而且易于被酶所分解。

③蒸煮能消灭附在原料上的微生物,以提高制曲的安全性,给米曲霉正常生长发育创造有利条件。

(2)蒸煮的要求 蒸煮后要达到一熟、二软、三疏松、四不粘手、五无夹心、六有熟料固有的色泽和香气。

(3)蒸熟程度与蛋白质变性

①N性蛋白 未蒸熟的蛋白质称为N性蛋白,其不变性,能溶于盐水中,但不能被米曲霉

中的酶系所分解。含有 N 性蛋白的酱油经稀释或加热后会产生浑浊物质(这是通过检验酱油,了解蒸料质量的简便方法)。

②适度变性　适度变性的蛋白质能为米曲霉分泌的蛋白酶所分解。

③过度变性(褐变)　蒸煮过度后,蛋白质色泽增深,蛋白质中氨基酸与糖结合,形成褐变,就很难被米曲霉分泌的蛋白酶所分解。

④蒸料压力(温度)与时间的关系　生产实践证明,在一定范围内,蒸汽压力越高,时间越短,全氮利用率越高。

⑤冷却速度和消化率的关系　冷却速度和消化率也有相当大的关系。生产实践证明,排气脱压冷却快,则消化率高;排气脱压冷却慢,则消化率低。

(4)熟料质量标准

①感官特性　外观,黄褐色,色泽不过深;香气,具有豆香味,无煳味及其他不良气味;手感,松散、柔软、有弹性、无硬心、无浮水,不黏。

②理化标准　水分(入曲池取样)在 45%～50% 为宜,蛋白消化率在 80% 以上。

4.其他原料的处理

由于地区和条件的不同,还有许多蛋白质原料和淀粉质原料被用来酿制酱油,因为原料性质不同,其处理方法也各不相同。

(1)用小麦、大麦或高粱作原料时,一般要先经过焙炒,使淀粉糊化增加色泽与香气,同时杀灭附在原料上的微生物。焙炒后含水量显著减少,便于粉碎,能增加辅料的吸水能力。要求焙炒后的小麦或大麦呈金黄色,其中焦煳粒不超过 5%～20%,每汤匙熟麦投水试验下沉,生粒不超过 4～5 粒,大麦爆花率为 90% 以上,小麦裂嘴率为 90% 以上。

为了节约用煤,减轻焙炒劳动强度和改善劳动条件,可直接将原料轧碎,与豆饼、豆粕原料混合拌匀(或分先后润水)后再进行蒸煮。

(2)以其他油料作物榨油后的饼粕类作为代用原料时,其处理方法基本上与豆饼相同。

(3)用米糠时,使用方法与麸皮相同,若用榨油后的米糠饼,要先经过粉碎。

(4)以面粉或麦粉为原料时,除老法生产直接将生粉拌入制曲外,一般可采用酶法液化糖化,将淀粉水解成糖液后参与发酵,不需经过蒸料、制曲工艺操作。

酿造酱油中应用液化和糖化方法,是近 10 年来才发展起来的一项新技术,是利用微生物酶制剂使淀粉水解成还原糖,再拌入成曲发酵的一种方法,可以节约粮食、劳动力及制曲设备,达到增产节约的目的。

液化糖化法应用于酱油生产中的优点如下:减少淀粉损耗,提高淀粉原料利用率。在制曲过程中,米曲霉的生长发育需要消耗大量的淀粉,原料中加水量越大,淀粉消耗愈多,制曲时间越长,淀粉消耗也越多。如果采用液化糖化工艺,在制曲时可大幅度地减少淀粉质原料用量,将所减少的淀粉质原料的一部分,利用酶解成糖后直接加入到发酵酱醪中,可使淀粉质原料较充分地被利用;节约蒸料及制曲设备;有利于机械化、连续化生产,提高了原料在发酵前加工的劳动生产率。

(二)制曲

制曲是我国酿造工业一项传统技术,是酱油酿造的关键技术环节,是生产的主要工序。制曲过程的实质是创造曲霉最适宜的生长条件,保证优良曲霉菌等有益微生物得以充分繁殖(同时尽可能减少有害微生物的繁殖），分泌酱油酿造需要的各种酶类（蛋白酶、淀粉酶、氧化酶、脂肪酶、纤维素酶等），特别是蛋白酶含量及活力越高越好。这些酶不但使原料成分发生变化，而且也是发酵期间发生生化反应的前提。曲的质量好坏，不但影响原料利用率，而且也影响淋油效果和酱油质量。曲有种曲和成曲。

1. 种曲

种曲是用米曲霉（沪酿 3.042）接种在合适培养基上（按麸皮 80 g、面粉 20 g、水 80 mL 混合，0.1 MPa 30 min，培养基厚度 1 cm）30℃、18 h 下培养，待曲料发白结块，第一次摇瓶，目的是使基质松散，30℃、4 h 又发白结块，第二次摇瓶。继续培养 2 d，倒置培养 1 d，待全部长满黄绿色孢子，即可使用。若需放置较长时间，置阴凉或冰箱中备用。

（1）种曲的制作过程

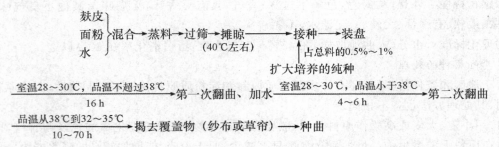

①曲料配比　制造种曲所用原料及配比各厂不一致，目前一般采用的配比有：麸皮 80 kg，面粉 20 kg，水 70 kg 左右；麸皮 85 kg，豆饼 15 kg，水 70 kg 左右；麸皮 100 kg，水 95～100 kg。加水量应视原料性质而定，根据经验，使拌匀后的原料能捏之成团，触之即碎为宜。原料拌匀后过 3.5 目筛。堆积润水 1 h，100 kPa 蒸汽压下蒸料 30 min，或常压蒸料 1 h 再焖 30 min。要求熟料疏松，含水量 50%～54%。

②接种　接种温度夏天为 38℃，冬天在 42℃左右，接种量为 0.1%～0.5%。接种时先将三角瓶外壁用 75%酒精擦拭，拔去棉塞后，用灭菌的竹筷（或竹片）将纯种取出，置于少量冷却的曲料上，拌匀（分 3 次撒布于全部曲料上）。如用回转式加压锅蒸料，可用真空冷却，并在锅内接种及回转拌匀，以减少与空气中杂菌的接触。

③堆积培养　将曲料摊平于盘中央，每盘装料（干料计）0.5 kg，然后将曲盘竖直堆叠放于木架上，每堆高度为 8 个盘，最上层应倒盖空盘一个，以保温保湿。装盘后品温应为 30～31℃，保持室温 29～31℃（冬季室温 32～34℃），干湿球温度计温差 1℃，经 6 h 左右，上层品温达 35～36℃可倒盘一次，使上下品温均匀，这一阶段为沪酿 3.042 的孢子发芽期。

④搓曲、盖湿草帘　继续保温培养约 6 h，上层品温达 36℃左右。这时曲料表面生长出呈微白色菌丝，并开始结块，这个阶段为菌丝生长期。此时即可搓曲，即用双手将曲料搓碎、摊平，使曲料松散，然后每盘上盖灭菌湿草帘一个，以利于保温降温，并倒盘一次后，将曲盘改为品字形堆放。

⑤第二次翻曲　搓曲后继续保温培养 6～7 h，品温又升至 36℃左右，曲料全部长满白色菌丝，结块良好，即可进行第二次翻曲，或根据情况进行划曲，用竹筷将曲料划成 2 cm 的碎块，使靠近盘底的曲料翻起，利于通风降温，使菌丝孢子生长均匀。翻曲或划曲后仍盖好湿草帘并倒盘，仍以品字形堆放。此时室温为 25～28℃，干湿球温度计温差为 0～1℃，这一阶段菌丝生

长旺盛,菌丝大量蔓延,曲料结块,称为菌丝蔓延期。

⑥洒水、保湿、保温 划曲后,地面应经常洒冷水保持室内湿度,降低室温使品温保持在34~36℃,干湿球温度计温差达到平衡,相对湿度为100%,这期间每隔6~7 h应倒盘一次。这个阶段已经长好的菌丝又长出孢子,称为孢子生长期。

⑦去草帘 自盖草帘后48 h左右,将草帘去掉,这时品温趋于缓和,应停止向地面洒水,并开天窗排潮,保持室温(30±1)℃,品温(35~36)℃,中间倒盘一次,至种曲成熟为止。这一阶段孢子大量生长并老熟,称为孢子成熟期。

(2)种曲的质量标准

外观:呈新鲜的黄绿色,具有种曲特有的清香,无夹心、无灰黑绒毛(根霉)、无蓝绿色斑点(青霉)和其他异色。

孢子数:要求孢子数 6×10^9 个/g(干基计),细菌总数不超过 10^7 cfu/g。

摇落孢子数:称取 10 g 种曲,烘干后,摇落其孢子,求得干孢子与干物质的百分数,一般在18%左右(筛子规格为 75 目),筛眼直径为 0.2 mm。

发芽率:必要时,测定孢子发芽率。测定方法用悬滴培养法,要求孢子发芽率在90%以上。

2.厚层通风制曲

成曲的质量直接影响酱油的优劣。制曲过程如下:

$$麸皮 \qquad 水 \qquad\qquad 种曲$$
$$\downarrow \qquad\quad \downarrow \qquad\qquad \downarrow$$
$$豆粕 \rightarrow 混合 \rightarrow 润水 \rightarrow 蒸料 \rightarrow 冷却 \rightarrow 接种 \rightarrow 通风培养 \rightarrow 成曲$$

(1)润水 各地制曲的原料配比不尽相同,因而润水量也不一致,如以原料配比为豆粕100 kg,麸皮 10 kg,按豆粕计,加水量为80%~85%,使曲料水分达到50%左右为宜。

(2)蒸熟 如采用旋转式蒸煮锅,加压蒸汽压力一般在 0.18~0.2 MPa,3~5 min,蒸料过程中转锅不断旋转。FM式连续蒸煮设备是日本藤原酿造机械有限公司研制设备,我国也研制成功类似的连续蒸煮设备,它是以润水的蒸料送入有蒸汽加压的金属网带上,随着金属网的移动,金属网上的蒸料受到网上下导入蒸汽(0.2 MPa)加热,3 min 达到蒸料的效果。

(3)接种种曲 种曲用量为制曲投料量的 0.3%,接种温度 40℃,为保证接种均匀,可事先将种曲与适量预先干蒸过的新鲜麸皮在搅拌机中充分拌匀,以保证接种质量。

(4)厚层通风与翻曲 厚层通风制曲适用的风机是中压,一般要求总压力在 1 kPa 以上即可。风量(m^3/h)以曲池(曲箱)内盛总原料量(kg)的 4~5 倍计算。例如,曲池总盛入原料1 500 kg,则需要风量为 6 000~7 500 m^3/h。可选用 6A 通风机,配制的电动机功率为4.0 kW,曲池的面积为 14 m^2。

翻曲机是用于疏松结块的曲料,使通风均匀,制作优质成曲,翻曲时,可前进后退,左右移动,它既翻匀曲料,又大大减小劳动强度。

(5)培养 厚层通风制曲时,曲料厚度为 30 cm,先静止培养 6 h,当品温升至37℃,即通风降温,保持料层温度为35℃。接种后培养 11~12 h,曲料结块,曲温下低上高时,即进行第一次翻曲。再隔 4~5 h,进行第二次翻曲,以后保持品温 35℃。培养 18 h后产生孢子,22~26 h曲呈淡黄绿色,即可出曲。

制曲培养时,温度、湿度控制得当,米曲霉的生长始终占绝对优势,可以抑制杂菌生长,所生长的成曲质量也好。

（6）成曲的质量鉴定

①感官指标   优良的成曲手感松软、富有弹性，如果成曲感觉坚实，颗粒呈干燥散乱状态，俗称"沙子曲"，这种曲质量不佳；优质曲外观呈块状，曲内部菌丝茂盛，曲块内外均匀地生长着嫩黄绿色的孢子，无黑灰、褐等杂色；优质曲具有特有的曲香味，无酸味、氨味、霉臭味等异味。

②理化指标   一、四季度成曲含水量为 28％～34％，二、三季度成曲含水量不低于 25％；福林法测定蛋白酶活力在 1 000 IU/g（干基）以上；细菌总数不超过 50 亿个/g（干基）。

3.制曲新技术

（1）多菌种制曲   多菌种制曲是新发展起来的一种制曲方法，在制曲时除用米曲菌霉为菌种外，还接入一些纯培养的有益微生物，使酶系更丰富，成品风味更好，原料利用率更高。添加绿色木霉、黑曲霉可以提高纤维素酶、酸性蛋白酶的活力；添加耐盐乳酸菌、耐盐酵母可提高有机酸、醇类物质的生成量。

（2）液体曲   酱油液体曲是采用液体培养基接入米曲霉进行培养，得到含有酱油酿造所需要的各种酶的培养液。液体曲适合于管道化和自动化生产，不足之处是酿制的酱油风味欠佳，所以目前还不能取代传统的固体曲。用沪酿 UE328 菌株生产的液体曲酿造酱油，蛋白质利用率达到 80％，氨基酸生成率为 45％。

（三）酱醅（醪）与发酵

发酵分为酱醪发酵和酱醅发酵，前者是指成曲拌入大量盐水，使呈浓稠的半流动状态的混合物，称为酱醪；后者是成曲拌入少量盐水，使其呈不流动的状态，称为酱醅。将酱醪或酱醅装入发酵容器内，采用保温或者不保温方式，利用曲中的酶和微生物的发酵作用，将酱醅中的物料分解、转化，形成酱油独有的色、香、味、体成分，这一过程，就是酱油生产中的发酵。发酵方法及操作的好坏，直接影响到成品酱油的质量和原料利用率。

酱油发酵的方法很多，根据发酵加水量的不同，可以分为稀醪发酵、固态发酵及固稀发酵；根据加盐量的不同，可以分为有盐发酵、低盐发酵和无盐发酵；根据发酵时加温情况不同，又可以分自然发酵和保温速酿发酵。

1.低盐固态发酵

目前普遍采用的方法为固态低盐发酵法，该工艺酿造的酱油质量稳定，风味较好，操作管理简便，发酵周期较短，已为国内大、中、小型酿造厂广泛采用。

（1）工艺流程

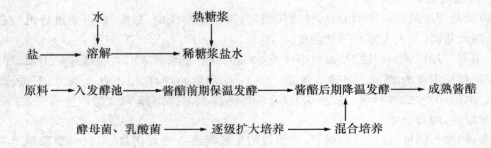

（2）操作要点

①食盐水的配制　食盐水浓度常以波美度表示。一般经验是 100 kg 水加 1.5 kg 盐得 1°Bé,但往往因食盐质量以及温度不同需增减用盐量。以 20℃为标准温度,而实际配制盐水时,往往高于或低于此温度,因此必须换算成标准温度时的盐水波美度数。换算公式为:

$$当盐水温度高于 20℃时:B＝A＋0.05(t－20℃)$$
$$当盐水温度低于 20℃时:B＝A－0.05(20℃－t)$$

式中:B—标准温度时盐水的波美度数;

　A—测得盐水的波美度数;

　t—测得盐水的当时温度。

制酱醅用盐水量的计算:

$$酱醅要求水分＝\frac{曲量×曲的水分(\%)＋盐水量×[1－氯化钠(\%)]}{曲量＋盐水量}×100\%$$

根据上式导出:

$$盐水量＝\frac{曲量×酱醅要求水分(\%)－曲的水分(\%)}{1－氯化钠(\%)－酱醅要求水分(\%)}$$

在实际生产中,每批投料的总量是已知的。成曲量与水分往往是未知的。

根据经验估算:

$$曲量＝总料×成曲与总料之比$$

代入上式:

$$盐水量＝总料×成曲与总料之比×\frac{酱醅要求水分(\%)－曲的水分(\%)}{1－氯化钠(\%)－酱醅要求水分(\%)}$$

例如:某批投料用豆饼 1 200 kg,麸皮 800 kg,估计成曲与总料之比为 1.15:1,水分约 30%,下池用盐水与酱醅要求水分分别为 13°Bé(20℃)(查表可得氯化钠含量为 13.50%)和 50%,求盐水用量。

$$盐水量＝2 000×1.15×(50\%－30\%)/(1－13.5\%)－50\%＝1 260.2(kg)$$

②糖浆盐水配制　若制曲中将大部分淀粉原料制成糖浆直接参与发酵时,则需要配制稀糖浆盐水。稀糖浆中含有糖分及糖渣,不能从浓度折算盐度,需要通过化验方能确切了解糖浆中含盐量,本工艺要求食盐浓度为 14～15 g/100 mL,用量与常用盐水相等。

③酵母菌和乳酸菌菌液的制备　酵母菌和乳酸菌经选定后,必须分别经过逐级扩大培养,一般每次扩大 10 倍,使之得到大量繁殖和纯粹的菌体,再经混合培养,最后接种于酱醅中。

逐级培养的步骤:斜面试管原菌 → 100 mL 小三角瓶 → 1 000 mL 大三角瓶 → 10 L 卡氏罐 → 100 L 种子罐 → 1 000 L 发酵罐。

培养液用稀糖浆、二油及水配制而成,调整至每 100 mL 含盐分 8～9 g,按常规灭菌及接种,培养温度为 30℃左右,在小三角瓶、大三角瓶、种子罐中的培养时间各为 2 d,主要要求繁殖大量菌体。最后将酵母与乳酸菌在发酵罐内混合培养,也可采用专用发酵池进行混合培养。混合培养时间延长至 5 d 左右,使之最后产生适量的酒精。制备酵母菌和乳酸菌液以新鲜为宜,因而必须及时接入酱醅中,使酵母菌和乳酸菌迅速参与发酵。

④制醅　将糖浆盐水加热至 50～55℃,按总料：拌曲糖浆盐水＝100：105(以质量计算),将成曲通过制醅机混合成曲与糖浆盐水,送入发酵池内,注意开始时,成曲适当少拌盐水,控制在拌完成曲后,能剩 150 kg 左右的糖浆盐水,将此糖盐水浇于料面,待糖盐水全部吸入料内,面层加盖聚乙烯薄膜,四周加盐将薄膜压紧,并在指定地点插入温度计,地面加盖木板。

⑤前期保温发酵　成曲料加入盐水或稀糖浆盐水入池后,品温要求在 40～45℃之间,如果低于 40℃,需采取保温措施,使品温达到并保持此温度,使酱醅迅速分解。每天定时定点检测温度。入池后需淋浇一次,在前期分解阶段一般可再淋浇 2～3 次,所谓淋浇就是将积累在发酵池假底下的酱汁,用水泵抽取浇于酱醅面层。加入的速度愈快愈好,使酱汁布满于酱醅上面,又均匀地分布于整个酱醅之中,以增加酶的接触面积,并使整个发酵池内酱醅的温度均匀。如果酱醅温度不足,可在放出的酱汁内通入蒸汽,加热至适当的温度。前期保温发酵时间为 15 d。

⑥后期降温发酵　前期发酵完毕,水解已基本完成,此时利用淋浇方法。将制备好的酵母菌和乳酸菌液淋浇于酱醅面层,并补充食盐,使总的酱醅含盐量在 15％以上,并使其均匀地淋浇在酱醅内。菌液加入后酱醅呈半固体状态,品温要求降至 30～35℃,并保持温度进行酒精发酵及后熟作用,第 2 天及第 3 天再分别淋浇一次,即使菌体分布均匀,又能供给充足的空气使品温一致。后发酵时间为 15 d。

2.高盐稀醪发酵

高盐稀醪发酵有常温发酵和保温发酵之分。常温发酵的酱醪随气温高低而自然升降,酱醪成熟缓慢,发酵时间较长。保温发酵也称温酿稀发酵,因采用的保温温度不同,又分为消化型、发酵型、一贯型和低温型四种。①消化型：酱醪发酵初期温度较高,一般达到 42～45℃保持 15 d,酱醪主要成分全氮及氨基酸生成速度基本达到高峰。然后逐步将发酵温度降低,促使耐盐酵母大量繁殖进行旺盛的酒精发酵,同时进行酱醪成熟作用。发酵周期为 3 个月。产品口味浓厚,酱香气较浓,色泽较其他型深。②发酵型：温度是先低后高。酱醪先经过较低温度缓慢进行酒精发酵作用,然后逐渐将发酵温度上升至 42～45℃,使蛋白质分解作用和淀粉糖化作用完全,同时促使酱醪成熟。发酵周期为 3 个月。③一贯型：酱醪发酵温度始终保持在42℃左右。耐盐耐高温的酵母菌也会缓慢地进行酒精发酵。发酵周期一般为 2 个月。④低温型：酱醪发酵温度在 15℃维持 30 d。这阶段维持低温的目的是抑制乳酸菌的生长繁殖,同时酱醪 pH 保持在 7 左右,使碱性蛋白酶能充分发挥作用,有利于谷氨酸生成和提高蛋白质利用率。30 d 后,发酵温度逐步升高开始乳酸发酵。当 pH 下降至 5.3～5.5,品温到 22～25℃时,由于酵母菌开始酒精发酵,温度升到 30℃是酒精发酵最旺盛时期。下池 2 个月后 pH 降到5 以下,酒精发酵基本结束,而酱醪继续保持在 28～30℃ 4 个月以上,酱醪达到成熟。

高盐稀醪发酵工艺先进,酿造的酱油具有酱香醇厚、酯香浓郁、滋味鲜美、回味无穷的优良品质。但其发酵周期长,生产成本高,这也是该工艺需要不断改进之处。

(1)工艺流程

(2)操作要点

①盐水调制　食盐水调制成 18～20 °Bé,吸取其清液使用。消化型和一贯型需将盐水保

温,但不宜超过 50℃。低温型在夏天则需加冰降温,使其达到需要的温度。

②制醪 将成曲破碎,称量后拌和盐水,盐水用量一般约为成曲质量的 250%。

③搅拌 因曲料干硬,有菌丝及孢子在外面,盐水往往不能很快浸润,而漂浮于液面,形成一个料盖,应及时搅拌,搅拌利用压缩空气来进行。成曲入池应该立即进行搅拌。如果采用低温型发酵,开始时每隔 4 d 搅拌 1 次,酵母发酵开始后每隔 3 d 搅拌 1 次,酵母发酵完毕,一个月搅拌 2 次,直至酱醪成熟。如果采用消化型发酵,由于需要保持至较高温度,可适当增加搅拌次数。稀醪发酵的初发酵阶段常需要每日搅拌。需要注意的是,搅拌要求压力大,时间短。时间过长,酱醪发黏不易压榨。搅拌的程度还影响酱醪的发酵与成熟,所以搅拌是稀醪发酵的重要环节。

④保温发酵 根据各种稀醪发酵法所要求的发酵温度开启保温装置,进行保温发酵,每天检查温度 1~2 次。同时借控温设施及空气搅拌调节至要求的品温,加强发酵管理,定期抽样检验酱醪质量直至酱醪成熟。

(四)浸提、加热与配制

1.浸提

发酵成熟的酱醪中已含有酱油主成分的全部组成成分,用浸提法将酱醪中的这些可溶性成分浸出,滤去酱渣,即得到生酱油。浸提法提取酱油可分为两大步骤,即浸泡和滤油。

浸泡的目的是使酱醪中的可溶性物质尽可能多而快地溶出进入浸提液中。影响因素主要是浸出物的分子量、浸泡温度和浸提液中的浸出物的浓度与酱醪浸出物的浓度差等。酱醪中的糖、盐分等小分子物质很容易溶出,而含氮大分子溶出的速度比较慢,需要浸泡时间长。浸泡温度越高,浸出物越容易溶出。浸提液量大,浓度低,则浸出物量多,需要的浸泡时间短。

影响滤油的因素主要有过滤面积、酱渣阻力等。过滤面积越大,过滤速度越快。酱醪阻力越小,过滤速度越快。酱醪阻力主要与酱醪的毛细管孔数和酱醪的厚度有关。毛细管孔数多,酱醪层薄,过滤速度快。如果成曲质量差,或发酵酶解不彻底,酱醪发黏,毛细管孔少,过滤速度就大大减慢。

(1)工艺流程

二油 ——→ 加热　　　三油 ——→ 加热　　　　　　水
　　　　　　↓　　　　　　　　　↓　　　　　　　　　　↓
成熟酱醪 ——→ 第一次浸泡 ——→ 头渣 ——→ 第二次浸泡 ——→ 二渣 ——→ 第三次浸泡 ——→ 残渣
　　　　　　↓　　　　　　　　　　　　↓　　　　　　　　　　　↓
　　　第一次滤油(头油)　　　第二次滤油(二油)　　　第三次滤油(三油)

(2)操作要点

①浸泡 移醪时将酱醪装入淋池要做到轻取轻放,醪内松散,醪面平整,尽可能不破坏醪粒结构,醪层松散,疏密一致可以扩大酱醪与浸提液接触面积,使浸透迅速,有利于浸出物溶出。一般情况下,醪层厚度多在 40~50 cm,如果酱醪发黏还可酌情减薄。

加入浸提液。浸提液加入量应根据生产的酱油品种和酱醪的各项指标而决定(一般以全氮为主)。浸提液的加入,操作虽然简单,但必须认真操作,否则会影响淋油效果。加入二油时,应在酱醪的表面层上垫上一块竹帘,以防醪层被冲散,影响滤油。

采取较高的浸泡温度。浸提温度以 80~90℃为宜,以保证浸泡过程维持在 65℃以上。热浸提液加入后,浸泡池应加盖,并盖上布或麻袋布,注意酱醪温度,防止热量散发。

浸泡时间。为了提高收得率,淋头油的酱醪浸泡时间一般在 20 h 左右。淋二油时,由于含氮大分子物质的溶胀过程已经完成,所以浸泡时间可相应递减为 8~12 h。淋三油时,已经属于酱渣的洗涤过程,浸泡时间还可以缩短。

②浸出　酱醅成熟后,即可加入二油。二油应先加热至 70~80℃之间,利用水泵直接加入。加入二油后,在酱醅的表面层需垫一块竹帘,以防醅层被冲散影响滤油。二油用量应根据生产酱油的品种、蛋白质总量及出品率等来决定。热二油加入完毕后,发酵容器仍须盖紧,并铺上塑料布或者麻袋布,借以防止散热。经过 2 h,酱醅慢慢地上浮,然后逐步散开,此属于正常现象。如果酱醅整块上浮后一直不会散开,或者在滤油时以竹竿或木棒向发酵容器底部插试有黏块者,表明发酵不良,滤油会受到一定的影响。浸泡时间一般在 20 h 左右。浸泡期间,品温不宜低于 55℃,一般在 60℃以上。温度适当提高与浸泡时间的延长,可以使酱油色泽的加深。

③滤油　在滤油过程中,头油是产品,二油套头油,三油套二油,热水拔三油,如此循环使用。若头油数量不足,则应在滤二油时补充。浸泡时间达到后,生头油可由发酵容器的底部放出,流入酱油池中。有间歇式滤油法和连续滤油法。由于设备周转关系,酿造厂常采用连续滤油法,浸泡的方式是一样的,但当头油将要滤完,酱渣刚露出液面时,即加入 75℃左右的三油,浸泡 1 h,滤出二油,待二油即将滤完,酱渣刚露出液面时,再加入常温自来水,放出三油。从头油到放完三油总共时间仅 8 h 左右。

一般头油滤出速度最快,二油、三油逐步缓慢。特别是连续滤油法,如头油滤得过干,对二油、三油的过滤速度有着较明显的影响。因为当头油滤干时,酱渣颗粒之间紧缩结实,如没有适当时间的浸泡,会给再次滤油造成困难。

④出渣　滤油结束,发酵容器内剩余的酱渣,用人工或机械出渣,输送至酱渣场上储放,供作饲料。机械出渣一般用平胶带输送机,也有仿照挖泥机进行机械出渣的,但只适用于发酵容器较大的发酵池。出渣完毕,清洗发酵容器,检查假底上的竹帘或篾席是否有损坏,四壁是否有漏缝,以防止酱醅漏入发酵容器底部堵塞滤油管道而影响滤油。

2.加热与配制

(1)加热与配制工艺流程

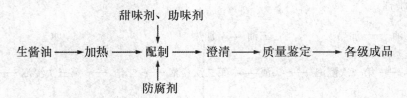

(2)加热

①加热的目的　一是杀灭生酱油中残存的微生物,延长酱油的保存期;二是破坏微生物所产生的酶,特别是脱羧酶和磷酸单酯酶,避免继续分解氨基酸而降低酱油的质量。此外,还有除去悬浮物的作用,因为加热后,酱油中的悬浮物与杂质和少量凝固性蛋白质凝结而沉淀,使产品澄清,调和香气、增加色泽。

②加热的温度　加热的温度因设备条件、酱油品种、加热时间的长短以及季节的不同而略有差异。一般酱油的加热温度为 65~70℃,维持 30 min。如果采用连续式加热交换器以出口温度控制在 80℃为宜。如果采用间接式加热到 80℃,时间不应超过 10 min。如果酱油中添加核酸等调味料增加鲜味,为了破坏酱油中存在的核酸水解酶——磷酸单酯酶,则需把加热温度提高到 80℃,保持 20 min。另外,还应根据季节及酱油的等级确定加热温度。夏季杂菌量大、种类多、易污染,加热温度比冬季提高 5℃。高级酱油工艺操作严格,成分高、质量好、浓度大、

香气足,加热温度可略低些,如果加热温度太高,有些良好的成分会挥发,而且会产生焦煳味,反而影响质量;一般普通酱油则应略高些,但均以能杀死产膜酵母及大肠杆菌为准则。

(3)配制　配制即将每批生产的头油按统一的质量标准进行配兑,使成品达到感官指标、理化指标和卫生指标的质量标准。此外,由于各地风俗习惯不同,口味不同,对酱油的要求也不同,因此还可以在原来酱油的基础上,分别调配助鲜剂、甜味剂以及其他某些香辛料等以增加酱油的花色品种。常用的助鲜剂有谷氨酸钠(味精),强烈助鲜剂有肌苷酸和鸟苷酸;甜味剂有砂糖、饴糖和甘草;香辛料有花椒、豆蔻、丁香、桂皮、大茴香、小茴香等。

配制是一项十分细致的工作,配制得当,不仅可以保证质量,而且还可以起到降低成本、节约原材料、提高出品率的作用。调配前,分析每批酱油的有关理化指标及卫生指标,作为是否要调配,调配某项指标,及调配数量的根据。

酱油的理化指标有多项,一般以氨基酸态氮为主要指标。调配时可按下式计算:

$$\frac{A_1}{B_1}=\frac{C-B}{A-C}$$

式中:A—高于等级标准的酱油质量;

A_1—高于等级标准的酱油数量;

B—低于等级标准的酱油质量;

B_1—低于等级标准的酱油数量;

C—要求标准酱油的质量。

例:有甲批酱油氨基酸态氮含量为 0.48 g/100 mL,乙批酱油氨基酸态氮为 0.36 g/100 mL,其数量为 15 t。问需要多少吨甲批酱油才能把 15 t 乙批酱油调配成氨基酸态氮标准为 0.4 g/100 mL。

根据公式代入:

$$\frac{A_1}{15}=\frac{0.4-0.36}{0.48-0.4}$$

得:$A_1=7.5$ t

所以需要甲批酱油 7.5 t。

生产上常由于化验工作存在一定的误差,调配时须上浮 1% 的安全系数。

【知识拓展】

一、生抽酱油生产

生抽酱油生产

二、酱油的防霉

酱油的防霉

任务二　大酱生产

【知识前导】

酱类是以粮油作物为主要原料,利用米曲霉为主要发酵剂,经发酵酿制而成的一种调味副食品。其种类主要有大豆酱、蚕豆酱、豆瓣辣酱、甜面酱及多种加工制品。酱类不仅营养丰富,而且容易消化、吸收,还能保持其特有的色、香、味、体,是良好的佐餐佳品。

在我国,从周朝开始就能利用野生微生物生产豆酱。但是,由于长期不受重视,酱类生产始终处于原始、落后的状态。新中国成立后,特别是改革开放以来,随着我国经济的不断发展,新技术、新设备的不断开发和应用,使制酱工业生产水平跃上了新台阶。例如纯菌制曲,保温固态低温发酵法,酱类的酶法生产以及旋转式蒸料锅的应用等,不仅提高了产品质量,保证了产品卫生,而且还降低了粮耗和成本。同时,生产过程机械化的实现,明显改善了劳动条件,减轻了劳动强度,提高了劳动生产率。

大豆酱也称作黄豆酱、豆酱或大酱等,它是利用米曲霉所分泌的各种酶系,在适宜的条件下,使大豆原料中的成分进行一系列复杂的生物化学变化而制成的一种色、香、味俱全的调味品。由于大豆酱往往直接作为菜肴食品,所以卫生要求较严格,因此,必须从原料选择、处理,直至成品包装等处加以严格的管理。大豆酱是以大豆作为主要原料,利用米曲霉为主的微生物作用制得的一种酱类,制曲方法和要求及发酵理论与酱油基本上相似。

一、大酱生产的原料

1.大豆

黄豆、黑豆、青豆统称为大豆,酿制大豆酱最常用的为黄豆,故通常以黄豆为大豆的代表,其粒状有球形及椭球形之分。我国各地均栽培大豆,其中东北大豆质量最优。大豆中的蛋白质含量最多,以球蛋白为主,还有少量的乳清蛋白及非蛋白质含氮物质。大豆蛋白经发酵分解成氨基酸,是豆酱产生色、香、味的重要物质。大豆蛋白质中几乎含有所有已知的氨基酸,其中呈鲜味的谷氨酸含量最高。

酿制大豆酱应选择优质大豆,要求大豆干燥,相对密度大而无霉烂变质;颗粒均匀无皱皮;种皮薄,有光泽,无虫伤及泥沙杂质;蛋白质含量高。

2.食盐

(1)食盐的作用　食盐是酱类生产的重要原料之一,它在酱类发酵过程中,可抑制杂菌的污染,使酱醅安全成熟,保证酱品的质量;同时也是酱咸味的主要来源,是提供酱类风味的主体成分之一。

(2)用盐要求 由于大酱一般直接食用,应选择色泽要洁白,氯化钠含量为98%左右;水分、夹杂物及卤汁含量少。

3. 水

酱类生产中,除制品本身含有约55%的水分外,在原料处理及工艺操作中要耗用大量的水,但其对水质的要求不如酒类生产高。一般井水、自来水等,凡是符合饮用水国家标准的都可以使用。

二、制曲

1. 制曲工艺流程

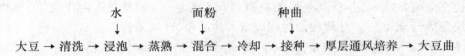

大豆 → 清洗 → 浸泡 → 蒸熟 → 混合 → 冷却 → 接种 → 厚层通风培养 → 大豆曲

2. 制曲原料处理

(1)清选 应选取豆粒饱满、鲜艳、有光泽、无霉变的大豆,并将之洗净,除去泥土杂物及上浮物。

(2)浸泡 将大豆放入缸或桶内,加水浸泡,也可直接放入加压锅内浸泡。开始豆粒表皮起皱,经一定时间豆粒吸水膨胀,表皮皱纹逐渐消失,直到豆内无白心,用手捻之易成两瓣最为适度。浸泡时间与水温关系很大,一般采用冷水浸泡,夏天4~5 h,春秋季8~10 h,冬天15~16 h。浸泡后沥去水分,一般质量增至2.1~2.15倍,容量增至2.2~2.4倍。

(3)蒸熟 若采用高压蒸豆,则将浸泡后控干水分的大豆装入锅内,关好锅门,接通蒸汽蒸豆,当气压达到0.05 MPa时排冷空气一次,再开汽到0.1 MPa维持3 min,关汽后立即排汽出锅;若采用常压蒸豆,则将锅内竹箅子和包布铺好,箅子底下通入蒸汽,把浸泡后控干水分的大豆一层一层地装入锅内(见汽撒料),全部装完后,盖好锅盖,待全部上汽后蒸1 h关汽,再焖料10 min。不管采用哪种蒸豆方法,都要保证大豆熟而不烂,手捻豆内稍有硬心,以保证大豆蛋白适度变性。

(4)面粉处理 过去对面粉处理,采用焙炒的方法,但由于焙炒面粉时,劳动强度高,劳动条件差,损耗大,因此现在改用干蒸法,或加少量水后蒸熟,但蒸熟后水分会增加,不利于制曲,故现在许多厂直接利用面粉而不予处理。

3. 制曲

制曲时原料配比为:大豆100 kg,标准粉40~50 kg。蒸煮后的大豆含水量较高,拌入面粉可降低其含水量,有助于制曲。要求豆粒表面粘一薄层面粉,否则影响发酵。

现在大中型工厂都采用厚层通风制曲,将出锅的熟豆送入曲池摊平,通风吹冷至40℃以下,按比例撒入含种曲的面粉,用铲和耙翻拌均匀。保持品温在30~32℃,堆积升温,待品温升至36~37℃通风降温,使品温降至32℃,促使菌丝迅速生长。虽然通风上下温差仍然较高时,可进行翻曲,一般翻曲2次,翻曲后的品温维持33~35℃为佳,直至成品曲呈黄绿色,有曲香,制曲时间为4 d左右。

三、大酱的生产工艺及操作要点

大酱的发酵方法有很多种,有传统的天然晒露法、速酿法、固态低盐发酵法及无盐发酵法等。采用传统的天然晒露法,成品质量风味好;固态低盐发酵法具有发酵周期短、管理方便等许多优点,因此目前已普遍采用固态低盐发酵法。

1.工艺流程

食盐+水 → 配制 → 澄清 → 盐水─────────┐

成曲 → 入发酵容器 → 自然升温 → 第一次加盐水 → 酱醅保温发酵 → 第二次加盐水及盐 → 翻醅 → 成品

2.操作要点

(1)大豆曲入池升温　成品大豆曲移入发酵容器,扒平,稍稍压紧,其目的是使盐分能缓慢渗透,使面层也充分吸足盐水,并且利于保温升温。入容器后,在酶及微生物作用下,发酵产热,使品温很快自然升至40℃。此阶段的时间应依入池品温、环境条件等而具体掌握。

(2)加盐水　按100 kg水中加盐1.5 kg左右,可得约1°Bé盐水的比例,分别配制14.5°Bé和24°Bé的盐水,通过澄清取上清液备用。大豆曲入池后要自然升温,当品温升至40℃时,在面层上淋入占大豆曲重量90%,温度为60～65℃,浓度为14.5°Bé的盐水,使之缓慢吸收,这样既可使物料吸足盐水,保证温度达到45℃左右的最适发酵温度,又能保证酱醅含盐量为9%～10%,提供咸味,抑制非耐盐性微生物的生长,达到灭菌的目的。当盐水基本渗完后,在面层上加封一层细盐,盖好罐盖,进入发酵阶段。

(3)发酵　此期间品温保持约45℃,酱醅水分应控制在53%～55%较为适宜。大豆曲中的各种微生物及各种酶在适宜条件下,作用于原料中的蛋白质和淀粉,使它们降解并生成新物质,从而形成豆酱特有的色、香、味、体。发酵期为10 d。发酵温度不宜过高,否则会影响豆酱的鲜味和口感。

(4)第二次加盐水及后熟　酱醅发酵成熟,再补加大豆曲重量40%的24°Bé的盐水及约10%的细盐(包括封面盐)。然后翻拌均匀,使食盐全部溶化。置室温下再发酵4～5 d,可改善制品风味。

为了增加豆酱风味,可把成熟酱醅品温降至30～35℃,人工添加酵母培养液,再发酵1个月。

【知识拓展】

一、豆瓣酱生产

豆瓣酱生产

二、酶法豆酱生产

酶法豆酱生产

任务三　甜面酱生产

【知识前导】

甜面酱,又称甜酱,是以面粉为主要原料,经制曲和保温发酵制成的一种酱状调味品。其味甜中带咸,同时有酱香和酯香,适用于烹饪酱爆和酱烧菜,如"酱爆肉丁"等,还可蘸食大葱、黄瓜、烤鸭等菜品。它是利用米曲霉所产生的淀粉酶和少量蛋白酶等作用于经糊化的淀粉和变性的蛋白质,使它们降解成小分子物质,如麦芽糖、葡萄糖、各种氨基酸,从而赋予产品甜味和鲜味。甜面酱含有多种风味物质和营养物,不仅滋味鲜美,而且可以丰富菜肴营养,增加菜肴可食性,具有开胃助食的功效。

一、甜面酱生产的原料

1. 面粉

面粉是酿制面酱的主要原料,可分为特制粉、标准粉和普通粉,生产面酱一般用标准粉(其成分见表 7-1)。若选用普通粉为原料,则因其含有微细麦麸,且麦麸中含有五碳糖,而五碳糖又是生成色素和黑色素的主要物质,因此生产的面酱色泽为黑褐色,不光亮,味觉差。选用特制粉和标准粉生产的面酱呈棕红色,光亮,味道鲜美。

表 7-1　标准粉的主要成分　　　　　　　　　　　　　%

水分	粗蛋白质	粗淀粉	粗脂肪	灰分
9.5～13.5	9～11	72～77	1.2～1.8	0.9～1.1

面粉的主要成分为淀粉,它是面酱中糖物质的主要来源。应选择新鲜的面粉,变质的面粉会因脂肪分解,产生不愉快的气味,而影响成品面酱的质量。

2. 食盐及水

食盐及水的选择同大酱。

二、制曲

制曲分为地面曲、床制曲、薄层竹帘制曲、厚层通风制曲和多酶法速酿稀甜酱(不需制曲)。曲体形状有:面饼(有大、小、厚、薄和不同块形之分)、馒头(或卷子)和面穗。以下介绍地面曲床制曲(馒头或卷子形,不接种)和薄层竹帘制曲(面穗形、接种)。

1.地面曲床制曲(此工艺制馒头或卷子形曲)

(1)工艺流程

小麦面粉 → 和面 → 做馒头（切卷子）→ 蒸熟 → 出笼 → 摊晾 → 入曲室培养 → 堆垛 → 翻倒

→ 成曲（馒头或卷子型）

(2)操作要点

①和面加工馒头(或卷子)　每 100 kg 小麦粉加饮用水 35～39 kg,经过充分拌和后加工成馒头(或卷子),每个 1～1.5 kg。

②入笼蒸熟　加工成馒头后即放入蒸笼,间距保持 1～1.5 cm,然后开阀门通蒸汽,待蒸至圆汽后再继续蒸约 30 min,当有熟香味时即熟,出笼摊晾。

③入曲室培养　曲室要先打扫干净,并用硫黄或甲醛熏蒸后备用,室内地面上铺洁净麦草 10～15 cm 厚,上面铺芦席一层,出笼摊晾后的馒头堆放在席上,高 40～50 cm,上面盖一层芦席,室温 25～28℃之间,品温 35～38℃,并保持一定的湿度,每天翻倒一次,品温高于 40℃时每天可翻倒两次。培养 15 d 左右,品温逐渐下降至 28～35℃,这时堆垛高 80～90 cm 的大堆,不再翻倒,过 7 d 左右即为成曲,可以出室入缸发酵。

2.薄层竹帘制曲(此工艺制面穗形曲)

(1)工艺流程

和面机 → 小麦粉 → 开机调成面穗 → 蒸熟 → 打分面穗 → 摊晾 → 接种 → 入室摊帘培养 (2～3 d)

→成曲（面穗形）

(2)操作要点

①灭菌消毒　曲室地面、墙壁及竹帘、架子等用具涮洗干净,晾干后用硫黄或甲醛熏蒸后备用;竹帘用一段时间黏附曲子后应进行刷洗,晾干后备用。

②蒸熟面穗　每 100 kg 小麦粉加饮用水 16～17 kg。面先放入蒸面机内,开动机器边加水边搅拌,待调为棉絮状的散面穗(似黄豆大小的颗粒状)后,即开蒸汽阀门,常压加热蒸煮,蒸 5～7 min,面穗呈玉白色,口感不黏且略带甜味时,即已蒸熟,这时可将面穗打出落地堆放,待全部蒸完再一起摊晾接种。

③冷却接种　待预定数量的面粉都已蒸完之后,将面穗在地上摊平冷却,温度降至 37～40℃时,即可接入沪酿 3.042 米曲霉菌种。接种方法:先取适量面穗,将 3.042 米曲霉与其充分掺拌,之后均匀撒入冷却好的面穗中,再进行充分翻拌均匀即可。

④摊帘培养　接种翻拌均匀后即摊上竹帘培养。曲料厚度 2～2.5 cm,室温保持 25～30℃;品温 33～38℃。要有专人管理,按要求调控湿度、温度。摊帘后经过约 1 d 培养,面穗表面已长满白色短菌丝,品温上升至 33～35℃,如品温继续上升,需开门窗通风,以调节温度,继续培养 1～2 d,面穗已长满黄绿色孢子,即为成曲(面穗曲)。

三、甜面酱的生产工艺及操作要点

1.工艺流程

成曲 → 入发酵缸(加盐水) → 自然发酵 → 搅拌 → 甜酱 → 检验 → 磨细 → 过滤 → 灭菌 → 成品

2.操作要点

(1)配制盐水　应在前一天配制溶化好备用,经过一夜澄清,吸取澄清液使用。

(2)发酵　制醪发酵可分为两种:一种是先将成曲送入发酵容器内,耙平后自然升温,并随即从面层四周徐徐一次注入制备好的 14 °Bé 热盐水(加热至 60～65℃,并经澄清除去沉淀物),让它逐渐全部渗入曲内,最后将面层压实,加盖保温发酵。品温维持在 53～55℃,每天搅拌一次,至 4～5 d 曲已吸足盐水而糖化,7～10 d 后酱醪成熟,变成浓稠带甜的酱醪。另一种是先将 14 °Bé 盐水加热到 65～70℃,同时将成曲堆积升温至 45～50℃,第一次盐水用量为面粉的 50%,用制醪机将曲与盐水充分拌和后,送入发酵容器内,此时要求品温达到 53℃以上。倒入发酵容器后应迅速耙平,面层用再制盐封好并加盖,品温维持在 53～55℃,发酵时间 7 d,发酵完毕,再第二次加入沸盐水。最后利用压缩空气翻匀后,即得浓稠带甜的酱醪。

(3)磨细　面酱不论用什么形状的面曲制成,酱醪成熟后总带有疙瘩,口感不舒服,需要经过磨细工序。磨细可用石磨或螺旋出酱机。石磨工作效力低,劳动强度大;螺旋出酱机可在发酵容器内直接将酱醪磨细同时输出,劳动强度显著减低,工作效率提高。

(4)过滤　磨细的面酱再通过 3 目细筛过滤,借以除去小团块,保证成品酱的细腻。

(5)灭菌和防腐　面酱除用其酱菜外,还做直接蘸着吃的调味品,习惯上不经煮沸而直接食用,从卫生条件上讲是不适宜的,又因面酱在室温条件下容易引起酵母菌发酵及表面生白霉化,不易贮藏。因此,为了延长贮藏时间,可将磨细过滤的面酱加热至 75℃,同时添加苯甲酸钠 0.1% 防腐,搅拌均匀,以保证产品的质量。如果要直接用火加热,需注意不使面酱变成焦糊状。

【知识拓展】

酶法生产甜面酱

酶法生产甜面酱

【思考题】

1.以大豆为原料酿造酱油时,对大豆有何要求?

2.酿造酱油所用的微生物有哪些,各有何作用?

3.在酱油生产中,豆粕或豆饼的粉碎度与成品的质量有何关系?

4.高盐稀醪发酵法生产酱油有何优缺点?

5.简述酱油生白的原因。

6.大酱生产中,对食盐和水有何要求?

7.简述固态低盐发酵法生产大酱的工艺流程及操作要点。

8.地面曲床制曲和薄层竹帘制曲有何区别?

项目八　豆腐乳的生产

知识目标

　　1. 了解红腐乳和青腐乳生产的基本理论和方法。

　　2. 熟悉红腐乳和青腐乳生产过程中出现的专业术语。

　　3. 掌握红腐乳和青腐乳的成熟机理及影响因素。

技能目标

　　1. 能够进行简单的豆腐乳的生产。

　　2. 能够运用所学知识分析生产过程中出现的各种问题,并能给出相应的解决方案。

项目导入

　　豆腐乳即腐乳,是我国传统的发酵调味品之一,迄今为止有1 000多年的生产历史。它风味独特、滋味鲜美、营养丰富,不仅备受国内广大消费者的关注和喜爱,而且在国外亦有很大的消费市场。腐乳在世界发酵食品中独树一帜,西方人美其名曰"东方的植物奶酪"。

【概述】

　　腐乳是用豆浆的凝乳物经微生物发酵制成的一种大豆制品。大豆含有35%～40%的蛋白质,营养全面丰富,种类齐全,是高营养价值的植物蛋白质资源。大豆制成豆腐乳后,不仅保留了自身的营养成分,而且去除了大豆中对人体不利的溶血素和胰蛋白酶抑制物;另外,通过发酵,水溶性蛋白质及氨基酸的含量增多,提高了人体对大豆蛋白质的利用率。在发酵过程中,由于微生物的作用,产生了相当数量的核黄素和维生素 B_2,因此腐乳不仅是一种很好的调味品,而且是营养素的良好来源。

　　自明清以来,我国腐乳生产的规模与技术水平有了很大的发展,形成了各具地方特色的传统产品,如北京王致和的臭豆腐、黑龙江的克东豆腐、桂林的白腐乳以及四川的辣味型花色腐乳等。

　　我国现有的腐乳品种很多,按生产工艺可分为腌制型和发霉型两大类,发霉型按生产中所使用的微生物类型又可分为毛霉型腐乳、根霉菌型腐乳和细菌型腐乳。按产品的颜色和风味大体上可分为红腐乳、白腐乳、青腐乳、酱腐乳及各种花色腐乳。按产品规格又可分为大方腐乳、中方腐乳、丁方腐乳和棋方腐乳等。

1. 按生产工艺分类

(1) 腌制型 腌制型腐乳生产时豆腐坯不经微生物生长的前期发酵,而直接进行腌制和后酵。由于没有微生物生长的前酵,缺少蛋白酶,风味的形成完全依赖于添加的辅料,如面曲、红曲、米酒或黄酒等,该生产工艺所需的厂房设备少、操作简单,但由于蛋白酶源不足、发酵期长、产品不够细腻、氨基酸的含量低。目前,以此工艺生产腐乳的厂家已很少。

(2) 发霉型 发霉型腐乳生产时,豆腐坯先经天然的或纯菌种的微生物生长前期发酵,再添加配料进行后期发酵。前期发酵阶段在豆腐坯表面长满了菌体,同时分泌出大量的酶,后期发酵阶段豆腐坯经酶分解,产品质地细腻,游离氨基酸含量低。现在国内大部分企业都是采用此工艺生产腐乳。

2. 按发酵类型分类

(1) 毛霉型 利用毛霉来生产腐乳,经一段时间培养后,使豆腐坯外长满网状白色毛霉菌丝。菌丝不仅赋予腐乳良好的整体,并且分泌蛋白酶分解豆腐乳中的蛋白质,使产品具有良好的品味。

(2) 根霉型 利用耐高温的根霉菌来生产腐乳。其中根霉的作用与毛霉相似,其优点是能耐 37℃ 左右的高温,并且生长良好。

(3) 细菌型 此工艺的特点是利用纯种细菌接种于豆腐坯上,让其生长繁殖并产生大量的酶。此工艺生产出的产品成形差,但口味鲜美。

3. 按颜色和风味分类

根据装坛灌汤所用的辅料及产品的颜色不同,可分为红腐乳、白腐乳、青腐乳、酱腐乳及花色腐乳。

(1) 红腐乳 简称红方。北方称酱豆腐,南方称为酱腐乳,是腐乳中的一大类产品。发酵后装坛前以红曲涂抹于豆腐坯表面,外表呈酱红色,断面为杏黄色,滋味鲜甜,具有酒香。

(2) 白腐乳 也是腐乳中的一大类产品。产品为乳黄色、淡黄色或青白色,醇香浓郁,鲜味突出,质地细腻。其主要特点是含盐量低、发酵期短、成熟较快,主要产区在南方。根据制作工艺和产品特点白腐乳又可分为糟方腐乳、霉香腐乳、醉方腐乳等。

(3) 花色腐乳 花色腐乳又称别味腐乳,该类产品因添加了各种不同风味的辅料而酿成了各具特色的腐乳。这类产品的品种最多,有辣味型、甜味型、香辛型和咸鲜型等。这些产品都是随着消费水平的不断提高和地区生活习惯的不同而制造的新型风味腐乳。其制作方法有两种:一种是同步发酵法,另一种是再制法。前者是将各种辅料一次性加入配成汤料与盐坯一起进入后酵;后者是先制成一种基础腐乳或使用成熟的红腐乳或白腐乳,把要赋予某种风味的辅料拌到腐乳的表面,再装入坛中经短期的成熟,即制成某种风味的花色腐乳。由于同步发酵法在长期的发酵过程中损失了大量挥发性风味物质,所以花色腐乳生产以采用再制法较多。

(4) 酱腐乳 这类腐乳在后期发酵中以酱曲为主要辅料酿制而成。本类产品表面和内部颜色基本一致,具有自然生成的红褐或棕褐色,着色浓郁,质地细腻。它与红腐乳的区别是不添加着色剂红曲,与白腐乳的区别是酱香味浓而醇香味差。

(5) 青腐乳 青腐乳也叫青方,俗称臭豆腐。此类产品表面颜色均呈青色或豆青色,具有刺激性的臭味,但臭里透香。最具代表性的是北京王致和臭豆腐。

4.按产品规格分类

(1)大方腐乳　大方腐乳是以规格区别的一种块型最大的腐乳。一般大小为 7.2 cm×7.2 cm×2.4 cm,每四块质量为 500 g 左右。采用这种规格制作的腐乳以红腐乳为最多,但随着消费特点的变化,现在很少生产这种规格的腐乳,因其块型太大,吃剩下的部分不易保存,包装和销售都有不便之处。

(2)中方腐乳　中方腐乳是以规格区分的一种中型腐乳,块型大小适中,是目前产量最多的一种规格,其一般大小 4.2 cm×4.2 cm×1.6 cm。这种规格的腐乳几乎所有类型的腐乳都有,是消费者最常见的规格。

(3)丁方腐乳　丁方腐乳是以规格区分的一种块型较大的腐乳,块型大小约为 5.5 cm×5.5 cm×2.2 cm,比大方小而比中方大,因其大小与古城门钉大小相似而得名,所以亦称为门丁腐乳。这种规格的腐乳多属于红腐乳类型。

(4)棋方腐乳　是以规格区分的一种块型最小的腐乳,大小一般为 2.2 cm×2.2 cm×1.2 cm,因为块型大小类似棋子,故名棋方。目前出口较多的霉香腐乳大多采用这种规格,但这种规格因块型小,生产过程中的效率低,其他品种很少用这种规格。

任务一　红腐乳的生产

【知识前导】

一、红腐乳生产的原料

(一)大豆与脱脂大豆

大豆是加工腐乳的主要原料,有时也采用低温脱脂大豆,但豆腐坯质量不如前者。生产腐乳的大豆质量要求比较严格,应使用无虫蛀无霉变的新豆,含水分 13% 左右,蛋白质含量 34% 以上,百粒重在 25 g 以上的大豆。

(二)凝固剂

制作豆腐坯的凝固剂可分为两类,即盐类和有机酸类。从出品率来看,前者高于后者,而用有机酸作凝固剂可使豆腐坯口感细腻,因此,也可以将两类凝固剂混合制成复合凝固剂,互相取长补短。

1.盐类

(1)盐卤　盐卤是制造海盐的副产品,呈固体块状为棕褐色,溶于水后即为卤水。含水 50% 左右的盐卤中,氯化镁($MgCl_2 \cdot 6H_2O$)约占 46% 左右,硫酸镁($MgSO_4$)不超过 3%,氯化钠(NaCl)不超过 2%。使用时,将盐卤用水溶解制成 26~30 °Bé 的水溶液,再经澄清、过滤后,用来点脑。

氯化镁与蛋白质混合,凝固反应迅速,但结构容易收缩,保水性不如石膏,制成豆腐含水量在 80%~85%,适合制作北豆腐。盐卤点的豆腐风味好,口感有特殊的香味和淡甜味,但使用过量有苦味。使用量为大豆的 2%～3%，适宜温度为 75～85℃，以 75℃左右为最佳。

（2）石膏及其他钙盐 石膏是一种矿产品，呈乳白色。主要成分是硫酸钙，它微溶于水，38℃时最大溶解度为 0.292 g/100 mL 水。与蛋白质发生凝固反应的速度较慢，但豆腐保水性好，含水量可达 88%～90%，豆腐滑润细嫩，一般用来生产南豆腐。石膏分为生石膏（$CaSO_4 \cdot 2H_2O$）、半熟石膏（$CaSO_4 \cdot H_2O$）、熟石膏（$CaSO_4 \cdot 1/2H_2O$）、过熟石膏（$CaSO_4$）四种，豆腐生产常用生石膏。用石膏点的豆腐不具有卤水点的豆腐之特有香气。

石膏难溶于水，使用时先将其粉碎为细度 200 目左右的细末，再按 1:5 加水制成悬浮液，多采用冲浆法使用，使用量为大豆的 2.5% 左右，最佳温度为 75～90℃。

国际上除使用硫酸钙外，还常使用氯化钙、醋酸钙、乳酸钙、葡萄糖酸钙。

2. 有机酸及有机酸复合凝固剂

目前，日本、美国、英国等国家，使用有机酸及其复合物作凝固剂。最常用的是醋酸（浓度为 5% 左右），其他还有葡萄糖酸、柠檬酸、富马酸、山梨酸、苹果酸等。

有机酸复合凝固剂是在有机酸表面涂覆一层固体酯类，这些酯类在常温时不溶解，当温度升至 70℃以上时（即点脑温度），涂覆剂溶解，包被在里面的有机酸缓慢释放出来，使豆浆凝固。

右旋葡萄糖酸内酯（$C_6H_{10}O_6$）近年来应用较多。它又称为葡萄糖酸丁位内酯、葡萄糖酸-δ-内酯，它是由葡萄糖酸经化学处理，使葡萄糖酸分子内的羧基和羟基起反应，并引起内部酯化而成，外观呈白色结晶或结晶性粉末，易溶于水（20℃时溶解度为 59 g），易受潮分解，遇热会加速分解，葡萄糖酸（$C_6H_{12}O_7$）被释放。它凝固蛋白质的速度比较缓慢，制出的豆腐保水性好，出品率也高，但在我国消费者认为没有卤水和石膏制出的豆腐香气好。使用时，用冷水溶解后应马上使用，不得放置；用量为原料大豆质量的 0.2%～0.3%，凝固温度为 85～95℃，低于 30℃不反应。

3. 复合凝固剂

将不同凝固剂按一定比例混合使用，互补优点，可大大改善豆腐品质。如右旋葡萄糖酸内酯与硫酸钙以 7:13 混合；氯化钙、氯化镁、右旋葡萄糖酸内酯、硫酸钙以 3:4:6:7 混合，都可以制得外观、口感、保水性较好的豆腐，还有一些复合凝固剂，不但可以改善豆腐的弹性和保水性，还具有防腐作用。常用的有 0.21% 乳酸与 0.06% 硫酸钙，0.18% 醋酸与 0.06% 硫酸钙，0.2% 酒石酸与 0.06% 硫酸钙，0.2% 抗坏血酸与 0.06% 硫酸钙等复合型凝固剂（以大豆质量计）。

（三）消泡剂

豆浆中的蛋白质分子间由于内聚力（或收缩力）作用，形成较高的表面张力；易产生大量泡沫，这给实际生产带来许多麻烦，如煮浆时溢锅，点脑时凝固剂不容易和豆浆均匀混合，从而降低豆腐的质量和出品率。因此，要加消泡剂来降低表面张力。

消泡剂也称表面活性剂，在液体中形成极稀的浓度，即可被吸附在液体表面或水与油的界面上，而降低液体的表面张力和界面张力，超乳化，消泡作用。

1. 油角

油角是榨油的副产品，属于酯型表面活性剂，为豆腐行业用的传统消泡剂。使用时，将油角与氢氧化钙按 1:1.1 混合制成膏状物，其用量为大豆质量的 1%。氢氧化钙加入豆浆中会使豆浆的 pH 升高,可增加蛋白质的提取,有利于豆腐的保水性,能提高出品率。油角作消泡剂来源方便,价格便宜,操作简单,但由于未经精炼处理,有碍豆腐的卫生。

2. 乳化硅油

硅油为无色透明的油状液体,是以甲基聚硅氧烷为主体,再加分散辅助剂乳化制成乳白色的乳化硅油,其活性组分结构式为乳化硅油表面张力为水的 1/20,消泡能力很强。允许在食品中添加的有 284PF、284PSF、280F、280PSF,使用量为大豆质量的 0.005% 以下,对豆浆 pH 及蛋白质凝固影响不大。使用时,将规定用盐的乳化硅油预先加入大豆磨碎的豆浆中,使其充分分散。

3. 甘油脂肪酸酯

它是甘油的一个羟基被脂肪酸取代的产物,甘油脂肪酸有不饱和脂肪酸,消泡效果比较显著,但不如乳化硅油。由于它能改善豆腐品质,增强豆腐弹性,故应用比较普遍。纯度为 90% 以上的甘油脂肪酸酯为无臭、无味的白色粉末,用量为大豆磨碎物的 1%。使用时,需将其与大豆磨碎物充分搅拌,达到均匀分布状态。

4. 混合消泡剂

由乳化硅油 0.7%、甘油脂肪酸酯 90%、磷脂 4.3% 及碳酸钙 5% 混合,制成米黄色颗粒使用,消泡效果显著。但因价格较贵,在我国目前尚未普遍采用,日本近期已用于生产。

(四)其他添加剂

1. 白酒和黄酒

在腐乳后发酵过程中,添加的主要配料是白酒和黄酒。酒精可以抑制杂菌生长、又能与有机酸形成酯类物质,促进腐乳香气的形成,它还是色素的良好溶剂。使用时以淀粉原料或糖质原料生产的白酒为佳,酒质应纯正,无异味,由于黄酒是酿造酒,成分复杂,用其作配料效果更佳,一般由腐乳加工厂自制。

2. 红曲米和红曲面

红曲米是由红曲霉属(以紫红红曲霉为主)菌种,接种于蒸熟的大米,经培育所得。如将红曲米磨碎,则制成红曲面。它们是天然食用色素。

红曲色素是红曲霉菌丝产生的色素,含有六种不同成分,其中红色色素、黄色色素和紫色色素各两种,而实际应用的主要是红色色素和黄色色素。红色色素又称梦那玉红,黄色色素又称梦那黄素。它们的颜色分别为朱红色和黄色。红色色素溶于乙醚、乙醇、甲醇、苯、氯仿、丙酮及醋酸,不溶于水和石油醚。黄色色素溶于乙醇、苯、醋酸乙酯、丙酮、醋酸,微溶于乙醚和石油醚。

红曲色素好酸稳定,色调不随 pH 改变而发生显著变化。耐热性强,加热到 100℃几乎不发生色调的变化,加热到 120℃以上仍相当稳定。耐光性强,几乎不受金属离子及氧化剂、还原剂的影响,对蛋白质的染着性强,一经染着后水洗也不褪色。

腐乳生产中,红曲米或红曲面用量在 2% 左右(原料大豆计)。在发酵时添加,除起着色作用外,还有明显的防腐作用,此外它们所含有的淀粉水解产物——糊精和糖,蛋白质的水解产物——多肽和氨基酸,对腐乳的香气和滋味有重大影响。它们还具有消食、活血、健脾、健胃之功教,能刺激人们的食欲。

3.面糕和面酱

面糕和面酱都是以面粉为原料,人工接种纯培养米曲霉制曲,制得的面曲干燥后即为面糕。将面曲加入定量盐水,保温发酵,成熟后为面酱,由于米曲霉和其他微生物分泌的各种酶系共同参与发酵作用,使面糕和面酱的成分复杂,如糊精、糖类、氨基酸等,腐乳后发酵过程中添加面糕和面酱。不但起到调节风味的作用,也可促进成熟。其用量随腐乳品种不同而有差异。

4.香辛料

腐乳后发酵过程中需添加一些香辛料或药料,常用的有花椒、茴香、桂皮、生姜、辣椒等。使用香辛料主要是利用香辛料中所含的芳香油和刺激性辛辣成分,起着抑制和矫正食物的不良气味,提高食品风味的作用,并能增进食欲,促进消化,有些还具有防腐杀菌和抗氧化的作用。

(五)食盐

食盐在腐乳制作中,起到调味和防腐两个作用,可以使生产发酵中在一定程度上减少杂菌的污染,在成品中有防止腐败的功能。

(六)水

腐乳生产用水要求符合饮用水卫生标准。实践证明,水质与豆制品生产关系密切,这是因为,豆腐的生产是利用大豆蛋白质的亲水性先将其制成蛋白质溶液,还需要最大限度地将大豆中水溶性蛋白质溶解于水中,而当水的硬度超过 1 mmol/L 时,其中的 Ca^{2+}、Mg^{2+} 会与部分水溶性蛋白质结合,凝聚形成细小颗粒而沉淀,降低了大豆蛋白质在水中溶解度,影响出品率。同时,过硬的水也使豆腐的结构粗糙,口感不良。生产中最好使用硬度低于 1 mmol/L 的软水。

二、红腐乳的生产工艺

(一)豆腐坯的生产

豆腐坯生产是腐乳生产的头道工序,也是重要的工序。豆腐坯质量严重影响着最终产品的质量。豆腐坯质量要求很高,如含水量要达到红腐乳的要求,不能高也不能低。另外,豆腐坯要有弹性,不糟不烂,豆腐坯表面有黄色油皮,断面不得有蜂窝,表面不能有麻面等。要达到以上标准,在豆腐坯的工过程中,必须严格遵守豆腐坯生产的工艺规程。

1.豆腐坯生产的工艺流程

大豆分选清洗 → 浸泡 → 磨碎 → 分离 → 煮浆 → 点脑与蹲脑 → 压制成型 → 冷却 → 豆腐坯

2.操作要点

(1)大豆分选清洗　大豆收割时,包括扬场、晾晒、仓储等过程中,必然会有一些清理不净的杂质带到原料里,如杂草、泥沙、石块、金属杂质等物,所以必须彻底清除。否则磨出的豆浆就会混有杂质,严重时会造成机械设备的损害。目前,分选清洗的方法可分两步:一是干选,筛选机将混在大豆原料中的杂草、金属、尘土、砂石除去;二是水选,经过干选后的大豆原料再通过带有流动水的水槽,用流动的水将黄豆中的并肩石和黏附在大豆表面的尘土洗走。

(2)浸泡　大豆浸泡的目的是为蛋白质溶出和提取创造条件。大豆中的蛋白质大部分包裹在细胞组织中,呈一种胶体状态。浸泡就是要使大豆充分吸收水分,吸水后的大豆蛋白质胶粒周围的水膜层增厚,水合程度提高,豆粒的组织结构也变得疏松使细胞壁膨胀破裂;同时豆粒外壳软化,易于破碎,使大豆细胞中的蛋白质被水溶解出来,形成豆乳。值得注意的是大豆经过浸泡之后还可以使血红蛋白凝集素钝化降低有害因素的活性,减少其造成的危害,浸泡时应该注意以下几个因素:

①泡豆加水量　泡豆加水量与泡豆的质量十分密切。加水量过少,豆子泡不透,豆粒不能充分吸收水分,影响大豆蛋白质的溶出和提取;加水量过大,会造成大豆中的水溶性物质大量流失。据分析浸泡过大豆的水中含水溶性蛋白质 0.3%～0.1% 是比较合适的。因此泡豆时的加水量必须要控制严格,一般控制在大豆:水＝1:(3～4)。浸泡后的大豆吸水量为干豆的1.5 倍,吸水后体积膨胀为干豆体积的 2～2.5 倍。

②泡豆的水质　泡豆水质直接影响到腐乳的品质与出品率。经研究发现,自来水与软水泡豆,豆腐得率高。而含有 Ca^{2+}、Mg^{2+} 多的硬水则影响大豆蛋白质的提取。当水质偏酸性pH 较低时,豆腐得率降低。泡豆时最好用软水或自来水。

③泡豆的时间　大豆浸泡时间由水温决定。水温低浸泡时间必须延长;相反,水温高,浸泡时间可以短些。泡豆时间长短直接影响产品质量和原料利用率,一般冬季水温在 0～5℃ 左右,时间控制在 14～18 h 为宜;春、秋季水温通常在 10～15℃,浸泡时间控制在 8～12 h 为宜;夏季水温通常在 18℃ 左右,浸泡 8～10 h 为宜。另外,浸泡时间还要根据大豆的品种、颗粒大小、新鲜程度及其含水量多少而定。当然,其中浸豆水的温度影响最大。

④泡豆水加纯碱　除了以上影响浸泡效果的因素外,泡豆用水的 pH 也是一个重要的影响因素。当水偏酸性时,大豆蛋白质胶体很难吸水,出品率会很低。相反,微碱性的泡豆水不但能促进蛋白质胶体吸水膨胀,还能将大豆中一部分非水溶性蛋白质转化为水溶性蛋白质,从而提高原料的利用率,所以,尤其在夏季,水温很高,为防止泡豆水变酸,必须经常换水,也可适当加碱,若过量则会给点脑造成困难。近年来在泡豆中加纯碱,为广大相关企业所普遍认可和采用。纯碱加入量应根据大豆的质量与新鲜程度而定,新鲜大豆在泡豆时无须添加纯碱,陈大豆必须添加纯碱提高出品率,提高豆腐坯的质量。一般添加量掌握在 0.2%～0.3%,泡豆水pH 为 10～12。

(3)磨碎　浸泡后的大豆,借助于机械力进行磨碎,从而破坏大豆的组织细胞,使蛋白质释放出来,分散到水中,形成豆乳。影响蛋白质提取率和豆腐坯质量的主要因素有磨碎细度、加水量、加水温度及 pH。

①磨碎细度　大豆蛋白质存在于 5～15 μm 的球蛋白体中,蛋白朊体之间有脂肪球和少量淀粉颗粒,粉碎细度应接近大豆蛋白朊体直径,细度为 100～120 μm 时,颗粒直径为 10～12 μm,既有利于蛋白质溶出,又有利于纤维分离。

②加水量　大豆磨碎的同时要加水制成豆糊,加水不但能起到降温作用,防止机械力产生的热量使蛋白质变性,还能使蛋白质进行水合作用,为豆浆分离打好基础,有利于蛋白质抽提。实践证明,加水量在 1:(9～10)(包括浸泡吸水量和煮豆浆时冷凝水),豆乳固形物为 6%～7%较适宜。

③水温及 pH　蛋白质遇热会发生变性,从而降低其溶解度,不利于提取。为了防止蛋白

质发生热变性,磨豆时添加水的温度在 10℃左右为宜,蛋白质是两性电解质,在等电点下其溶解度降到最低点,不利于提取。pH 高于 7 时,蛋白质提取率达到最高值,因此实际生产中把豆糊的 pH 调至 7 或稍高于 7。

大豆磨碎设备主要有石磨、钢磨和砂轮磨。石磨是传统设备,适用于小作坊式手工操作生产。在我国南方使用较多的是钢磨,它具有结构简单,维修方便,效率高,体积小等优点。但大豆磨碎时发热量较大,蛋白质易于变性,出品率不及砂轮磨。砂轮磨磨出的豆糊细,溶出的蛋白质多,蛋白质利用率高,使用砂轮磨,必须配有选料设备,以防止杂质损坏磨片。

(4)分离　豆糊制成以后,可以先煮浆后分离豆渣。也可以先分离豆渣后煮浆,理论上认为,先煮浆,大豆蛋白质受热后可以提高在水中的分散性,蛋白质提取率比生浆高 1.2% 左右。但实际上,豆浆煮熟后黏度增高,不利于分离,致使豆渣中残留蛋白质量反而比生浆豆渣高出 1% 以上。另外,豆渣占总豆糊量的 20% 以上,煮浆前如不预先分离出去,会造成能源浪费,延长煮浆时间,且浆水也不好处理。

为了将豆渣中残留蛋白质尽可能多地提取出来,采用多次抽提效果更好。

抽提公式:

$$m_n = m \left[\frac{KV_1}{KV_1 + V_2} \right]^n$$

式中:V_1— 被抽提材料体积;

$\quad V_2$—每次抽提用溶剂体积;

$\quad K$—所需抽提溶质在固相和液相中的分配系数;

$\quad m$—结合在固相中所需抽取的溶质质量;

$\quad m_n$— 抽提 n 次以后仍留在固相中的溶质质量;

$\quad n$— 抽提次数。

从上式可以看出,抽提次数越多,残留在固相中的溶质越少。生产实践中,采用二次磨碎、三次抽提工艺,蛋白质提取率明显提高。

洗渣的用水量要适当掌握,用水过多对蛋白质提取固然有利,但豆浆浓度太低对点脑不利;用水量过少则蛋白质损失大。一般掌握豆浆浓度在 6%~7%,每 100 kg 大豆出浆 1 000~1 100 kg 较适宜。

浆渣分离设备种类很多,目前常用的有平箩、圆箩、离心筛、离心式甩浆机、震动式分离机等,不论使用哪种设备,要求筛孔孔径在 60~100 目,如使用 60~80 目筛,豆腐坯较粗糙,若采用 100 目以上网筛滤浆,豆腐坯质地细腻。离心式甩浆机和震动式分离机为大型豆制品厂使用,前者是由动力带动主轴高速转动,由离心力的作用将豆浆与豆渣分离,后者则是同时产生水平、垂直、倾斜三个方向的复合振动,使浆渣分离,其工作效率较高。有的甩浆机还配以挤压分离机,分离出的豆渣含水仅 70% 左右。

(5)煮浆　豆浆加热主要起三个作用,一是使大豆蛋白质适度变性,二是破坏大豆中有害的生物活性成分,三是具有灭菌作用。大豆蛋白质分子为球状结构,肽链呈卷曲状或折叠状,经加热以后,球状结构舒展变为线状结构,疏水基团由分子内部暴露到外部,加入凝固剂之后,肽链纵横交联成网络组织,形成凝胶状豆脑。加热温度对豆腐坯的坚实度及出品率均有影响,温度过低,点脑后豆腐坯成型困难。温度过高,加热时间过长,又会使蛋白质发生过度变性,蛋白质聚合成更大的分子,降低了在豆浆中的分散性或溶解度,破坏良好的溶胶性质。同时由于蛋白质大分子的形成,点脑时难以形成均匀细腻的网络组织,降低得率。一般来讲,煮浆温度应达到100℃,时间为3~5 min。温度在80℃以下,则不能达到要求。

大豆中含有的有害生物活性成分,如胰蛋白酶抑制素、凝血素、皂草苷等,它们对热不稳定,加热时容易被破坏,加热还可以除去大豆豆腥味。如果把大豆放在0.05%碳酸氢钠的沸水中烫漂10 min(豆水比为1:5),弃去残渣,对除豆腥味有明显效果。

较理想的煮浆方法是高温短时法,120℃几秒钟完成煮浆,如能采用140~145℃,1~2 s完成煮浆就更加理想,对除去豆腥味效果也较好。

煮浆设备主要有敞口式常压煮浆锅、封闭立式高压煮浆锅、箱体阶梯连续煮浆器等。箱体阶梯连续煮浆器煮浆,豆浆受热均匀,可防止部分蛋白质因不产生热变性而损失,同时各槽可连续升温,加热时间和温度控制都较准确。

(6)点脑与蹲脑　点脑,即在豆浆中加适量凝固剂,将发生热变性的蛋白质表面的电荷和水合膜破坏。使蛋白质分子链状结构相互交连,形成网络状结构,大豆蛋白质由溶胶变为凝胶,制成豆脑。点脑时,豆浆固形物含量控制为6%~7%,pH在6.8~7.0。凝固剂用量及凝固温度随凝固剂不同而异,腐乳用豆腐坯比普通水豆腐凝固剂多用10%左右。点脑的关键是凝固剂与豆浆要充分混合均匀,可采用两种方式。如果石膏作凝固剂,先将石膏用水稀释至一定浓度,再和豆浆对流混合。因为石膏与豆浆混合后,凝固反应慢。冲浆就可以达到均匀凝固的要求。用盐卤作凝固剂时,先将盐卤调至一定浓度,边点入豆浆中边搅拌,搅拌方法有机械搅拌和人工打耙,搅拌起始速度要快,随着凝固块的形成,搅拌速度越来越慢,至最后停止。因为盐卤与豆浆反应速度快,接触豆浆后立即凝聚结团,如果不搅拌,凝固则不均匀。凝固剂添加速度要缓慢、均匀,不可一次全部倒入豆浆中,也不要太慢,整个过程在1~2 min之内完成。

点脑以后,需静置15~20 min,称为蹲脑。大豆蛋白质由溶胶状态转变为凝胶状态,需要一定时间来完成。豆浆中添加凝固剂后,凝固物虽然已经形成,如果时间过短,凝固物内部结构还不稳定,蛋白质分子之间的联结还比较脆弱,豆腐坯成型时,由于受到较强压力,已联结的大豆蛋白质组织容易破裂,豆腐坯质地粗糙,保水性差。静置时间过长,温度过低,豆腐坯成型有困难。凝固时间适当,形成的凝固物结构细腻,保水性好。

传统的手工操作点脑及蹲脑在陶制缸中进行,现代化的操作使用凝固机。凝固机主要由豆浆定量部件、传动部件、制脑部件、进脑部件等部分组成,工作原理是动点脑、静凝固。

(7)压制成型　成型箱内预先铺好包布,避免豆脑成型时外流,同时使豆腐坯表面形成密纹,防止水分流失。上箱时,将豆脑均匀泼在成型箱内,豆脑厚度高于成型箱。泼脑后加盖板,盖板小于成型箱,然后在盖板上加压。如果为手工操作,一缸重200 kg豆脑上箱需3 min制成型时,豆脑温度应在65℃以上,温度低不易出水,豆腐难以成型。加压要均匀,压力为150~200 kPa,时间15 min左右。如果豆脑温度低、压力不足、加压时间短,则蛋白质与之结合不牢固,形成的豆腐坯易碎、保水性差。反之,豆腐坯过硬。成型后的豆腐坯水分含量北豆腐为80%~88%,南豆腐为85%~95%,腐乳用豆腐坯水分含量在70%左右。

成型设备有两种,一种是间歇式,另一种是自动成型设备。间歇式设备成型箱有木质的,也有锯板的,四周围框及底板都设有水孔,压上盖板加压之后,豆腐中多余的水从孔中流出。自动成型设备则是泼脑、上盖板、加压等工序全部自动化。

(8)冷却　压制成型的豆腐坯温度在60℃以上,在较高温度下,大豆蛋白质凝胶可塑性很强,凝固物的形状不稳定,应迅速、充分冷却,再切小块,否则会失去原有正规形态,脱水后成品质量低。迅速冷却还可以散发掉豆腐坯表面水分,从而延缓微生物繁殖,对豆腐坯保鲜有利。

(9)豆腐坯　成品豆腐坯应立即使用,如不能及时使用,应放于卫生、凉爽处暂存。

豆腐坯的质量标准因品种而异,感观要求块形整齐,无麻面,无蜂窝,符合本品种的大小规格,手感有弹性,含渣量低。要求水分含量为58%～72%,蛋白质含量大于14%。

(二)红腐乳的发酵工艺

红腐乳是深受北京百姓欢迎的佐餐食品,其味道鲜美,风味独特。

1.发酵工艺流程

切块 → 育菌 → 腌制 → 上粉 → 封酿

2.操作要点

(1)切块　将豆腐切成长、宽各为 5 cm,厚 1.65 cm 的豆腐坯,每块之间要保持相当空隙。随着市场经济发展和人们需求的变化,也有的块比较小,更适合现代家庭一次性的消费要求。

(2)育菌　然后将每盒豆腐块分层放到特制的木架上,室内温度保持 12～15℃,室内湿度以 60%～70% 为宜,静置 5～7 d,待豆腐块表面长满白斑和细绒样白菌丝,这时用手指将白菌丝向一顺的方向抹平,使白毛贴着坯子(称"霉坯")。

(3)腌制　在大缸的底部撒一薄层食盐,把豆腐霉坯整齐密实地立排在缸中,每排一层,撒一层盐,300 块豆腐用盐 400 g,撒完盐把缸盖上盖,10 d 后霉坯就腌好了,这时,可捞出霉坯,沥干盐卤,得腌坯。

(4)上粉　将大豆 500 g 炒熟与 250 g 盐混合,磨成盐豆粉,再加入五香粉(含花椒、茴香、丁香、橙皮、桂皮等)30 g,把腌坯在五香粉中滚转,将腌坯表面均匀地粘上一层粉料,再放入底部撒有粉料的坛子里,整齐密实竖排至近坛口处。

(5)封酿　取 1 kg 红曲浸在 1.5 kg 陈黄酒中,然后搅拌成糊状,加 5.0 g 优质白酒和 250 g 酱油,搅匀,倒入有腌坯的坛子里,将坯全部浸没,再往每坛表面撒少许食盐封口即可。

【知识拓展】

腐乳生产的微生物

腐乳生产的微生物

任务二　青腐乳的生产

【知识前导】

一、青腐乳生产的原料

青腐乳的生产原料与红腐乳基本相同,请参照任务一。

二、青腐乳的生产工艺

(一)豆腐坯的生产

与红腐乳相同。

(二)青腐乳的发酵工艺

1. 工艺流程

备料 → 制菌 → 腌制 → 后期发酵 → 成品

2. 操作要点

(1)备料　豆腐块(含水量在65%左右),食用盐,毛霉菌,腌制工具(坛、罐)。

(2)制菌　先将豆腐块摆放在笼屉中,再在豆腐块上撒上毛霉菌苗,室温控制在25℃左右,24 h后倒屉,换位,以保持温度平衡,再经过20 h,待豆腐块已长出小绒毛样的菌丝即可出笼。

(3)腌制　将结满毛霉菌的豆腐块,一块一块分开后排列到缸里,摆一层豆腐块撒一层盐,5~6 d后,控掉盐水,即可装罐。此时豆腐块装好后,用豆腐浆水40%,凉开水60%,灌入罐内,在封口留出1.5 cm,水要没过豆腐块,封口。

(4)后期发酵　把封口的罐子置于室内自然温度下3个月,如升温至28~30℃,只需2个月即可上市。

【知识拓展】

地方特色腐乳的介绍

地方特色腐乳的介绍

【思考题】

　　1. 简述腐乳风味形成的机理。

　　2. 腐乳离开汁液变黑的原因是什么？

　　3. 结合所学知识谈谈如何提高腐乳的质量。

参考文献

[1] 周广田,等. 啤酒酿造技术. 济南:山东大学出版社,2004.

[2] 布里格斯. 麦芽与制麦技术. 北京:中国轻工业出版社,2005.

[3] 昆策(Kunze Wolfgang). 啤酒工艺实用技术. 8版. 北京:中国轻工业出版社,2008.

[4] 张国平,等. 啤酒大麦品质的遗传和改良(英文版). 杭州:浙江大学出版社,2009.

[5] 程殿林,等. 啤酒生产技术. 2版. 北京:化学工业出版社,2010.

[6] 逯家富等. 啤酒生产实用技术. 北京:科学出版社,2010.

[7] 姜淑荣,啤酒生产技术. 北京:化学工业出版社,2012.

[8] 黄亚东,啤酒生产技术. 北京:中国轻工业出版社,2010.

[9] 程殿林,啤酒生产技术. 北京:化学工业出版社,2005.

[10] 金凤燮,酿酒工艺与设备选用手册. 北京:化学工业出版社,2005.

[11] 杨天英,赵金海. 果酒生产技术. 北京:科学出版社,2010.

[12] 杜金华,金玉红. 果酒生产技术. 北京:化学工业出版社,2009.

[13] 章克昌. 酒精与蒸馏酒工艺学. 北京:中国轻工业出版社,1995.

[14] 章克昌,吴佩琮. 酒精工业手册. 北京:中国轻工业出版社,1989.

[15] 熊子书. 酱香型白酒酿造. 北京:轻工业出版社,1994.

[16] 李大和. 浓香型大曲酒生产技术. 北京:中国轻工业出版社,1997.

[17] 沈怡方. 白酒生产技术全书. 北京:中国轻工业出版社,1998.

[18] 谭忠辉,尹昌树. 新型白酒生产技术. 成都:四川科学技术出版社,2001.

[19] 肖冬光. 白酒生产技术. 北京:化学工业出版社,2005.

[20] 何国庆. 食品发酵酿造工艺学. 北京:中国农业出版社,2003.

[21] 贾树彪,李盛贤,吴国峰. 新编酒精工艺学. 北京:化学工业出版社,2004.

[22] 许开天. 酒精蒸馏技术. 2版. 北京:中国轻工业出版社,1998.

[23] 岳国君. 现代酒精工艺学. 北京:化学工业出版社,2011.

[24] 姚汝华,等. 酒精发酵工艺学. 广州:华南理工大学出版社,1999.

[25] 刘明华,全永亮. 食品发酵与酿造技术. 武汉:武汉理工大学出版社,2011.

[26] 傅金泉. 黄酒生产技术. 北京:化学工业出版社,2005.

[27] 康明官. 黄酒和清酒生产问答. 北京:中国轻工业出版社,2003.

［28］王向东,孟良玉. 发酵食品工艺. 北京:中国计量出版社,2011.

［29］胡文浪. 黄酒工艺学. 北京:中国轻工业出版社,1998.

［30］周恒刚,傅金泉. 古今酿造技术. 北京:中国计量出版社,2000.

［31］洪光住. 中国酿造科技发展史. 北京:中国轻工业出版社,2001.

［32］周振家. 黄酒生产技术知识. 上海:上海市糖业烟酒公司,1989.

［33］万国光. 中国的酒. 北京:人民出版社,1986.

［34］徐洪顺. 黄酒生产技术革新. 北京:轻工业出版社,1961.

［35］范剑雄. 黄酒生产基本知识. 北京:轻工业出版社,1966.

［36］何明,吴明泽. 中国少数民族酒文化. 昆明:云南人民出版社,1999.

［37］周家骐. 黄酒生产工艺. 北京:中国轻工业出版社,1996.

［38］岳春. 食品发酵技术. 北京:化学工业出版社,2008.

［39］王淑欣. 发酵食品生产技术,中国轻工业出版社,2009.

［40］徐凌. 食品发酵酿造. 北京:化学工业出版社,2011.

［41］苏东海. 酱油生产技术. 北京:化学工业出版社,2010.

［42］徐清萍. 酱类生产技术. 北京:化学工业出版社,2009.

［43］宋安东. 调味品发酵工艺学. 北京:化学工业出版社,2009.

［44］王传荣. 发酵食品生产技术. 北京:科学出版社,2010.

［45］王福源. 现代食品发酵技术. 北京:中国轻工业出版社,2004.

［46］韩春然. 传统发酵食品工艺学. 北京:化学工业出版社,2010.

［47］张惟广. 发酵食品工艺学. 北京:中国轻工业出版社,2009.

［48］曾洁,赵秀红. 豆类食品加工. 北京:化学工业出版社,2011.

［49］程丽娟,袁静. 发酵食品工艺学. 杨凌:西北农林科技大学出版社,2000.